普通高等教育艺术设计类专业"十二五"规划教材

景观规划设计方法与程序

主编／王萍 杨珺

副主编／朱凯 吴傲冰 刘婷婷

中国水利水电出版社
www.waterpub.com.cn

内 容 提 要

本教材综合了环境艺术设计、城市规划及风景园林专业知识体系编写而成，全书共4章：第1章为总论，阐述了景观规划设计的理论基础、设计特征、设计原则以及发展方向；第2章讲述景观规划设计内容，主要分析了景观规划设计的基础、城市景观、滨水景观以及主题性空间的规划内容；第3章阐述景观规划设计方法与程序；第4章以景观规划设计案例分析为主，通过实际工程项目理解规划设计的内涵以及方法和程序。

本教材简明扼要、实例丰富、图文并茂，理论结合实际，可作为高等院校环境设计、园林设计、景观设计、城市规划设计、建筑学等专业的教材，也可供从事相关设计工作的设计人员参考使用。

图书在版编目（CIP）数据

景观规划设计方法与程序 / 王萍，杨珺主编. -- 北京：中国水利水电出版社，2012.9（2015.1重印）
普通高等教育艺术设计类专业"十二五"规划教材
ISBN 978-7-5084-9718-1

Ⅰ．①景⋯ Ⅱ．①王⋯ ②杨⋯ Ⅲ．①景观设计-高等学校-教材 Ⅳ．①TU986.2

中国版本图书馆CIP数据核字(2012)第217374号

书　　名	普通高等教育艺术设计类专业"十二五"规划教材 **景观规划设计方法与程序**
作　　者	主编 王萍 杨珺 副主编 朱凯 吴傲冰 刘婷婷
出版发行	中国水利水电出版社 （北京市海淀区玉渊潭南路1号D座　100038） 网址：www.waterpub.com.cn E-mail：sales@waterpub.com.cn 电话：(010) 68367658（发行部）
经　　售	北京科水图书销售中心（零售） 电话：(010) 88383994、63202643、68545874 全国各地新华书店和相关出版物销售网点
排　　版	北京时代澄宇科技有限公司
印　　刷	北京嘉恒彩色印刷有限责任公司
规　　格	210mm×285mm　16开本　15印张　365千字
版　　次	2012年9月第1版　2015年1月第2次印刷
印　　数	3001—5000册
定　　价	49.00元

前　　言

本教材在综合城市规划设计及景观设计的基础上，为适应新时期环境艺术设计教学的需要，结合建筑学、城市规划学、环境艺术设计等相近专业及学科发展的研究方向，精心编写而成。

景观规划设计也是建立在多维空间概念基础上的一门艺术设计门类，从属于环境艺术设计范畴，作为现代艺术设计中的综合门类，其包含的内容远远超过了传统概念，涵盖的内容更加广泛，尺度更大，知识面更广，涉及的因素更多，是面向大众群体的、强调精神文化的综合学科，对专业人员综合素质的要求更高。同济大学刘滨谊老师提出著名的景观规划设计理论三元论，也就是说景观规划设计包含"形态、生态、文态"，在景观规划设计中既要注重景观环境形象、环境生态绿化，同时又要注重大众行为心理对设计的影响。

按照我们今天对景观规划设计课程的理解，其空间艺术变现将不再是传统意义上的二维或者三维设计，也不仅仅是单纯的时空艺术表现，景观规划设计过程是一种空间整体艺术氛围的营造过程。因此在这一过程中，从概念到方案，从方案到施工，从平面到空间，从景区到景点，每一个环节都有不同的关注点，也都有不同的知识作为支撑，只有把各个方面高度统一起来，才能完成一个既有功能作用，又有审美情趣的设计。从某种角度上讲，要将这些环节高度统一，只有掌握和运用科学的设计方法和设计程序才能做到。由此看来，景观规划设计方法与程序课程开设的意义不言而喻。

本教材共分为4章，编写者主要是广东工业大学艺术设计学院和武汉职业技术学院艺术设计学院的教师。第1章由王萍编写；第2章由朱凯、吴傲冰编写；第3章由刘婷婷、杨珺编写；第4章由杨珺、王萍、吴傲冰编写。全书由王萍副教授负责统稿、定稿。书中部分案例及图片由湖北博克景观艺术设计工程有限责任公司、广州喆美景观设计工程公司提供，对他们的大力支持表示感谢。在此也特别感谢广东工业大学艺术设计学院胡林辉老师对本书的编写给予的大力支持。

本教材可供普通高校的环境艺术设计、建筑学、城市规划、园林设计等专业的本科和专科学生使用，也可作为相关专业设计人员的参考用书。

在编写过程中，我们力求使本教材能体现出当前景观规划设计的发展水平，同时又易于被学生理解和接受。但是，由于编者水平所限，时间又较仓促，书中难免有不妥之处，希望专家、读者批评指正。

编　者

2012 年 6 月

目录

第3章　景观规划设计方法与程序/147

第4章　景观规划设计案例分析/175

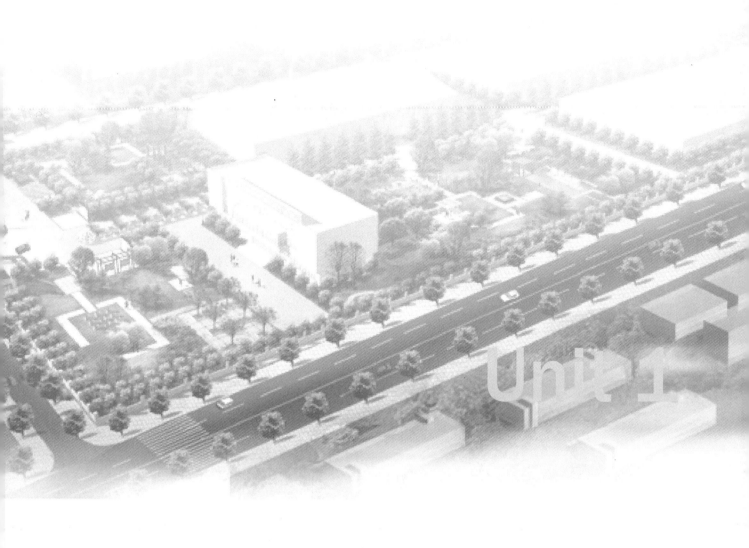

第1章　总　论

　　景观是客观物质环境的构成要素，既是环境资源，又是人类主体对环境的反应，而且它还是环境艺术设计的主要专业课程。"环境"广义上讲是围绕着主体的周边事物，尤其是人或生物的周围，包括具有相互影响作用的外界。由此看来，对景观的认识必须从关于景观的各类概念说起，通过分析其产生和发展历程，探求景观规划设计的实质。1958 年奥姆斯特德提出有关景观设计的概念，目前有多种译文，如风景园林、景观设计、造园、景园。合理准确的译文应为：景观规划与设计。从专业发展上来看，其包含的内容不仅仅是狭义理解的《建筑十书》中所包含的建筑、建筑环境等内容；我们现在理解的景观规划设计不仅包括传统的建筑技术和艺术，还包含传统的园林技术与艺术，包含了更多的综合性学科的技术与艺术。

1.1　景观规划设计的理论基础

1.1.1　景观规划设计的定义

　　景观的英语表达为"Langscape"，德语为"Langschaft"，法语为"paysage"，荷兰语为"Langskip"。15 世纪，荷兰首先出现这一词语时，所指为绘画作品中所描绘的自然景色，此后，"Langscape"就被定义为风景画了。风景画主要用来作为所描绘人物的背景，起衬托作用，由于其将风景作为表现题材，既是装饰品，又是艺术品。风景画的兴起标志着人类对风景审美意识的自觉性，体现了人们对自然风景的向往，同时由于其不仅是自然界的风景再现，还可具有深长的意义，能表达人们的思想情感，因此往往被作为某种精神的寄托。现在，风景画成了人们生活中常见的消费品。景观设计思想观念，能够较早地追溯至艺术家有关风景绘画与自然界存在的景物相互间关系的理论观点：欧洲的风景绘画经历了由单纯摹绘自然景物，到运用绘画中意境再现自然的景象。这一观点被 18 世纪的造园规划师所应用，造园规划师把园艺技术称为"创造景观的艺术"。19 世纪初的景观地理学派以德国地理学家洪堡德为先驱，从景观科学、自然及人文多角度地、系统地诠释了景观的概念。英国规划和地理学家 P. 盖迪斯、美国景观设计大师奥姆斯特德是景观规划活动的首创者。中国造园家计成所著《园冶》一书是中国最早系统的造园著作，对现代造园有很好的借鉴作用。

　　现代地理学将景观看作是区域概念，因为就景观而言，地球表面的不同地区存在不同的类别，相互之间存在一定的差异。20 世纪初，奥托·施吕特尔把这种差异称为"区域差异"。从原始景观到文化景观的变化过程不难看出，正是由于人们对地球表面事物的感官存在差异，所以存在不同地域的景观文化特性，也就是说，人类文化能够导致景观文化的变化，在这点上，不论是从中国古典园林的发展还是东南亚、西欧等地的景观发展我们都能清晰地感受到。

从生态学说考虑，景观可以看作是由不同生态系统组成的、具有重复性格的单元体。它具有结构、功能、动态三大特征。因此，邬建国在《景观生态学》一书中将景观生态学定义为"主要研究景观单元的类型组成、空间配置及其生态学过程相互作用的学科"。

景观除了具有以上广义的理解外，还具有主观认知性。也就是说，景观是人这一主体与环境接触时，通过五官感知景观对象，根据自己的经验、理解及对相关知识的掌握而赋予其某种意义，这一过程，加入了人的主观因素在里面。

总的来说，景观具有以下特征：

（1）相互作用的生态系统的异质性镶嵌。

（2）地貌、植被、土地利用和人类居住格局的特别结构。

（3）生态系统以上、区域以下的组织层次。

（4）综合人类活动与土地的区域系统。

（5）一种风景，其美学价值由文化所决定。

（6）遥感图像中的像元排列。

从对象上看，景观规划包括风景名胜区规划、城市绿地系统规划和公园规划、森林公园规划、城市景观规划、区域景观规划等。规划的重点为分析建设条件，研究存在问题，确定区域主要职能和建设规模，控制开发的方式和强度，确定用地和用地之间、用地与项目之间、项目与经济的可行性之间合理的时间和空间关系（图1-1-1）。

总平面图

① 入口广场	㉕ 祈福寺
② 亲水平台	㉖ 老年活动中心
③ 杉林鱼隐	㉗ 篮球场
④ 水下观鱼道	㉘ 羽毛球场
⑤ 水榭	㉙ 室内运动场
⑥ 芦花飞絮	㉚ 瀑布
⑦ 婚庆草坪	㉛ 演艺中心
⑧ 景亭	㉜ 幽谷沁芬
⑨ 长桥烟雨	㉝ 禅林奕趣
⑩ 游船码头	㉞ 博物馆
⑪ 亲水平台	㉟ 枫林鸟语
⑫ 水榭	㊱ 别院清风
⑬ 陌上花径	㊲ 翠阁揽胜
⑭ 绿荫广场	㊳ 果语飘香
⑮ 亲水平台	㊴ 盘王古道
⑯ 民俗文化街	㊵ 榕荫歌台
⑰ 埠头轻舟	㊶ 牌坊
⑱ 云容水隐	㊷ 文化景墙
⑲ 瑶台鼓韵	㊸ 亲水平台
⑳ 游船码头	㊹ 景观桥
㉑ 童趣天地	㊺ 信步春澜
㉒ 漱岛流芳	㊻ 酒吧美食街
㉓ 蒲涧鸣嘤	㊼ 生态停车场
㉔ 松风竹影	㊽ 健身步道

图1-1-1 新宁大鱼塘公园景观规划（出自广州喆美园林景观设计有限公司）

景观设计是在一定的地域范围内，在规划的原则下，运用艺术和工程技术手段，通过改造地形、种植树木、花草、营造建筑和布置园路等途径创作而建成美的自然环境和生活、游憩境域的过程。景观设计包括总体设计（方案设计）和施工图设计两个阶段。方案设计指对指定场地整体的立意构思、风格造型和建设投资估算；施工图设计则要提供满足施工要求的设计图纸、说明书、材料标准和施工概（预）算（图1-1-2）。

图1-1-2　山东福地建英光电科技有限公司景观规划（出自广州喆美园林景观设计有限公司）

为满足人们的环境景观设计目的和要求，景观的规划与设计活动应考虑以下三点：

（1）工程建设规划为城市景观规划的一个重要组成部分，即要重视城市三维形体环境的建设环节，发挥景观规划与设计在改进城市建设环境质量方面的作用。

（2）景观设计作为一种艺术，是一个涉及多种因素综合效应的复杂过程，要求景观设计师应具备渊博的知识及相应的艺术技巧。

（3）景观设计应融合以及系统地把握构成景观设计的各种自然与人文要素，以体现城市与地区发展规划对景观环境建设、经济、文化、社会、环境以及美学等多方面的要求。

1.1.2　景观规划设计的特征

景观规划设计涵盖面大，强调一种精神文化，满足大众文化需求，面向大众群体，强调生态、风景、旅游三位一体，讲求经济性和实用性，可以说，现代景观最大的特点就是面向大众，它不像传统园林面向少数王公贵族。随着现代生活的发展景观规划设计专业也受到城市规划和建筑学材料运用的影响，所以在感官、景观感受、景观艺术性方面，现代景观规划设计和传统风景园林设计相比所受到的制约因素也有所变化，现代城市建筑密度大，人多地少，所以在景观规划设计中要善于利用有限的土地，见缝插绿，利用城市规划中的一些剩余用地来创造比较好的景观。因此景观规划设计的设计特征包括：

（1）在服务范围上，强调面向大众群体，是公众化的规划设计，终极目标是寻求人类需求和户外环境的协调。

（2）在设计元素和材料上，从传统的山、水、植物、建筑，拓展到现代的模拟景观、庇护性景观、高视点景观等现代设计元素和高新技术材料。

（3）在设计范围上，从宅院的种植花木到整个户外生存环境的规划设计，现代景观规划设计涉及到街头绿地、公园、风景旅游区、自然生态保护区、区域和国土的规划设计及大地的宏观生态规划设计。

（4）在专业哲学上，从传统的二维景观到三维、四维甚至是五维景观；从传统的山水、阴阳二元到现代的功能、形态、环境的三元。

（5）在价值观和审美观上，现代景观设计不仅单纯讲究美观，还讲究生态环保，讲究生态效益、环境效益和社会效益。

（6）在从业人员方面，现代景观规划设计要求的不仅仅是传统的园林造园师，而是建筑、城市规划、园林、环境、生态、地理、历史、人文等多学科人员的参与合作，学科知识更加综合。

（7）在设计手段上，现代景观规划设计更多地采用新技术、新材料，如模拟景观、计算机、3R 等。

（8）在现代景观规划设计过程中运用了可持续发展、区域规划、生态规划等新理论。

总之，景观规划设计是一个人文自然和艺术设计相结合的学科，体现着历史文化精神的延续和人文主义的关怀。

1.1.3　景观规划设计方法和程序的意义

景观规划设计是一门建立在思维时空概念基础上的艺术设计门类，作为一门现代艺术设计中的综合性课程，其包含的内容远远超出了传统的概念。按照今天的理解，景观规划设计是为人类建立生活环境的综合艺术和科学，它涵盖多个系统的内容。同时，景观规划设计本身具有科学、艺术、功能、审美等多元化要素，在理论体系与设计实践中涉及相当多的技术与艺术知识，因此在具体的设计运作中必须遵循严格的科学程序。这种科学程序，在广义上是指从设计概念构思到工程实施完成全过程中接触到的所有内容安排；在狭义上仅限于设计师将头脑中的想法落实为工程图纸过程中的内容安排。

按照我们现在对景观规划设计的认识，他的空间艺术表现不是传统的二维或三维的概念，也不是简单的时间艺术或空间表现艺术，而是两者综合的时空艺术的整体表现形式，其精髓在于空间总体艺术氛围的塑造。由于塑造过程中的多向量化，使得景观规划设计的整个设计过程呈现出各种设计要素多层次穿插交织的特点。从概念到方案，从方案到深化，从深化到施工，从平面到空间，从全局到细部，每深入一步，都要涉及不同的专业知识和内容，只有将这些知识和内容高度统一，才能完成符合功能和审美的设计。因此遵循科学的设计程序就成为了景观规划设计项目成功的一个重要因素。

由此我们知道科学的设计程序对景观规划设计的重要性，在设计实践中应当严格遵守程序。要培养学生的"程序"意识，首先必须在设计教育中贯穿系统与程序的概念。在进行专业课学习的同时，系统地了解景观规划设计的方法与程序，无疑能收到事半功倍的成效，这就是学习景观规划设计方法与程序的意义。

1.2　景观规划设计方法与程序的特征

每一个设计的过程与结果都是通过人脑思维来实现的。人的思维过程一般来说是抽象思维和形象思维有机结合的过程。而艺术类学科一般偏重于形象思维。就设计思维而言，由于景观规划设计具有跨学科的边缘性，单一的思维模式不能满足其复杂的功能与审美需求，而其在所有艺术设计中又属于综合性较强的一门学科，因此其思维模式势必具有鲜明的特征。

（1）综合多元的思维渠道。一般而言，抽象思维又称为理性思维；形象思维着重表现为形象的推敲，又称为感性思维。理性思维是一种线形空间模型的思路推导过程，一个概念通过立论可以成立，经过收集不同信息反馈于该点，通过外部研究过程得出阶段性结论，如此反复直到得出最后结果。感性思维则是一种树形空间模型的形象类比过程，一个主题可以产生若干个概念，若干概念有各种完全不同的形态，每一种形态都可以朝着自己的方向发展，从而得出不同的结论，通过对各个结论进行对比分析，得出进一步深化的概念，如此反复，直到得出满意结论为止。从上不难看出理性思维与感性思维的区别：理性思维是从点到点的空间模型，方向及目标都很明确，而且答案有且只有一个；而感性思维是从一点到多点的空间模型，方向不明确，目标也是多个的，因而，利用感性思维进行艺术创作，其是否优秀的标准也是多样的。

（2）图形分析的思维方式。所谓图形分析的思维模式，主要是指借助各种工具绘制不同类型的形象图形，并对其进行设计分析的思维过程。就景观规划设计来说，几乎每一阶段都离不开绘图。概念设计阶段的构思草图包括概念的形成草图（图1-2-1），各区的功能分布草图，各景点的构成草图等（图1-2-2）；方案设计阶段的图纸包括各种类型的平立剖面图（图1-2-3），各种分析性图纸，各种透视类图纸（图1-2-4）；施工图阶段的图纸包括景点分布图，设施设备布置图，植物配置图（图1-2-5），节点大样图等。养成图形分析的思维方式，无论在什么设计阶段，设计者都习惯于用笔将自己一闪而过的想法落实于纸面，而在图形绘制过程中，又会触发新的灵感。

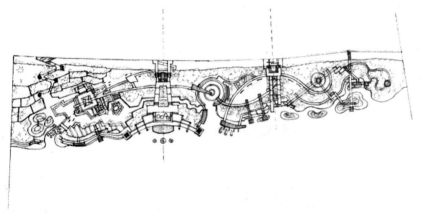

图1-2-1 佛山某湿地公园概念形成图（出自广州喆美园林景观设计有限公司）

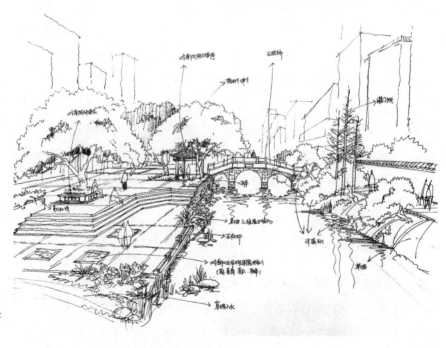

图1-2-2 某景点构成草图（出自广州喆美园林景观设计有限公司）

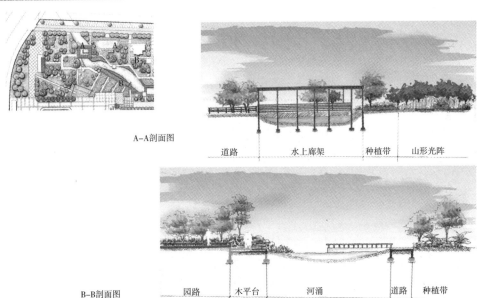

设计内容

节点二剖面图

A-A剖面图

道路　水上廊架　种植带　山形光阵

B-B剖面图

园路　木平台　河涌　道路　种植带

广东产品质量监督检验研究院顺德基地园林景观设计
landscape architecture of the institute in ShunDe

图1-2-3　绿地节点剖面图（出自广州喆美园林景观设计有限公司）

设计内容

节点二效果图

A点效果图

广东产品质量监督检验研究院顺德基地园林景观设计
landscape architecture of the institute in ShunDe

图1-2-4　绿地节点效果图（出自广州喆美园林景观设计有限公司）

（3）对比优选的思维过程。选择是对纷繁客观事物的提炼优化，合理选择是科学决策的基础。人脑最基本的思维活动体现在选择性思维，这种选择性思维活动渗透人类生活的各个层面。而对于景观规划设计而言，选择的思维过程表现为对多元图形的对比、优选，可以这么说，对比优选的思维过程是建立在综合多元的思维渠道以及图形分析的思维方式之上。没有前者作为对比的基础，后者选择的结果也不可能达到最优。一般的选择思维过

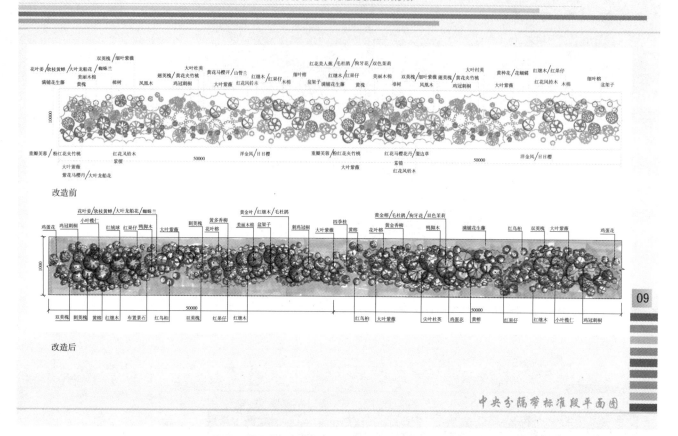

图1-2-5　顺德某道路中央分隔带植物配置图（出自广州喆美园林景观设计有限公司）

程是综合各类客观信息后的主观决定，通常是一个经验的逻辑思维过程，形象在这种逻辑的推理过程中虽然有一定的辅助决策作用，但远不如在设计中的对比优选思维过程中那样重要。可以说对比优选的思维决策在艺术设计的领域主要依靠可视形象的作用。

　　在概念设计阶段，通过对多个具象图形空间形象的对比优选来决定设计发展的方向。通过对抽象几何平面图形的对比优选决定使用功能。在方案设计阶段，通过投影绘制的各类平面图对比优选决定最佳的功能分区。通过不同界面围合的景观空间透视图形的对比优选决定最终的空间形象。在施工图阶段，通过不同要素以及材料的对比优选决定合适的搭配和比例，通过对不同节点的详细对比优选决定细部设计。对比优选的思维依赖于图形绘制信息的反馈，一个概念或是一个方案的诞生必须依靠多种形象的对比。因此作为设计者在构思阶段不要在一张纸上反复涂改，而是要学会不断复制自己的想法，每一个想法都要切实地落实到纸面上，这样才能挖掘每个想法的精髓所在，从而积累、对比、优选，好的方案就可能产生。

1.3　景观规划设计原则

1.3.1　景观规划设计的整体性与多样性

　　景观规划设计涉及多种复杂因素，既包括硬质景观规划设计问题，也包括软质景观规划设计以及各类景观因素的协调问题，处在不同区域的景观对于设计意象的选取及具体的要求也各不相同，在解决各种景观设计问题时，要体现出景观规划与设计的美学观，使景观设计与艺术构想相结合，应突出体现和把握景观规划设计的整体性与多样性原则。

（1）整体性原则。要求在构成设计主题的多种要素之间，建立起和谐对应的组成关系，如环境景观中的硬质与软质要素、新与旧、个体与群体关系等，必须相互关联，取得和谐统一。

（2）多样性原则。多样性指通过某种变化所带来的令人愉快的景象组成关系。多样性不等同于混乱。景观形态应富有丰富性和多样化，以满足人们对景观形象丰富多彩、易于亲近、富于变化等的要求。

1.3.2　景观规划中的环境建构特色

景观规划设计中，景观特色代表了一个地区的文化与城市生活特征。在城市的更新过程中，采取渐进以及补充完善的方法，形成景观环境的特殊风貌。

1.3.3　景观规划设计有关生态学的意义

通过景观的组织与设计改进地区的小气候环境，提高城市环境质量，提供有益于居民身心健康的环境设施和条件，保证资源环境的可持续性。在设计中保证环境生态性的具体措施如下。

（1）环境与景观设计多偏重于艺术方面。

（2）将景观设计作为一个重要的环境建设手段。

（3）高度注意城市绿色空间与景观的规划设计。绿色景观不应设计得过与人工化；硬质软质景观要素应有效地配合；高密集度的城市地区，更需乡村式的环境景观。

（4）景观的改进还需从整体环境景观入手，加强城市边缘地区的绿地建设，在自然环境与城市环境之间形成有机平衡。

1.3.4　景观规划设计与历史文化的保护问题

我们生活的城市，是在文明与进步中不断形成的，城市景观凝聚着丰富的历史印记。新与旧的有机结合，能延续城市文脉和形成丰富的文化与美学的组成意象。组织城市景观，要遵从和重视对城市延续下来的历史遗产及生活模式的维护，使城市的文化得以发扬光大。

1.3.5　景观规划环境组成的意象

景观的意象即特定的组成模式。景观意象主要通过景观结构来表现，城市景观结构中的轴线、向心空间、等级秩序、中心的建筑以及功能与活动的网络等要素，组成了富有特色的景观网络体系。对城市整体的景观与网络结构体系进行考虑，确保城市整体意向并塑造出理想景观环境体系是一个重要的设计原则。

1.4　景观规划设计发展趋势

随着我国人民生活水平的不断提高，我国的城市建设和环境建设以前所未有的高速度向前推进，全国各地都出现了景观规划设计的热潮。沿着改革开放的足迹，景观建设已经成为城镇建设的重要内容。从专业层面上说，景观规划设计的专业核心是景观与风景园林规划及设计，其相关专业及知识包括城市规划、生态学、环境艺术、建筑学、园林工程学、植物学等等。纵观景观规划设计的现状，中规划院总规划设计师的杨宝军先生指出，景观规划设计的发展趋势概括地讲有以下几方面。

1. 城市设计规划观

说到规划设计，所设计的应该是人们的生活。通常有一些花哨的设计方案，拥有奇形怪状形形色色的建筑和设施，拥有怪异而华丽的构图，但是给人的感觉却是很空洞、很单调，甚至会有点幼稚。今后的景观规划设计，不是设计建筑、设计设施，也不是设计外部空间，设计的应该是人的活动，设计的应该是生活。生活本身是丰富多彩的，所以景观规划设计师，要注意观察生活、热爱生活，才能设计出丰富多彩的活动空间，才能设计出好的作品。

2. 区位分析观

今后的景观规划设计的过程，可以用"承上启下，左邻右舍"八个字来表达其特点。所谓"承上启下"，说的就是景观规划设计既要考虑项目所在位置的更大范围、更高层级规划的指导和制约，又要考虑下一层级的设计控制与引导。比如一个街区的改造规划，既要考虑其所在片区的区分规划和控制性详细规划的指导和制约，同时又要为下一阶段的景观设计作出引导和控制性的措施。"左邻右舍"指的是规划设计要考虑周边的环境，新的设计要和周边的环境更好地融合在一起，注意城市环境的整体性和完整性，而不是强调自我表现。一方面考虑体量、尺度、密度、肌理等的协调统一；另一方面要考虑配套设施、公共空间等的统筹规划与综合利用。

3. 场地解读观

用场地解读来做设计，也就是说要"运用资源，延续文脉"。一般来说，主要表现在运用场地特色，提升项目价值，保留和改造原有建筑和空间肌理。传统的格局将继续讲述过去的故事，历史的文脉得以延续，并重新构建新的空间秩序，通过场地的解读发掘出场地的资源价值，并合理应用到项目设计的构思过程中。比如对历史风景区的规划设计，就好比一个珍珠到一串项链的过程，埋藏在泥土中的珍珠需要有人发掘，然后把表面清洗干净，但这些只是完成了第一步。第二步则是要把这些珍珠按照一定的方式或规律有机组合到一起，串成项链，这时，珍珠的价值就提升了很多。做景观规划设计也是一样，把散落的文物发掘出来，然后穿针引线，从而构思出好的创意作品。

4. 设计理念观

也就是规划设计过程中要"实事求是，注意手法"。好的设计作品需要有好的设计理念，但是这个理念不能生搬硬套，而是应基于对区位和场地充分分析的基础上，在与国内外相关案例进行对比研究的前提下，得出有针对性的对策。同时，设计也不能只有理念，还要注意手法，理念的实施需要有很好的设计技巧，特别是对于空间和细节的处理手法，也就是通常所说的"手法老道，设计流畅"。

Unit 2

第2章 景观规划设计内容

2.1 景观规划设计的基础

2.1.1 硬质景观规划设计

在 M.凡登堡所著的《城市硬质景观设计》一书中首次提出了"硬质景观"这个名词，这是相对于植物的软质景观而言，并指出大城市是使用硬质景观的极佳区域。铺地正是硬质景观中最重要的部分，在城市环境中，铺地与道路既有使用目的，其本身又成为观赏对象，因此格外重要。

铺地（也称铺装）分为硬质铺地和软质铺地。也有将两者拼装成图案的软、硬质组合的地面铺地。软质铺地主要指以草坪等植物为材料的铺地；硬质铺地指地面采用硬质材料的砌块铺地（图 2-1-1、图 2-1-2），它具有防滑、耐磨、防尘、排水等性能，同时也具有较强的装饰性，广泛地应用于城市广场、街道等环境。我们这里主要讲到的是硬质铺地。

图 2-1-1 砖砌铺地（拍摄：朱凯）

图 2-1-2 云南大理石板铺地（拍摄：刘婷婷）

2.1.1.1 现代铺地的功能

1.划分和组织空间

在街道、广场等场所，铺地以其独特的色彩、材料、图案、尺度、质感、布局来标定自己的范围，以不同的地面外观效果来提示空间的变换（图 2-1-3、图 2-1-4）。

2.创造美丽的地面景观

不同质感、色彩、纹样、尺度的铺地设计能切实起到美化环境的作用。

硬质铺地是城市的另一件外衣，丰富的色彩变化很自然地成为美化环境、活跃空间的重要方面。在较大的城市广场和街道，单一颜色的铺地很容易使人厌倦，而不同颜色搭配

图 2-1-3 奔驰博物馆广场铺装（拍摄：胡林辉）

图 2-1-4 云南束河地面铺装（拍摄：刘婷婷）

而成的有韵律、重复性的铺地图案则悄然愉悦着人们的心情。铺地能以其安静、清洁、安定，或热烈、活泼、舒适，或粗糙、野趣、自然的风格感染人。

铺地材料的质感变化影响着人们的视觉感受和行为。平整、光洁的铺地会很大程度地吸引使用者在上面进行各种活动（图 2-1-5），而地砖一类的铺地则便于人们行走。另外，像卵石、不规则石料等自然材料的巧妙运用会带给人们赏心悦目的视觉感受（图 2-1-6）。因此，设计时要注意尽量发挥材料所固有的美。如花岗石的粗犷、鹅卵石的润滑、青石板的质朴等。

铺地图案就好似地面上的绘画，是打破单调的铺地形式、丰富视觉效果的有效手段。在面积较大的城市空

图 2-1-5 东莞中心广场上光滑、平整的铺装（拍摄：朱凯）

间，铺地图案通常以简洁为主，强调统一的风格，材料一般不做过多的组合，以 1～2 种为宜。在利用两种材质进行铺地图案组合时，其质感、色彩应较为统一。

无论是灯光还是自然光均能使铺地具有变化的光影效果，给人以不同的艺术感受（图 2-1-7）。

图 2-1-6 卵石铺装

图 2-1-7 深圳世博园内自然采光铺地（拍摄：朱凯）

3. 改善小气候

铺地的不同材料对太阳辐射的吸收系数不同，混凝土类路面为 65%，砖类路面为

70% 左右，沥青路面为 81%。这一性质能改变小环境的温度，设计时也应该注意。混凝土嵌草铺地较混凝土统铺路面，在距离地面 10cm 高处的温度低约 2℃。

2.1.1.2 材料选择与设计

1. 铺地材料

铺地材料主要有以下 4 种：

（1）整体路面材料。包括水泥混凝土、沥青混凝土等。用这些材料统铺的地面平整、耐压、耐磨，用于通行车辆或人流集中的地方。

（2）块料。包括各种天然的和加工后的块料、预制混凝土块料等。块料铺地坚固、平稳、便于行走，图案的纹样和色彩丰富多样。人流或车流较大的场所，地面铺设的板块厚度应大于 63mm。

（3）碎料。包括各种碎石、瓦片、卵石等。用碎料拼砌可形成美丽的地面纹理和图案，铺地具有经济、美观、富有装饰性的特点。

（4）渣土。包括煤渣、三合土等。用渣土筑成的路面有一定耐磨度，容易磨损鞋底，但渗水性好。

2. 四种典型铺地设计

（1）地砖。地砖是一种较为人工化的最常用的硬质铺地材料，适用于大面积铺地，如人行道、公共广场等。现有的地砖常采用缸砖、陶瓷地砖、水泥花砖和陶瓷锦砖等板块材在结合层上铺设，主要有正方形、长方形、六边形和圆形四种基本形状。因其施工简便，甚至不用任何机械而大受欢迎。地砖选择性强，不仅大小、形状多种多样，而且色彩丰富，可根据不同场合需要进行选择、搭配（图 2-1-8）。地砖铺设要求表面光滑，图案花纹要正确，颜色一致。结合层可采用 10 ~ 15mm 厚的水泥砂浆或 2 ~ 5mm 厚的沥青胶结料，也可采用 2 ~ 3mm 厚的胶粘剂。面层应坚实、平整、洁净、线路顺直，不应有空鼓、松动、脱落和裂缝、掉角、污染等缺陷。

（2）石材。指经过加磨、坯烧或打毛的大理石或花岗石成品，目前天然青石、红石也得到了广泛运用。其表面平整、坚实、或光洁或粗糙，有光面与毛面之分。它形状规整，便于铺设，一般应用于人流量较大的现代大型公共空间。石材也常见于有中国古典园林味道的城市空间，这里的石材仅经过粗琢，古朴而富有情趣，多用于庭院及东方风格的景观中（图 2-1-9）。这种石材的铺设追求曲折深远、以小见大、自然幽远的意境。

图 2-1-8　云南大理水泥砖铺地（拍摄：刘婷婷）

图 2-1-9　梁园中的花岗岩铺地（拍摄：朱凯）

大理石和花岗石铺地视觉效果和触感均很好，造价较高。但一般板块铺砌的地面寿命可达 30 年左右甚至更久，因此采用高质量的面材是值得的。大理石和花岗石铺地的结合层采用水泥砂（1∶4 或 1∶6）或水泥砂浆，铺砌时结合层与板材贴面应分段同时进行，且板材先用水浸湿，表面擦干或晾干后方可铺设。板材间、板材与结合层以及在墙角、镶边和靠墙处均应紧密砌合，不能有空隙。

（3）卵石。卵石是中国古典园林中最常见的一种铺地材料。它体积小、纹路深、使用灵活，富有自然气息，并可与其他铺地材料搭配使用。多用于较为亲切的环境，因其小巧朴拙又具有自然气息，为许多城市居民所喜爱。卵石铺地的施工一般分为预制和现浇两种，现浇法是先垫水泥砂浆，厚度为 3cm，再铺水泥浆 2cm，然后将备好的卵石插入，压实。卵石要扁、圆、长、尖搭配，最后用水将石子表面刷洗干净。卵石一般有黑、白、灰、黄四种颜色，可用于组合成各种图案。

（4）透水透气性铺地。这是指能使雨水通过，直接渗入路基的人工铺筑地面，具有使水还原于地下的性能。这种铺地结构透水、透气，能为植物的生长提供养分，也能为植物施肥、养护、管理提供方便。另一方面，它能增加地面空气湿度，降低空气温度以改善城市的舒适度。目前的透水透气性铺地有嵌草铺地、混凝土透水透气铺地、透水性沥青铺地三种类型（图 2-1-10）。其中，嵌草铺地常用于室外停车场和人流较少的地方，利于环保又具有良好的视觉效果。

图 2-1-10 东莞某楼盘内透水性混凝土铺地（拍摄：朱凯）

2.1.1.3 铺地常见的损坏

（1）裂缝与凹陷。造成这种破坏的主要原因是基土过于软湿或基层厚度不够、强度不足，地面荷载超过土基承载力。

（2）啃边。地肩和道牙直接支撑地面，使之保持横向的稳定。因此地肩与其基土必须紧密结实，并有一定的坡度。否则由于雨水的侵蚀和车辆行驶时对地面边缘的啃蚀作用，使之损坏，并从边缘向中心发展，这种现象叫啃边。

（3）翻浆。在季节性冰冻地区，地下水位高，特别是对于粉砂性土壤，水分上升到接近地面时形成冰粒或被冰冻，其体积增大，地面就会出现隆起现象，从而破坏铺地的结构，使其承载能力下降。重物通过时将泥土从铺地的裂缝挤出，形成翻浆。

2.1.1.4 设计注意事项

1. 设计基本原则

易清洁、防滑是铺地设计的基本要求。铺地、道路作为城市交往空间的一种功能性和景观性元素，在设计过程中，要充分考虑这两个方面的因素。经久耐用、有功能区域划分也是铺地设计必须考虑的内容；经济、美观、适用也是应考虑的问题。地面设计应把重点放在步行道上，尤其是在街上某些供人们休息、观赏的场地，让人有更多的机会将视线投向地面。如果步行道较宽时，可将地面分格或组成某种图案，很有特色。如用不同的

图 2-1-11　佛山千灯湖内毛面和光面搭配的铺地（拍摄：朱凯）

材料铺砌，在脚与地面摩擦较频繁的地面应铺上耐磨的花岗石。

2. 注意事项

根据实际需要选择合适的铺地材料。城市公共活动空间有许多类型，铺地材料的选择要根据环境空间的性质、规模、特点以及工程造价等综合因素来确定合适的材料并根据需要进行不同的设计。大型公共活动广场宜采用大块石材，并注意毛面和光面的搭配使用（图 2-1-11）；人多繁华的商业街可采用尺寸较小的广场砖，并注意不同形状和色彩的有机搭配；而在体闲性的空间中，就应当采用更贴近自然的铺地材料，让人们尽情享受返璞归真、回归自然的乐趣。

单调的铺地形式已不能满足现代城市发展需求、城市空间的性格和使用要求，促使铺地设计多样化。道路地面铺设可利用不同材料、色彩、图形、纹线表示其功能区别、暗示性的诱导以及强调作用，并丰富和美化城市空间的景观效果。一般地面铺装在整个环境空间中仅起背景的作用，不宜采用大面积的鲜艳色彩，避免与其他环境要素相冲突。铺地材料的大小、质感、色彩也与场地空间的尺寸有关。在较小的环境空间中，铺地材料的尺寸不宜太大，而且质感、纹理也要求细腻、精致。

在许多美丽的城市广场和街道上，我们常常能看到简洁、统一和突出重点的铺地图案，它们使广场与街道的设计更趋完美、统一而又富于变化。这样的铺地图案设计不仅丰富了铺地形式，而且常会取得许多意想不到的效果。图案的布置、拼接必须与场地形状、功能相联系，做到简洁统一、突出重点，可使整个环境空间趋于完美。

铺地或道路与绿化的巧妙结合、相互穿插，可避免铺地或道路形式过于生硬，使得整个空间更符合环境特征，形成生动、自然、丰富的景观效果。

铺地的边缘应设混凝土道牙或边条，以防止雨水进入路基。尤其适合于步行道、场地和草地的边界。边条一般宽 50mm、高 150 ~ 250mm。铺砌的深度相对于地面应尽可能低些，广场铺地的边条可与铺地地面相平。

2.1.2　水景规划设计

水景景观以水为主。水景设计应结合场地气候、地形及水源条件。南方干热地区应尽可能为人们提供亲水环境，北方地区在设计不结冰期的水景时，还必须考虑结冰期的枯水景观。

2.1.2.1　自然水景

自然水景与海、河、江、湖、溪相关联。这类水景设计必须服从原有自然生态景观、自然水景线与局部环境水体的空间关系，正确利用借景、对景等手法，充分发挥自然条件，形成纵向景观、横向景观和鸟瞰景观。应能融和所在区域景观元素，创造出新的亲水形态（图 2-1-12、图 2-1-13）。

图 2-1-12 东京新河谷酒店水景（拍摄：胡林辉）　　　　　　　图 2-1-13 开平城市水景（拍摄：刘婷婷）

1. 驳岸

驳岸是亲水景观中应重点处理的部位。驳岸与水线形成的连续景观线是否能与环境相协调，不但取决于驳岸与水面间的高差关系，还取决于驳岸的类型及用材的选择。

沿水驳岸无论规模大小，无论是规则几何式驳岸还是不规则驳岸，驳岸的高度、水的深浅设计都应满足人的亲水性要求，驳岸尽可能贴近水面，以人手能触摸到水为最佳。亲水环境中的其他设施（如水上平台、汀步、栈桥、栏索等），也应以人与水体的尺度关系为基准进行设计（图 2-1-14、图 2-1-15）。常见驳岸类型见表 2-1-1。

图 2-1-14 上海人民公园内的塑石驳岸（拍摄：汤辉）　　　　　　图 2-1-15 世博后滩公园中的自然驳岸（拍摄：汤辉）

表 2-1-1　　　　　　　　　常见驳岸类型

序号	驳岸类型	材质选用
1	普通驳岸	砌块（砖、石、混凝土）
2	缓坡驳岸	砌块，砌石（卵石、块石），人工海滩沙石
3	带河岸裙墙的驳岸	边框式绿化，木桩锚固卵石
4	阶梯驳岸	踏步砌块，仿木阶梯
5	带平台的驳岸	石砌平台
6	缓坡、阶梯复合驳岸	阶梯砌石，缓坡种植保护

2. 景观桥

桥在自然水景和人工水景中都起到不可缺少的景观作用，其功能作用主要有：形成交通跨越点，横向分割河流和水面空间，形成地区标志物和视线集合点，眺望河流和水面的良好观景场所，其独特的造型具有自身的艺术价值。景观桥分为钢制桥、混凝土桥、拱桥、原木桥、锯材木桥、仿木桥、吊桥等。

3. 木栈道

邻水木栈道为人们提供了行走、休息、观景和交流的多功能场所。木栈道由表面平铺的面板（或密集排列的木条）和木方架空层两部分组成。木面板常采用桉木、柚木、冷杉木、松木等木材，其厚度要根据下部木架空层的支撑点间距而定，一般为3～5cm厚，板宽一般为10～20cm，板与板之间宜留出3～5mm宽的缝隙。不应采用企口拼接方式。面板不应直接铺在地面上，下部至少要有2cm的架空层，以避免雨水的浸泡，保持木材底部的干燥通风。设在水面上的架空层其木方的断面选用要经计算确定。

木栈道所用木料必须进行严格的防腐和干燥处理。为了保持木质的本色和增强耐久性，用材在使用前应浸泡在透明的防腐液中6～15天，然后进行烘干或自然干燥，使含水量不大于8%，以确保在长期使用中不产生变形。个别地区由于条件所限，也可采用涂刷桐油和防腐剂的方式进行防腐处理。

连接和固定木板和木方的金属配件（如螺栓、支架等）应采用不锈钢或镀锌材料制作。

2.1.2.2 庭院水景

庭院水景通常以人工化水景为多。根据庭院空间的不同，采取多种手法进行引水造景（如叠水、溪流、瀑布、涉水池等），在场地中有自然水体的景观要保留利用，进行综合设计，使自然水景与人工水景融为一体。庭院水景设计要借助水的动态效果营造充满活力的环境氛围。水景效果特点见表2-1-2。

表2-1-2　　　　　　　　水景效果特点

水体形态	水景效果	视觉	声响	飞溅	风中稳定性
静水	表面无干扰反射体（镜面水）	好	无	无	极好
表面有干扰反射体（波纹）	好	无	无	极好	—
表面有干扰反射体（鱼鳞波）	中等	无	无	极好	—
落水	水流速快的水幕水堰	好	高	较大	好
水流速低的水幕水堰	中等	低	中等	尚可	—
间断水流的水幕水堰	好	中等	较大	好	—
动力喷涌、喷射水流	好	中等	较大	好	—
流淌	低流速平滑水墙	中等	小	无	极好
中流速、有纹路的水墙	极好	中等	中等	好	—
低流速水溪、浅池	中等	无	无	极好	—
高流速水溪、浅池	好	中等	无	极好	—
跌水	垂直方向瀑布跌水	好	中等	较大	极好
不规则台阶状瀑布跌水	极好	中等	中等	好	—
规则台阶状瀑布跌水	极好	中等	中等	好	—
阶梯水池	好	中等	中等	极好	—

1. 瀑布跌水

瀑布按其跌落形式分为滑落式、阶梯式、幕布式、丝带式等多种，并模仿自然景观，采用天然石材或仿石材设置瀑布的背景和引导水的流向（如景石、分流石、承瀑石等），考虑到观赏效果，不宜采用平整饰面的白色花岗石作为落水墙体。为了确保瀑布沿墙体、山体平稳滑落，应对落水口处山石做卷边处理，或对墙面做坡面处理。瀑布因其水量不同，会产生不同的视觉、听觉效果，因此，落水口的水流量和落水高差的控制成为设计的关键参数，一般人工瀑布落差宜在 1m 以下。

跌水是呈阶梯式的多级跌落瀑布，其梯级宽高比宜为 3：2～1：1，梯面宽度宜为 0.3～1.0m。

2. 溪流

溪流的形态应根据环境条件、水流量、水深、水面宽度和所用材料进行合理的设计。溪流分可涉入式和不可涉入式两种。可涉入式溪流的水深应小于 0.3m，以防止儿童溺水，同时水底应做防滑处理。可供儿童嬉水的溪流，应安装水循环和过滤装置。不可涉入式溪流宜种养适应当地气候条件的水生动植物，增强观赏性和趣味性。此外，溪流配以山石可充分展现其自然风格（图 2-1-16）。

图 2-1-16　广州东濠涌内山石配溪流（拍摄：朱凯）

溪流的坡度应根据地理条件及排水要求而定。普通溪流的坡度宜为 0.5%，急流处为 3% 左右，缓流处不超过 1%。溪流宽度宜为 1～2m，水深一般为 0.3～1m，超过 0.4m 时，应在溪流边采取防护措施（如石栏、木栏、矮墙等）。为了使环境景观在视觉上更为开阔，可适当增大宽度或使溪流蜿蜒曲折。溪流水岸宜采用散石和块石，并与水生或湿地植物的配置相结合，减少人工造景的痕迹。石景在溪流中所起到的景观效果见表 2-1-3。

表 2-1-3　　　　　　石景在溪流中所起到的景观效果

序号	名称	效　果	应用部位
1	主景石	形成视线焦点，起到对景作用，点题，说明溪流名称及内涵	溪流的首尾或转向处
2	隔水石	形成局部小落差和细流声响	铺在局部水线变化位置
3	切水石	使水产生分流和波动	不规则地布置在溪流中间
4	破浪石	使水产生分流和飞溅	用于坡度较大、水面较宽的溪流
5	河床石	观赏石材的自然造型和纹理	设在水面以下
6	垫脚石	具有力度感和稳定感	用于支撑大石块
7	横卧石	调节水速和水流方向，形成隘口	溪流宽度变窄和转向处
8	铺底石	美化水底，种植苔藻	多采用卵石、砾石、水刷石、瓷砖，铺在基底上
9	踏步石	装点水面，分别步行	横贯溪流，自然布置

3. 生态水池

生态水池是适于水下动植物生长，又能美化环境、调节小气候供人观赏的水景。生态水池多饲养观赏鱼虫和习水性植物（如鱼草、芦苇、荷花、莲花等），营造动物和植物互生互养的生态环境。

水池的深度应根据饲养鱼的种类、数量和水草在水下生存的深度而定。一般为 0.3～1.5m，为了防止陆上动物的侵扰，池边平面与水面需保证有 15cm 的高差。水池壁与池底需平整以免伤鱼。池壁与池底以深色为佳。不足 0.3m 的浅水池，池底可做艺术处理，显示水的清澈透明。池底与池畔宜设隔水层，池底隔水层上覆盖 0.3～0.5m 厚的土，种植水草（图 2-1-17、图 2-1-18）。

图 2-1-17 广州某小区水景（拍摄：朱凯）

图 2-1-18 海辰山植物园内的矿坑花园水景

4. 涉水池

涉水池可分水面下涉水和水面上涉水两种。水面下涉水主要用于儿童嬉水，其深度不得超过 0.3m，池底必须进行防滑处理，不能种植苔藻类植物。水面上涉水主要用于跨越水面，应设置安全可靠的踏步平台和踏步石（汀步），面积不小于 0.4m×0.4m，并满足连续跨越的要求。上述两种涉水方式应设水质过滤装置，保持水的清洁，以免儿童误饮池水后引发疾病。

2.1.2.3 泳池水景

1. 泳池

泳池水景以静为主，它最大的作用是营造一个让使用者在心理和体能上放松的环境，同时突出人的参与性特征（如游泳池、水上乐园、海滨浴场等）。

泳池设计必须符合的相关规定。泳池平面不宜做成正规比赛用池，池边尽可能采用优美的曲线，以加强水的动感（图 2-1-19）。泳池根据功能需要尽可能分为儿童泳池和成人泳池，儿童泳池深度以 0.6 ~ 0.9m 为宜，成人泳池为 1.2 ~ 2m。儿童池与成人池可考虑统一设计，一般将儿童池放在较高位置，水经阶梯式或斜坡式跌水流入成人泳池，既保证了安全又可丰富泳池的造型。

池岸必须作圆角处理，铺设软质渗水地面或防滑地砖。泳池周围多种灌木和乔木，并提供休息和遮阳设施，有条件的小区可设计更衣室和供野餐的设备及区域（图 2-1-20）。

图 2-1-19 三亚亚龙湾某酒店泳池（拍摄：朱凯）

图 2-1-20 三亚亚龙湾某酒店泳池边植物配置（拍摄：朱凯）

2. 人工海滩浅水池

人工海滩浅水池主要用于让人享受日光浴。池底基层上多铺白色细砂，坡度由浅至深，一般为 0.2 ～ 0.6m，驳岸需做成缓坡，以木桩固定细砂，水池附近应设计冲砂池，以便于更衣。

2.1.2.4 装饰水景

装饰水景不附带其他功能，起到赏心悦目，烘托环境的作用，这种水景往往构成环境景观的中心。装饰水景是通过人工对水流的控制（如排列、疏密、粗细、高低、大小、时间差等）达到艺术效果，并借助音乐和灯光的变化产生视觉上的冲击，进一步展示水体的活力和动态美，满足人的亲水要求。

1. 喷泉

喷泉是完全靠设备制造出的水量，对水的射流控制是关键环节，采用不同的手法进行组合，会出现多姿多彩的变化形态（图2-1-21）。喷泉景观的分类和适用场所见表2-1-4。

图 2-1-21 比利时的撒尿小孩（拍摄：胡林辉）

表 2-1-4　　　　　喷泉景观的分类和适用场所

名称	主 要 特 点	适 用 场 所
壁泉	由墙壁、石壁和玻璃壁板上喷出，顺流而下形成水帘和多股水流	广场，居住区入口，景观墙，挡土墙，庭院
涌泉	水自下而上涌出，呈水柱状，高为 0.6 ～ 0.8m。可独立设置，也可组成图案	广场，居住区入口，庭院，假山，水池
间歇泉	模拟自然界的地质现象	溪流，小径，泳池边，假山
旱地泉	将泉管道和喷头下沉到地面以下，喷水时水流落到广场硬质铺地上，沿地面坡度排出，平常可作为休闲广场	广场，居住区入口
跳泉	射流非常光滑稳定，可以准确落在受水口中，在计算机控制下，形成可变化方向、间歇跳跃的水流	庭院，园路边，休闲场所
跳球喷泉	射流呈光滑的水球，水球的大小和间歇时间可控制	庭院，园路边，休闲场所
雾化喷泉	由多组微孔喷管组成，水流通过微孔喷出，看似雾状，多呈柱形和球形	庭院，广场，休闲场所
喷水盆	外观呈盆状，下有支柱，可分多级，出水系统简单，多为独立设置	园路边，庭院，休闲场所
小品喷泉	从雕塑器具（如罐、盆等）和雕塑人物、动物形象（如鱼、龙等）口中出水，形象有趣	广场，雕塑，庭院
组合喷泉	具有一定规模，喷水形式多样，有层次，有气势，喷射高度高	广场，居住区入口

2. 倒影池

光和水的相互作用是水景景观的精华所在，倒影池就是利用光影在水面形成的倒影，扩大视觉空间，丰富景物的空间层次，增加景观的美感。倒影池极具装饰性，可做得十分精致，无论水池大小都能产生特殊的借景效果，花草、树木、小品、岩石前都可设置倒影池。

倒影池的设计首先要保证池水一直处于平静状态，尽可能避免风的干扰。其次是池底要采用黑色和深绿色材料铺装（如黑色塑料、沥青胶泥、黑色面砖等），以增强水的镜面效果。

2.1.3　便民公共设施规划设计

2.1.3.1　坐具

坐具是公共设施中最为常见的一种。我们通常称可以支撑人体臀部的物品为坐具。人们无论是休闲散步、购物还是玩耍娱乐以及候车等待等，都会习惯性地找到适合自己的空间，以及可以休息、缓解疲劳的"依具"。坐憩或依附的器具成了必不可少的坐具设施。

人们疲劳的时候无论是椅子、凳子还是台阶、护栏等，只要能支撑人的"物品"，都会有人去"坐"，所以，在这里"坐具"是不仅限于"椅子"的设施（图 2-1-22）。

图 2-1-22　世博中的特色桌凳（拍摄：朱凯）

建筑外环境中的设施小品是人们聊天、游戏、交往、读书、观赏风景、歇脚时必不可少的服务设备，是场所功能性以及环境质量的重要体现。人们在街上购物或观光时总想能坐下来休息，可是目前大多数街道的设计很少考虑行人休憩的需求，在街上看到的只是在街旁绿地边竖起的一排排铁栏杆。有人干脆坐在栏杆上，日久栏杆坏了，绿地也没有保护好。"设施小品"或称"街道家具"不仅是给人看的，主要是给人使用的，应该处处予人以方便，不能把行人当作"敌人"对待。如果栏杆的目的是为了保护绿地，那不如将绿地较地面提高 40 ~ 50cm，绿地边缘的挡土墙做得稍宽一些，还可以供行人坐。

1. 分类认识

可供休息的服务设施以坐具为主，主要分为凳、椅两类。

（1）凳在室外环境中一般设于场地的边缘，供人们坐、躺、对弈、聊天，简单灵活而且实用。可结合花坛侧缘、矮墙、路灯、雕塑台基等进行设计。

（2）椅以休憩为主要目的、有靠背，部分有扶手，早期在欧洲的各类庭园、街道中应用广泛。造型或精致古典，或简洁单纯，在环境中起到很好的点缀作用。

按服务对象的多少，坐具还包括单座型椅凳、连座型椅凳和具有其他机能的组合式休息椅凳。

连座型椅凳常以 3 人为额定人数，长度约 2m 左右，又分为单面座、双面座和多面座凳。单座椅的尺寸可根据要求与人体数据略有不同，一般座面宽度为 40 ~ 50cm，座面高度为 38 ~ 40cm，附设靠背高度为 35 ~ 40cm。若作为游乐园、广场等处的休息凳并兼作止步障碍物使用时，其尺寸可略小些，通常高度可定为 30 ~ 60cm，宽度 20 ~ 30cm，深度 15 ~ 25cm。座椅前沿的高度一般不大于脚底到膝盖弯曲处的距离，一些特殊设计的除外。

经统计，在所有类型的椅凳中，3 ~ 4 人的长椅，约占总数的 25% ~ 30%；双人的长椅约占总数的 50%；多人坐的长椅多设在人流集中的地方，如购物中心等。

2. 设计分析

椅凳是街道、广场等场所必备的公共设施，座椅的设计与制作首先要考虑结构坚实、尺度适宜，其式样和布置方式可以丰富多样。

它的设置一般选择在人们需要休息、环境较好、有景可赏之处，既可单独设置也可成组设置；既可自由分散布置，又可规则地连续布置；也可以与花坛等其他环境小品组合，形成一个整体。椅凳的设计要美观、形式多样，在现代城市中还应注意构造要简单，制作要方便，要结合所在环境的特点和人的使用要求，决定其设置位置、座椅数量、艺术造型，并做出特色。根据长时间的观察和分析，得出坐具设计需要考虑以下几方面的要点。

（1）休息椅凳的设置方式应考虑人在室外环境中休息时的心理习惯和活动规律。一般以背靠花坛、树丛或矮墙，面朝开阔地带为宜，或结合桌、树、花坛、水池设计成组合体，构成人们的休息空间。

（2）供人长时间休憩的椅凳，应注意设置的私密性，以单座型椅凳、高背分隔型座椅或较短连座椅为主，可将几张坐凳与桌子相结合，以便于人们较长时间地交流和休息。

图2-1-23 上海南京路围合式座椅（拍摄：汤辉）

（3）人流较多处供人短暂休息的椅凳，则应考虑设施的利用率。根据人在环境中的行为心理，常会出现七人座椅仅坐三人或两人座椅只坐一人的情况。所以长度约为2m的三人座椅的适用性被证明是较高的。或者在较长的椅凳上适当划线分格，也能起到提高其利用率的效果。在街道宜采用没有靠背的座凳，因为人们不会坐得太久，在较开阔的地方可以采用靠背（图2-1-23）。

（4）座椅的样式首先要满足功能要求，然后要具有特色。一般来说，一条街的设施小品应该具有统一的风格。

（5）座椅是供人休息、交谈、眺望时使用的。其设置应根据使用性质的不同，按照设计放在街道、广场、购物中心等固定位置上。供休息的座椅多放在路边，供眺望的座椅应设在有景可观的地方。

（6）为保持环境的安静，且互不干扰，座椅间一般要保持5～10m以上的距离，还可以利用地形、植物、山石等适当分隔空间，创造一些相对独立的小环境，以适应各类人群的需要。

（7）座椅周围的地面应进行铺装，或在座椅的前面安放一块与座椅等长、宽50cm的踏脚板，以保持卫生。

（8）室外景观环境中的台阶、叠石、矮墙、栏杆、花坛等也可以设计成兼有座椅的功能。

（9）坐具作为环境设施中最常用的部分，设计时应充分考虑其与周围环境和其他设施的关系，做到与整体环境气氛的和谐。

3. 材料选择

随着材料科学的不断发展，室外坐具的材料从历史悠久的石材、木材、混凝土、铸铁到现代的陶瓷、塑料、合成材料、铝及不锈钢等，选择极为广泛，但都必须满足防腐蚀、耐候性能、不易损坏等基本条件，还需具备良好的视觉效果。设计时要根据使用功能要求和具体空间环境选用匹配的材料与工艺。

坐具材料，总的来说要坚固耐用，经得起风吹雨打和人们的频繁使用。通常以石料为

图 2-1-24 广州东濠涌自然古朴的坐凳（拍摄：朱凯）

宜，用金属材料做座椅虽然比较坚固，但只适宜于常年气候温和的地区。因为温度传导快，冷的地区冬天不宜坐，热的地区太阳晒得会发烫。木料给人的感觉是最好的，但是不耐用。

椅凳的高度一般取为 35～40cm。常用的做法有：钢管为支架，木板为面；铸铁为支架，木条为面；钢筋混凝土现浇；水磨石预制；竹材或木材制作；利用自然山石稍经加工而成等（图 2-1-24）。此外，在较为繁华或其他有条件的地方，还可采用大理石等名贵材料，或用色彩鲜明的塑料、玻璃纤维来制作，造型高雅、轻巧、美观，也会受到路人的喜爱。

在城市环境中，人们的休闲方式主要是娱乐、交谈、等候、观赏等，坐具成为环境中最重要的"家具"，为人们的休闲活动提供了方便。

2.1.3.2 卫生设施

卫生设施主要是为保持城市空间的清洁而设置的各具功能的装置道具，如垃圾桶、烟蒂箱、饮水器、洗手器等。垃圾箱，包括烟灰缸的组合则常与休息设施一并组织，或设置于汽车站旁，或设置于广场、公园等，并尽量做到使用者与管理者的相互配合。而饮水器、洗手器等设施的设置需与排水、供水系统联合组织实施。

1. 垃圾箱

垃圾箱被公认为是一个城市文明的标志，体现一个城市和所在居民的文化素质，并直接关系到城市空间的环境质量和人们的生活与健康水平。它既是城市生活不可缺少的卫生设施，又是环境空间的点缀。

（1）造型形式。

垃圾箱的形式主要有固定型、移动型、依托型等。固定型垃圾箱一般独立设置于街道等空间特性明确、所供空间有限的场所。在广场、公园、商业街或大型建筑的室外场地等人流变化大、空间利用较多的场所，可设置移动型垃圾箱。而依托型垃圾箱则固定于墙壁、栏杆之上，适宜在人流较多、空间狭小的场所使用。

此外，按不同的标准，垃圾箱还可以从大的方面分为开口式和加盖式两类，按其造型形态又可分为直竖式、柱头式、托架式等，按其清除方式又可分为旋转式、抽底式、肩门式、连套式、悬挂式等。

（2）制作材料。

垃圾筒的制作材料，通常有不锈钢板、锌版铁皮、塑料、玻璃钢、木材、混凝土、陶瓷等。其材料的选择应结合具体空间环境和使用功能，主要考虑不同造型的材质、工艺、外观等因素，并选配合理的色彩与装饰。

（3）设计分析。

垃圾箱的设计应以功能为出发点，具有适度的容量，方便投放，易于回收与清除，而且要构思巧妙、造型独特。垃圾箱应设在路边、休憩区内、小卖店附近等处，设在行人恰好有垃圾可投的地方以及人们活动较多的场所，例如公共汽车站、自动售货机、商店门前、通道和休息娱乐区等。

垃圾箱在具体环境中的位置应明显，即具有可识别性，而又不过于突出。同时要考虑清洗和回收时的方便性。

垃圾箱应与座椅保持适当的距离，避免垃圾对人造成影响。垃圾箱周围的地面应做成不渗水的硬质铺装，铺地可略高出周围地面，以便于清洗。垃圾箱不宜设在草坪上。经常性清除的垃圾箱可无盖，在箱体内可悬挂塑料回收袋，以方便换取。垃圾箱造型的尺度高低要依据人体工程学的计测尺寸而确立，即从如何方便人的操作使用为出发点；其造型容积的大小，则根据使用场所与所收集垃圾的数量而定。垃圾箱的投口高度为0.6～0.9m。

垃圾箱位置和数量的设置，要与人流量、居住密度相对应。安放距离不宜超过50～70m，间距一般为30～50m。

垃圾箱的容量应根据垃圾量、垃圾箱的数量和每天清洗回收的次数来决定。目前城市垃圾箱的容量多为40～80L（0.04～0.08m³，每升垃圾重量约为0.5kg），垃圾箱的充满度为0.85～0.9。垃圾在箱内储存的期限最好为1～2天，最多3天。

垃圾箱的防水设计非常重要，应不灌水、不渗水，以免造成大面积污染，应便于移动、倒空与清洗，因此，垃圾箱做成圆柱形居多，其上部可略微扩大。垃圾箱的投口不可太小，以方便投物。

垃圾箱可以用金属、塑料、陶瓷等材料制成，其造型要简朴、美观，坚固结实，与环境相协调。

烟蒂箱多设于室外休息空间及路边等处。基本形态有直竖型、柱头型、托座型等。烟蒂箱的高度为60cm左右，当设于座椅附近时，高度应与人的坐姿相适应，并适当靠近座椅。

我国2003年9月16日颁布，2003年12月1日开始实施的《城市卫生设施规划规范》对废物箱的设置有如下规定。

1）废物箱的设置应满足行人生活垃圾的分类收集要求，行人生活垃圾分类收集方式应与分类处理方式相适应。

2）在道路两侧以及各类交通客运设施、公共设施、广场、社会停车场等入口附近应设置废物箱。

3）设置在道路两侧的废物箱，其间距按道路功能划分为：①商业街道、金融街道为50～100m；②主干道、次干道、有辅道的快速路为100～200m；③支路、有人行道的快速路为200～400m。

（4）创新与发展。

崇尚个性、强调环保是当今社会的时尚主题，垃圾箱的设计不仅要为人提供使用的方便，还要造型独特、构思巧妙。一段折断的树桩、一个童话世界中的木桶、一只巨大的辣椒，这些别具匠心的垃圾箱都给人们带来了意想不到的另一番视觉收获。它们就如同起居室中的小摆设，装点着整个城市空间（图2-1-25）。

图2-1-25 乌镇西栅个性垃圾箱（拍摄：吴傲冰）

　　垃圾箱的设计已突破传统的不锈钢或塑料的桶型造型，开始利用混凝土材料的可塑性，采用模拟、仿生等工业设计手法，造型独特、惟妙惟肖。但也不能一味地追求新奇的艺术造型，其中也应该考虑到对人文艺术的尊重，这一点我们在前几章节中已经提及。以前我们常能看到像熊猫、企鹅等造型的成品垃圾箱在街头出现，人们把脏东西往这些可爱动物的嘴里塞，这种现象给人的感觉总是很糟糕的。

　　垃圾的收集方式从一个侧面能体现公众的素质和修养，科学技术的发展也促进了垃圾筒设计的进步。有的地方已经出现了电子垃圾筒，内设感应装置，当人们投放垃圾时感应器产生反应并自动播放音乐。分类垃圾箱的出现也与社会发展的步伐相一致，但这些垃圾箱的设置还应考虑使用主体环境意识的进步程度。试想如果人们根本不知道将垃圾分类，那么这种垃圾箱的设置就失去了意义。

　　2. 饮水器与洗手器

　　饮水器与洗手器又被称为用水器，其设置不仅方便了城市居民的使用，对于培养人们的卫生习惯、提升人的健康都具有积极作用。

　　用水器的造型尺度依据人体工程学的数据而定，供成人使用的高度应该为 700 ~ 800mm，供儿童使用的高度应为 400 ~ 600mm；其基本形态为方、圆、多角形及相互组合的几何形体，造型宜简洁；所用材料以不锈钢、石材、陶瓷、混凝土为主；设置方位宜在步行街、广场、商业环境等人流密集且易于供水、排水的场所；用水器的构成要素包括水龙头出水口、基座、水容器面盆和踏步等。

　　此外，清洁人员用于搬运垃圾的手推车也应纳入市政部门的统一设计与制作。这种垃圾车在街道上随时可见，经过设计、装饰的垃圾车至少不至于让行人避而远之。图2-1-26 ~ 图2-1-29 所示为乌镇系列饮水设施，从材质、造型、色彩等各方面都有不同的考虑，迎合环境的需要而进行设计。

图 2-1-26　木材加石材的直饮水设施（拍摄：吴傲冰）　　　　图 2-1-27　石材直饮水设施一（拍摄：吴傲冰）

图2-1-28 石材直饮水设施二（拍摄：王莘）　　　　　　　图2-1-29 竹材直饮水设施（拍摄：王莘）

2.1.3.3 电话亭

电信业的发展给人们生活带来了很大的改变，同时也对各个方面产生了深远的影响。电话亭是公共环境中非常重要的设施之一，虽然大部分人都有移动电话，但这样的设施还是有它存在的必要性，例如手机没电的时候，老人、儿童急需帮助或者报警的时候等，都是设置公共电话亭的特殊需求条件。

电话亭属于环境空间中的服务亭点，它和书报亭、快餐点、问讯处、花亭、售票亭等一样具有体积小、分布广、数量多、服务单一的特点。其造型小巧，色彩活泼、鲜明，作为现代通信设施，越来越广泛地渗透到现代生活之中。同时公共电话亭作为市政设施环境艺术小品的重要组成部分，点缀着城市街道和广场景观，其千姿百态的造型丰富了城市的空间环境。

1. 设计要点分析

电话亭主要设置于街道、广场、小区、公园、公共建筑出入口等地方，其功能随着电子通信技术的发展而日趋完善与合理。其种类包括封闭式箱体型和敞开式单体型，或者称为封闭式与遮体式。根据电话亭本身的特点和实地考察情况，电话亭的设计要点主要有以下几个方面。

（1）电话亭在步行环境中的设置距离一般为 100 ~ 200m。其设计应该结合人流活动路线，既便于人们识别、寻找，又不干扰人的活动；同时造型要新颖、富有时代感并反映服务内容。

（2）箱体型的箱体尺寸一般为 2000 ~ 2400mm，水平面积为 800mm×（800 ~ 1400）mm×1400mm；残疾人专用电话亭可略大一些。

（3）敞开式单体型，顶面遮篷小且无门窗，使用方便。其尺寸约为：高 2000mm，深度 700 ~ 900mm。

（4）箱体型电话亭的材料一般选铝和钢型材框架嵌装玻璃，近几年无框架的强化玻璃式箱体亭也开始使用。这些材料具有较好的气候适应性和隔音效果，既耐用又能满足私密性要求。

（5）敞开式单体型的材料一般采用钢材、不锈钢、塑料等，造型形式常以几何构形为主。敞开式单体型外形小巧、使用便捷，但遮蔽顶棚小，隔声防护较差。所以在设计时仍然要考虑私密性因素，与外界要有一定的间隔，哪怕是象征性的。

（6）出于环境景观整体性考虑，电话亭前不宜出现过多遮挡物，所以，电话亭的造型应该简洁明了、通透小巧。

（7）一般而言，在闹市区噪声干扰严重，公用电话亭宜采用封闭式，以铝合金、玻璃、彩色钢板等材料围合而成，在其他较为安静的地段则可采用半封闭式电话亭。

（8）此外，残疾人使用的电话亭面积通常稍大，电话装置距地面高度为 1000 ~ 1200mm，与坐轮椅者视线相平。在电话亭的标志中，必须加入凸出的有盲文特征的标志。标志中心距地面 1525mm。标志下面应配有 16 ~ 50mm 高的字母并突出 0.79mm。电话亭还应该考虑设置扶手，扶手距地面 1 ~ 1.3m，扶手尺寸为 650 ~ 750×200 ~ 300mm。电话亭的造型应以色彩明亮、别致大方、引人注目为宜。

2. 问题分析

在城市街头，每隔几十米我们就能看到一个电话亭，在我们的生活中它是一个很普通的设施，但由于其功能的特殊性，我们不得不对它的造型提出一些要求。经过调研分析，发掘出现有设施存在的一些问题。

（1）形态方面。形态太过统一而显示不出不同环境空间的特色和文化氛围；色彩不醒目，甚至掩于树丛之中让人难以发现，识别性不强。

（2）功能方面。还应考虑封闭式箱体型与敞开式单体型的配合设置。单体型因其造价低、制作安装方便而被广泛设置。但相对箱体型来说其隐私保密性和遮风挡雨的功能不强，从而导致利用率降低。

2.1.3.4 无障碍设施

"以人为本"设计理念的提倡，使设计师开始把更多目光从产品转移到产品的使用者，设计出更符合人性化的产品是设计师的目标。

随着时代的发展，无障碍设施设计的概念不断得到扩展，不仅为残疾人服务，同时也为其他行为能力障碍者（如体弱无力者、老年人、小孩等）服务是无障碍设计的最终目标。因此，无障碍设施设计的范围大大增加，必然引起设计师对这一特殊群体的重视和关注。

我国具有残疾障碍的人口数量约占总人口的 5%，即有 6000 万的残疾人。今天的无障碍设计更多聚焦于使用者，满足"形式服从情感"的理念，使设计从对功能的满足进一步上升到对人的精神的关怀，使人在赏心悦目中体验到产品的价值、经验和自我意识。障碍设施也是体现社会文明程度的重要标志。无障碍设施能消除环境中对特殊人群活动造成的各类障碍，使全体社会成员都具有平等参与社会生活的机会，共享社会发展的成果。

1. 盲道

城市中人们最常见的是在人行道上为视觉残疾者设计的盲道、止步块。盲道的色彩一般应与人行道其他铺地区分开，有的城市用大黄色，有的用暗红色。它对人行环境也有一定的美化作用。

盲道的材料没有特殊的规定，一般与周围铺地材料一致，如混凝土方砖，有的也用花岗石。盲道的尺寸、纹样均须按照统一规定来制作。尺寸为 500mm×500mm，直行采用与道路方向一致的竖条纹样，转弯处采用点状纹样。

当前一些城市市政部门对盲道的设置没有足够的重视，有的仅仅是为了应付规划的要求，与其说是"设计对人的关怀"，不如说是一个个潜在的"陷阱"。这需要市政管理部门切实协调好设计、建设的各个环节，使市政设施建设有序地推进。

2. 无障碍铺装

在无障碍铺地中，排水沟篦子等设施不得突出地面，并注意篦孔尺度要小于一般拐杖或手杖的端头直径，栅杆最小设 13mm 宽。铺地中要保留的古树、遗迹等，应采取防护措施，便于视力残疾人用手杖能探测到。在路面、坡面、扶手、路牌等的表面，要以粗面材料或花纹设置路面导向标志，提醒盲人坡道的存在和环境的变化。导盲杆或路牌的高度为 1.2 ~ 1.6m。具体做法应参照《方便残疾人使用的城市道路和建筑物设计规范》。

在坡道中，纵坡一般不超过 4%，坡长不宜过长，在适当距离应设水平路段且不应设置阶梯。其尽头还要有 1.8m 的休息平台，以便回车和休息。轮椅要求坡面的最大斜率为 1 : 12，即坡度值为 5%，坡道的最长距离为 9m。

坡道在地面坡度较大时，本应该设置踏步，但还要考虑到老年人、儿童和残疾人的车辆、轮椅的行驶。所以，一般当坡度值为 15% ~ 32% 时不设置踏步，但为了防滑，可将坡面做成有浅阶的坡道，称之为礓礤。当坡度大于 18°，即坡度值大于 32% 时，必须设置踏步。

2.1.3.5 指示牌

1. 标志系统认识

指示牌是城市标志系统的一部分，城市标志系统包括城徽、城市旗帜、道路标志、交通标志、公共场所的指示牌，甚至城市标志性建筑等很多内容。社会的"信息化"使高科技信息密集并支配着城市的发展，现代城市生活节奏日益加快。为了提高环境的舒适度和工作效率，作为信息传递的重要媒介，公共设施信息化系统越来越成为城市人工作、出行的必需品，并呈现发展迅速之态势。标志系统属于城市的视觉识别系统，包括以传达视觉信息为主题的标识导向系统、广告系统及以传递听觉信息为主题的 IC 电话系统。其具体表现手法，可分为文字表达、绘图符合表达、图示表达、立体物表达、动作表达、影视表达、色彩表达等形式。

（1）按照标志服务的不同目的，可以将其分为以下几类。

1）识别性标志。以文字或图形标志表示某个区域、场所、设施。

2）路标标牌。以引导人或车辆的行动为目的。

3）规定性标志。为提示人们注意、使用安全、防火、防灾、限制等为目的。

4）公示性或说明性标志。为公众与顾客公布或发布各类信息。

（2）标志按照不同的性质可分为以下几类。

1）名称指示，包括设施招牌、树木名称牌等。

2）环境指示，包括导游图、人流或车流导向牌、方向指示牌等。

3）警告指示，包括限速警告、禁止入内标志警告等。

（3）标志的不同表达形式。在具体设计中，标志的信息往往通过文字、绘图、记号、图示等形式予以表达。它们各有特点，不同的特点又适用于不同性质和不同环境的标志。其中，文字标志最规范准确；绘图记号具有直观、易于理解、无语言文字障碍，容易产生瞬间理解的优点；图示表示，如方位导游图，采用平面图、照片加简单文字构成，引导人们认识陌生环境、明确所处方位。

2. 指示牌的特性

通过对城市标志系统的认识和对其各种构成的比较，我们能得出指示牌的以下几个特性。

（1）指示牌属于城市的识别性标志，以文字或图形标志表示某个区域、场所或设施是其服务目的。

（2）指示牌按其性质来说，属于城市的环境指示类标志。

（3）它的表达形式不拘一格，可以采用各种艺术造型与文字、图片、记号等相结合，具有直观、易于理解、美观的特点。

（4）一个城市的城徽、交通规则标志等均有统一的形式、色彩和内容，而指示牌除了其本身的功能外，还以其优美的造型、灵活的布局装点美化环境，具有接近群众、利用率高、占地少、变化多、造价低等特点。

3. 设计原则

城市中的指示牌就像佩戴在人们身上的各种徽章，在表述指示功能的同时，也是城市中的一种装饰元素。一个优秀的指示牌设计，应该是将功能与形式有机地统一起来，并与周围环境相协调（图 2-1-30）。直线、曲线、抽象、具体，各种艺术造型纷纷应用于其中，它们不仅自然而然地表达了自身的指示功能，更给人们带来耐人寻味的艺术享受。

指示牌设计包括标志形式、风格特色、色彩、功能等综合内容，在讲求灵活多变的同时还应与其自身的特性相一致。

（1）设置的合理性。标志的设置场所、排列的规则是指示牌设计应该考虑的首要因素，关系到标志设计的成败。设置的合理性主要指适当的安置地点，在合适的地点才能更好地满足其使用功能，如设在各类建筑出入口、空间转折点或道路交叉口及其他人流集中的场所时能起到很好的视觉传达效果（图 2-1-31）。设置的合理性还包括宜人的尺度，尺度也是方便人观看的重要因素。

图 2-1-30　广州荔枝湾地域特色浓厚的指示牌（拍摄：朱凯）　　　　图 2-1-31　上海辰山植物园内的特色指示牌（拍摄：汤辉）

设计时还要注意既不能使环境变得纷乱，更不能影响交通，应对整个环境进行调查、分析后确定其位置。这一点对于部分涉及交通（人行或车行）的指示牌尤为重要，其设置的不合理会导致交通混乱，甚至导致严重事故的发生。

（2）与周围环境相协调。指示牌介入环境空间后，就与原有环境产生对话和交流，在其周围营造了一种场地效应，成为环境空间的一个重要组成部分（图2-1-32）。所以，标志与周围环境应相协调，在造型、色彩、材料等方面要注意相互间的关系，不可各行其是。

（3）具有视觉冲击力。创造简明易懂的视觉效果标志的造型设计应简洁、明确，色彩要鲜明、醒目，使人一目了然，易于识别和记忆，充分发挥其信息传播媒介的功能。

（4）较强的艺术感染力。对指示牌而言，其艺术感染力可概括为两点：第一，以小见大；第二，意象美、形式美。这要求指示牌具有更集中的艺术形象，以高度的概括性来体现视觉艺术特征，由想象、比喻等组合成含蓄的意象美，由变化、对比、均衡等组合成完整的形式美。

有的指示牌以"标志物"的形式出现，体现了设计师独特的创新思维，它与雕塑小品在形式上有着相同之处，融合了纪念性、指示性、说明性等方面的意义，以雕塑的形式展示出来，体现着文化的内涵。在体闲性、娱乐性较强的空间中应得到提倡（图2-1-33）。

图2-1-32 乌镇某酒吧标志牌（拍摄：吴傲冰）　　图2-1-33 德国思加图特步行街商业指示系统（拍摄：胡林辉）

2.1.3.6 公交候车亭

公交候车亭属于公共设施小品的内容之一，但其设计远远超出了环境艺术或环境小品的范畴。候车廊是城市交通系统的结点设施，是为人们在候车时能有个舒适的环境而提供的挡风避雨的空间。公交候车亭是城市景观的重要组成部分，也较大程度地影响着一个城市的形象。

1. 空间构成及设计

公交候车亭包括汽车停车场空间、行人上下车空间、站点候车亭空间、交通标牌等。其中，候车亭空间有单面设立的棚式和双面设立的棚式两种。常以钢式圆柱或方柱支撑，上以阳光板或其他复合或金属板材作为遮阳棚，下设休息椅凳、垃圾箱、烟灰缸、广告或行车路线导游图、照明灯具等。公共汽车站牌常设于候车亭一侧，或与候车亭组合构成。公共汽车站形式分为单柱标牌式、敞开箱式和箱式三种，侧立面一般为"L"形或"T"形。

（1）单柱标牌式候车站只设立一根高 2m 左右，直径 8～10cm 的金属杆，上面套有公交路线牌。这种形式主要用于人流较小、周围空间有限以及像新建区等配套设施待完善的地方，作为临时性的站点或起到为其他主要站点分担人流的作用。

（2）敞开箱式站点是城市中最普遍的一种形式，其空间构成简单、实用，占地面积相对较少且造型丰富，常与灯箱广告搭配设置，是现代城市重要景观元素之一。

（3）箱式站点主要设于人流大量汇聚的地方，如火车站、步行街附近等。它通常需要设立公交调度、报刊亭、小卖部以及供人休息的附属设施。这种站点体积较大，其顶部可设立大型的霓虹灯广告。

2. 设计注意事项

公交候车亭的设计要求造型简洁大方，富有现代感，同时应注意其俯视和夜间的景观效果，并做到与周围环境融为一体。一般采用不锈钢、铝材、玻璃、有机玻璃等耐候性、耐腐蚀性好并且易于清洁的材料。

设计要充分考虑保障人们等候、上下车辆的安全性与舒适性。一般城市中所设置的公交中途站点，长度不大于 1.5～2 倍标准车长，宽度不小于 1.2m。

3. 相关规定

通过对相关部门的询问和调查，了解到公共汽车站点设置的有关规定，列于下面以供设计时参考。

（1）中途站点的设置应在公交线路的主要客流集散点，其统一路线上下行对称站点应叉位设置，错开距离不得低于 50m。当主干道的快车道宽度大于 22m 时，可不必叉位设置。

（2）交叉路口的站点，应设在叉口 50m 以外，当车辆较多时，则应设在叉口 100m 以外。

（3）站点的平均距离为 500～600m。

（4）在绿化带较宽的路旁或车道宽度在 10m 以下的道路中途设置站点，其路旁绿化向人行道内呈等腰梯形凹进，并以不小于 25m，开凹长度不低于 22m 为准，构成港湾式中途站点。

2.1.4　植物造景规划设计

2.1.4.1　绿化在环境中的意义

植物和水除了能够改善气候、提高环境质量外，通过绿地和绿色空间的设计，还可以创造出特殊的意境和气氛，使室内外变得生机勃勃、亲切温馨，给人以美感。马来西亚著名建筑师杨经文在生物气候建筑方面进行了有意义的构想及设计实践，绿化植物在他的作品中占有十分重要的位置。他不仅分析了植物在美学、生态学和能源保护等方面的作用，还将建筑绿化的意义扩大到城市的范围，试图通过建筑的综合绿化来减轻城市的热岛效应并改善区域微气候。在物流园区进行的生态绿地环境设计主要包括以下功能。

1. 净化室内外空气，增进人体健康

物流园区中的车辆很多，难免会造成空气中的二氧化碳、粉尘的含量过高。植物通过吸进二氧化碳、释放氧气以维持空气中的氧气和二氧化碳的平衡，保持空气的清新。此外绿化区还是氨、硫化氢、二氧化硫、氯化氢、臭氧等有毒气体的沉降场所。植物还能通过对空气中粉尘的阻挡、过滤和吸附作用，以净化空气。据测量，草坪地区植物叶面积相当于地表面积的 20 ~ 28 倍，滞尘量大大超过裸露地面。

2. 改善小气候

绿色植物通过蒸发水分，从而降低空气的温度和增大湿度。深圳夏季炎热，高温时间长，大面积的绿地显得极为重要。绿地还能够调节太阳的辐射热。实验表明，在夏季高温的天气，绿地较水泥路面、柏油的温度低将近 14℃；公园的气温比一般的院落低 1.3 ~ 3℃，较建筑组群间的气温低 10% ~ 20%。无风的天气，绿地气温低，空气会向周围较热的地区流动而产生微风，从而改善微环境的整体气候条件。树木或草坪的绿叶密集，在空气相对湿度低而温度高的情况下，叶片内细胞间隙的水分通过叶面气孔蒸发到空气中，从而增加空气中的湿度，草坪区在无风的情况下比不铺草区湿度高 5% ~ 18%。

3. 阻隔和吸收噪声

各种树木都有吸声减噪功能，从树种上看，叶面越大，树冠越密，吸声能力越显著，如杨树为 15.5dB，云杉为 5dB；就植物配置看，树丛的减噪能力达 22%，自然式种植的树群，较行列式的树群减噪效果好，矮树冠较高树冠好，灌木的减噪能力最好（图 2-1-34）。

4. 创造空间

建筑内外部由于使用功能的不同常常划分为不同的区域，可以采用绿化的手法把不同用途的空间加以限定和分隔，使之既能保持各部分不同的功能作用，又不失整体空间的开敞性和完整性。可以利用植物特有的曲线、多姿的形态、柔软的质感、悦目的色彩，改善原有空间中由于过多使用直线和板块而造成的生硬感觉。大型的工业项目，具有多种多样的功能，人员的活动往往需要提供明确的行动方向，利用绿化能够在空间构图上提供暗示与导向。具有特色的植物能够强烈地吸引人们的注意力，因而能巧妙而含蓄地提示人们的活动。在空间的出入口，变换空间的过渡处可栽植相对高大或醒目的树种（图 2-1-35）。

图 2-1-34 广州某商场中庭植物（拍摄：王萍）

5. 美化环境

绿色植物是自然界的永恒主题，是孕育生命和滋养人类的最重要的资源，同时，绿色植物形态多姿、清新幽雅，创造绿色气氛、美化空间。具有自然美的植物，可以更好地烘托建筑空间、建筑材料的美感，而且相互辉映、相得益彰（图 2-1-36）。

图 2-1-35 广东省林业职业技术学校校内的精品园（拍摄：朱凯）

图 2-1-36 西安园博会馆植物景观（拍摄：王萍）

2.1.4.2 绿化设计的规则

环境绿化的形态可以用点、线、面的形式加以概括。无论是树木、花卉还是草坪都存在点、线、面三种形式。一棵树、一丛花可以看作点，点形态植物可以在环境中成为构图的重点、人们的视觉中心。以线形出现的植物最多的是树墙、树篱，连续的点植物绿化及悬垂的藤类植物也可以成为线形。线状绿化具有较强的围合与划分空间的作用。用一道树墙就可以划分出彼此的界限，在建筑基地的边缘就常用连续点状的乔木或树篱来划分建筑室外空间与城市空间的界限与相邻建筑用地的界限。线状绿化还具有很强的引导性，道路两旁的两条线可引导人流、车流。线状绿化可以是直线，也可以是曲线。直线形的绿化规整，具有力感及速度感，并能给人带来紧迫感，而曲线形绿化具有轻松自由感。以面形态存在的绿化主要有大片的乔木、草坪、花坛等（图2-1-37）。

图2-1-37 凡尔赛宫植物景观（拍摄：胡林辉）

1. 点式布局

点式布局经济、简便、灵活，既可有规律地绿化又可以灵活点缀，十分方便。在建筑的外部主要表现为绿化入口、广场花坛等需要强调的地方，室内则可把花盆、植物点缀于梁、网架等构件上，丰富内部空间。

2. 线式布局

可以选用形态、色彩、质地、大小等视觉形象相同或相近的绿色植物来绿化一线建筑构件，以强调一致的韵律感。例如在室外的檐口、窗台、栏板等处布置绿化，不仅美观，更多的是使街区中仅有的绿色在立体空间中得到延伸（图2-1-38）。

3. 面式布局

常见的面式布局有两类：一类是由形、色、质、大小等视觉元素相近的植物组成面来衬托主体；另一类则是大面积的绿化本身来形成视觉中心。墙面上布满攀缘植物无疑是最常见的，与环境更融洽。另一种常用的立体绿化面式布局则是屋顶花园。点、线、面的布局是立体绿化的基本指导思想，也是设计中变化最多最为灵活、丰富的方法，应该结合特定环境、建筑加以运用。

图2-1-38 韵律感极强的街边绿化（拍摄：朱凯）

通过平面形式的组织和立体造型的组合，使环境绿化和建筑形成统一整体。在处理建筑与绿化的相互关系时要注意使绿化随建筑室内外空间序列的展开而布置，与建筑空间相吻合。绿化可疏可密、可高可矮，来表现空间的围合与转换、空间的诱导等特性。

2.1.5 象征性元素规划设计

2.1.5.1 声音

语言学上的声音象征早在20世纪二三十年代就被正式提出，一些语言学家也在一直努力从不同的语系中寻找普遍的象征规律。为什么声音在环境中能产生象征意义呢？自然主义学派的不少语言学家认为自然界似乎有一种无形的法则，世间万物皆有某种潜质，这种潜质在运动中、在外力作用下、在与它物的相互影响下，都会释放出一种回音。这种回音往往通过人的发音器官的模拟运动，再现于某种词语中，使人直觉地意识到参照物。这在心理学上称为"联觉"，是指对一个感官或感觉区域的刺激，会引起另一个感官或感觉区域的反应。

环境艺术设计中借助声音的象征性来传情达意自古有之。中国古塔上悬挂的铃铎，风动铃响，象征"佛事精妙"、"骇人心目"。这也是明代计成所著《园冶》一书中主张的声借，即"肃寺可以卜邻，梵音到耳。"《洛阳伽蓝记》这样描述洛阳永宁寺塔："角角皆悬金铎，合上下有一百二十铎……至于高风永夜，宝铎和鸣，铿锵之声，闻及十余里"。杭州西湖的"南屏晚钟"、扬州瘦西湖的"石壁流淙"、承德避暑山庄的"万壑松风"等声景也都创造了独特的意境。

还有设计师利用声学原理体现象征意义，如北京天坛的回音壁、三音石和圆丘就是利用声学原理，得到良好的增强音响的效果。当帝王在此祭天时，四方回应犹如"昊天上帝"的"训谕"，强化了帝王统治的正统权威。"三音石"上能听到的多重回音，似有"人间私语天闻若雷"，表现出天帝与皇帝的"明察秋毫"。扬州个园中的冬山为了营造一种寒风凛冽的气氛，设计者在"雪山"（冬山）附近的墙面上开了4排圆洞、每排6个，洞径不大，墙外是狭巷高墙，并在洞口的东北方向留有空场，布置道路（扬州常年主导方向为东北风），让"人工北风"常年呼啸。运用柏努利原理来分析，我们才知道是由于洞径小，空气流动速度加大，加上窄巷和山墙的负压作用，进入洞口的空气便发出呼呼的声音。由于洞口排列如口琴音孔，空气穿越各洞速度不同，所以声音高低有异。这种高超的技术与艺术结合的设计手法在我国实属罕见（图2-1-39）。

图2-1-39 个园中的冬园

文艺复兴时期的意大利造园家和中国古代造园家一样注重园林的音响作用。例如罗马埃斯特庄园的底层花园中著名的"水风琴"，就是以水流挤压管中的空气，发出类似管风琴的声音，"水风琴"体现了西方人的热情、奔放，因此它发出的是热闹的、近似咆哮的声音。这种声音并不是中国文人士大夫追求的那种幽静、细腻，古筝韵律般的情境，如无锡寄畅园中的八音洞和北京颐和园内谐趣园中的玉琴峡。

声音的象征性还体现为谐音式的象征。谐音式象征符号体现在人们生活的方方面面，其主要表现形式有三种：同音不同字相谐（如"背"和"辈"，"蝠"和"福"）、音近相谐（如"羊"和"祥"，"蔓"和"万"）和方言相谐（如"芙"和"富"，"瓶"、"鼎"和"平等"）。

通过谐音来表现象征意义的手法在中国建筑环境景观中最突出的是建筑和园林装饰，常见于瓦当、铺地、雕刻、窗、洞门等驱邪逐鬼、祈求吉祥如意的造型中。例如："鹿"与"禄"同音，鹿纹瓦当象征富贵，鹿纹和寿星、蝙蝠同在一图案中叫做"福禄寿三星"；"獾"和"欢"同音，獾纹和喜鹊纹组合象征"欢天喜地"，獾纹瓦当也就具有吉祥喜庆的色彩；"菊"与"据"音近，菊纹瓦当的含义就是官居一品；"鱼"与"余"同音，鱼纹铺地象征发财富贵；"扇"与"善"谐音，扇形铺地寓意驱邪行善；"瓶"和"平"谐音，宝瓶形和葫芦形洞门象征平安，等等。

2.1.5.2 光影

对基督教神学而言，光象征着"希望"，不是笛卡儿的"理性"，也不是法国百科全书派的"启蒙"。《创世纪》开篇就说："起初神创造天地"，天和地分别寓示着光与影，是审视人们灵魂的一面镜子，"等待着极乐的光照把（上帝的）影像融入真理之中"。西方中世纪时期通常被认为是一段蒙昧的历史，而光则明显具有启蒙的意思。哥特式教堂表达着这样一种光的神学：阴郁的心灵通过物质接近真理，而且，在看见光亮时，阴郁的心灵就从昔日的沉沦中得到复活。拜占庭时期宗教建筑的杰出代表是圣索菲亚大教堂，其拱脚底部的每两肋之间连续开设了40个窗洞，光线从窗洞和后圆殿及侧厅上部的拱廊中穿入教

图2-1-40 光之教堂

堂，人站在阴影中，自然产生了一种神秘朦胧感，迷茫于这种幽幻神寂的气氛中。现代建筑设计大师柯布西耶设计的朗香教堂，安藤忠雄设计的"光之教堂"也都是利用扑朔迷离的光线来烘托宗教的精神力量（图2-1-40）。

光影在西方现代象征性几何学设计作品中从来都是点睛之笔。光影为室内本已丰富的墙面增加了一些动态的内容，使之随日间光线的变化而变化。这样就给人提供了一种静谧、沉思的环境，诱导人们去发现建筑形式和空间背后的意义。光影的造型作用不仅被运用于室内，更运用在室外。光影对于体现室外材质表面质感、表现重复组合的秩序感、营造动感的空间具有重要作用，常常起到震撼人心的效果，是环境景观艺术中最为活跃的元素。现代建筑师路易斯·康（Louis Isadore Kahn）最擅长在建筑中使用光。把"静"与"光"作为对立而又统一的两个概念，作了意义朦胧的哲学家似的辩证。

抛开宗教神学的神秘主义来分析，人会对光和影划分的空间场所产生潜在感受。在阳光明媚的场所，人会感到情绪高昂，产生活动的欲望。同时，不同性质、不同照射角度、不同强度的光线都极大地影响着人们对客观事物的感知。因此光和影给人们划分的不仅是

视觉空间，也是情感空间。

2.1.5.3　质感

马克思曾指出："颜色和大理石的物质特性不是在绘画和雕刻的领域之外。"这里的"物质特性"就是指材料本身的肌理、色彩和质感。质感是环境景观给予人的感官刺激信息之一，如软硬、粗细、冷暖、凸凹、干湿、滑涩等。质感包括两个要素：肌理和质地。肌理是由于材料表面的序列、组织构造不同，而形成的触觉质感和视觉质感。质地是物体的理化类别特征，但是用在雕塑艺术中就产生了无尽的意义。罗丹（Augeuste Rodin）塑造的巴尔扎克雕像就是利用花岗岩的粗糙质感表现了巴尔扎克傲然独立的坚强性格。在环境景观艺术设计中，设计者常通过人造材料、天然材料、金属材料、非金属材料的不同质感来象征一定的意义。例如雕塑家萧长正的木雕作品《我的森林》，选择木材质，并浑圆天成地将其展示在大自然山野的风景中，其令人震惊的艺术效果是自然"空无"的意境。

2.1.5.4　雕塑

1. 雕塑在环境景观中文化价值

在环境艺术设计中，林木、草地是绿色的面，流水、园路是运动着的线，而雕塑则仅是其中的一个点，并且是深为环境空间制约的点。就园林的整体意义而言，雕塑自身的三度空间微不足道，关键在于它能否融入与周围环境形象相关联的结构之中，成为互相映衬的景观统一体，并从中脱颖而出。在佛山市江湾立交桥东侧的铁军公园里，高耸的陈铁军雕塑，使公园的教育意义深化，光艳熠熠。雕塑虽是一个实体的点，却典型地再现了历史事件和人物，将外部空间环境所要表达的主题从一般概念上升到具体的思想，给游人以强烈的视觉感染。雕塑有其独特的艺术语言，它特别需要与造园师们产生共鸣。园林雕塑是艺术家和造园师共同努力的结晶。当人们在欣赏园林雕塑时，同样也在欣赏与之相关的园林艺术。在园林设计中，从规划的开始，就应依据环境、功能、审美需要确定雕塑的位置、大小及形象主题。只有这样，与其相关联的诸因素才能相辅相成，各造园素材才能相得益彰（图2-1-41）。

图2-1-41　上海人民广场中的特色雕塑（拍摄：汤辉）

2. 雕塑在环境景观中的艺术价值

艺术的功能，主要是满足人们多方面的审美需求。园林雕塑的艺术价值也由审美、功能和环境的互容关系所决定。不同范畴的园林雕塑，其艺术价值也不尽相同。纪念性公园中的雕塑围绕着特定的内容，以不朽的主题感染观赏者，其艺术价值是超越时空的，贵在将瞬间凝成永恒。游憩性公园和居住区绿地中的雕塑，因环境的优雅、气氛的闲逸，其塑造的形体就应显其美好而轻松，不宜凝重，不宜过大，要与人为邻。其艺术价值重在展现祥和美好的生存空间。雕塑的艺术价值不仅反映在形式上，更重要的是要表达内在的含义和展示真实的美。当一个美好的寓意、一种强烈的情感闪烁在艺术作品中时，它就能为人们所感受、所联想，使人们从单纯的感性反射上升到精神境界的审美享受。无论是公园里还是庭院中，雕塑的艺术价值都随着对环境的影响得以提高和完善（图2-1-42、图2-1-43）。园林雕塑需要一定的绿地空间作依托，所以雕塑在与环境相配合的时候，一定要预先就适度设定雕塑的艺术性及在空间中的价值。当然，雕塑的艺术价值也会随着时间的推移和人们的认同而更进一步得到肯定。日本雕塑家关根伸夫说过："一件作品如果不与环境相结合，本身的艺术性再高，也毫无意义"。

图2-1-42 世博中的特色雕塑展现（拍摄：汤辉）

图2-1-43 上海辰山植物园内寓意深刻的石头雕塑（拍摄：汤辉）

3. 雕塑在环境景观中的尺度地位

雕塑所处的环境空间决定雕塑的尺度地位，尺度又直接影响到人与雕塑的关系。当人类在探索物体的空间关系时，尺度就在需要中诞生。严格而论，尺度是空间中物质存在的广延性的标准。人们的视觉感应和心理调频对雕塑的空间尺度虽不是一个严整的公式，但客观物象的存在，需要一个最佳的观赏尺度。那么，尺度又如何恒定它的实用性呢？一般认为，它基本由两方面组成：一是空间尺度；二是心理尺度。心理尺度是人们在思想中由历史的发展、文化背景、审美标准和精神信仰而产生的。它在极大程度上影响着雕塑尺度的恒定。当然如果不处理好空间尺度，雕塑在观赏中的心理尺度也不会完美。心理尺度与空间尺度是同体相依的。从纪念性雕塑来讲，它首先在空间尺度上也不一般。以铁军公园而言，铁军雕像自高为4m，基座高为2.5m，整座雕塑高6.5m，从公园的主入口到雕像为24m，雕塑在视平线以上，仰角为12°，观赏视距4倍于雕塑高度。这样就达到主景突出，与内容相符，并与雕像前的铺地和绿树草坪形成了一个比较完整的纪念空间。因此，尺度对于园林雕塑至关重要。不同的园林雕塑，尺度的运用也应不同。在佛山市中山公园里，有一组均高0.4～0.5m的十二生肖的小雕塑，在直径为8.5m的圆台上摆成一圈，圆心为一座高2.5m仿古日晷柱。这十二生肖雕塑顶面光平宜于骑坐，兼具观赏和实用的双重功能，特别受儿童喜欢。在这里，雕塑的尺度就必须考虑到与人体的活动尺度相称，而且在适合每人相应的属相时，心理尺度也得到满足。由此可见，尺度控制是雕塑在园林空间地位中的重要部分，它与环境艺术价值相依并存（图2-1-44、图2-1-45）。

图 2-1-44 上海五三运动纪念碑（拍摄：汤辉）　　　　　图 2-1-45 某校园情景雕塑（拍摄：王萍）

2.1.6 空间场所规划设计

2.1.6.1 空间的形成

空间是人类劳动的产物，是相对于自然空间而言的，当原始人类为了遮风避雨而开始建造粗陋的居住建筑时，空间的概念就随之出现了。空间是人类有序生活组织所需要的物质产品。人对空间的需要，是一个从低级到高级，从满足生活上的需求到满足心理上的需求的发展过程。但是，不论物质还是精神需要，都是受到当时生产力、科学技术水平和经济文化等方面的制约。人们的需要随着社会的发展不断变化，空间随着时间的变化而相应发生改变，这是一个相互影响、相互联系的动态过程。

因此，空间的内涵、概念也不是一成不变的，而是在不断补充、创新和完善。从某种意义上讲，对一个具有地面顶盖和东西南北四方界面的房间来说，室内空间和室外空间的关系容易被识别，但不具备六面体的围闭空间，可以表现出多种形式的室内外空间关系，有时难以在性质上加以区别。现实生活告诉我们，一个简单的独柱伞壳，如站台、沿街的帐篷摊位，在一定条件下（主要是高度），可以避免日晒雨淋，在一定程度上达到设计的基本功能。而徒具四壁的空间，也只能称为"院子"或"天井"而已，因为它们是露天的。由此可见，有无顶盖是区别室内外部空间的主要标志。要理解空间的概念，首先要从建筑的形成来进行分析。对于建筑而言，首先要有赖以支撑的地面，于是就出现了地面这一界面，但是，地面必须要有支撑，从受力的角度就出现了柱子这一竖向支撑结构，为了满足各种不同的功能要求，柱子之间往往添加一定的物质形成所谓的墙体结构。这样，一个完整的"地"、"顶"、"墙"结构出现了，在此基础上划分室内外空间并进行空间的分析和设计。

室内、室外空间的提法是相对而言的，外部空间主要和大自然发生关系，如天空、阳光、太阳、山水、树木花草；内部空间主要是和人工因素发生关系，如地面、家具、灯光、陈设等。室外是无限的，室内是有限的。相对来说，室内空间对人的视角、视距、方位等方面都有一定的影响。由空间采光、照明、色彩、装修、家具、陈设等多种因素综合造成的室内空间，在人的心理上产生比室外空间更强的承受力和感受力，从而影响人的生理、精神状态。室内空间的这种人工性、局限性、隔离性、封闭性、贴近性，使得有些人称其为"人的第二层皮肤"。然而，外部环境空间的形成还有其独特的模式，当人们只在单一建筑中活动时，室内环境空间的概念比较明显，而室外环境空间的概念却比较模糊。

随着生产力的提高，人们活动范围扩大，产生了许多特定的室外活动空间。开始是用树枝木棍围成栅栏，这样一个较私密的院落就形成了。原先的室外活动也随之有了区分，不同性质和作用的院落相继出现。当周围陆续出现了几个类似的院落时，就形成了完整的室外空间。总的来说，"地"、"顶"、"墙"是空间的三大构成要素，我们要理解空间的概念就必须从这三个方面着手，分析顶墙的空透程度、存在与否决定了空间的构成，地、顶、墙各要素各自的表现特征综合决定了空间的质量。由此可知空间的形成必须从它的构成要素进行分析。

图 2-1-46　米兰大教堂广场（拍摄：胡林辉）

2.1.6.2　空间的分类

无论是建筑外部还是内部环境，其场所都会有特定的功能性，而这一功能性又总是依托特定的空间实现，因此，在进行环境艺术设计之初，首先要对空间进行分析，并按用途、目的、属性对空间进行安排和布置，如此说来，根据不同空间构成所具有的性质特点来对空间类型加以区分，以利于在设计组织空间时选择和运用，显得尤为重要（图 2-1-46）。

1. 固定空间和可变空间

固定空间是指使用不变、功能明确、位置固定的空间，可以用固定不变的界面围隔而成。就室内而言，固定空间出现在居住建筑以及永久性建筑中的较多，比如厨房、卫生间等大多作为固定空间出现。外部环境中凹陷或凸起的空间较为固定，围合的院落较为固定（图 2-1-47）。

可变空间则相反，为了能适应不同的使用功能的需要，常采用灵活可变的分隔方式。室内环境中的酒店空间、影剧院、多功能会议室等可以利用地面、墙面、天棚等的灵活处理而创造符合不同条件的使用要求。在室外环境中，可变空间最为常见，因为，相对而言，室外空间的围合界线不像室内空间那么明显，围合感相对较弱，比如，城市广场可以由道路围合而成，也可以按建筑作为分界线，这两种情况下的广场大小、功能等都有所变化（图 2-1-48）。

图 2-1-47　固定空间——凡尔赛宫广场（拍摄：胡林辉）

图 2-1-48　可变空间——比利时原子弹广场（拍摄：胡林辉）

2. 静态空间和动态空间

按照人在环境中活动的性质或状态进行分类，静态空间一般来说形式相对稳定，常采用对称式和垂直水平界面处理，空间比较封闭，构成比较单一，视觉多被引到一个方位或一个点上，空间较为清晰、明确。动态空间，或称为流动空间，具有空间的开敞性和视觉的导向性，界面组织具有连续性和节奏性，空间构成形式富于变化和多样性，使视线从一点转向另一点，引导人们从"动"的角度观察周围事物，将人们带到一个由空间和时间结合而成的"第四空间"。开敞空间连续贯通之处，正是引导视觉流通之时，空间的运动感既在于塑造空间形象的运动性上，又在于组织空间的节律性上。

就室内而言，静态空间相对功能固定，家具、空间面积的分布等内容相对固定，比如展厅中的办公及杂物院等就是静态空间，而展览陈列区域则为动态空间。

而对于室外而言，观赏静态画面所需的空间为静态空间。在静态空间中，应多考虑风景透视的不同视角要求和不同视距的风景感染力。在动态空间组织中，应当考虑空间的连续性和景色的交替关系，使空间及景色有起点、有高潮、有结束，形成风景空间的节奏韵律。公园中的游人是动的，各个静态空间的观赏也不是孤立的，在从一静态空间转向另一静态空间时，便会出现组织动态空间的要求，在行进中观赏风景时，游人所处空间的连续交替变化便形成了动态空间。

3. 开敞空间和封闭空间

开敞空间和封闭空间是相对而言，开敞的程度取决于有无侧界面、侧界面的围合程度、开洞的大小及启用的控制能力等，因此，综合考虑以上因素，开敞空间和封闭空间在开阔和封闭的程度上有明显的区别，如存在介于两者之间的半开敞和半封闭空间。同时，开敞和封闭空间的界定还取决于空间的使用性质（功能性）和周围环境的关系（整体性），还与人们在视觉上和心理上的需要有直接的关系。两种空间类型的比较可从以下几方面着手：在空间感上有动静、渗透凝滞之分；在使用上有灵活和固定之异；在心理效果上有活跃、开朗以及严肃、沉闷的区别；在对景观关系和空间性格的处理上表现为收纳性和拒绝性两种不同的境况。具体有以下分析。

（1）开敞空间。开敞空间是外向型的，限定性和私密性较小，强调与空间环境的交流、渗透，一般来说运用环境艺术的造景手法，讲究对景、借景以及加强与大自然或周围空间的融合。因此它可提供更多的室内外景观范围，同时也能扩大人们的观赏视野。单从景观设计上进行分析，凡视域以内地面上的一切景物，都在视平线的高度以下，这种空间即为开敞空间。开敞空间中，视线可以延伸到很远的地方，视平线向前，视神经不易疲劳，给人以壮阔、开朗、畅快的感觉。在使用时开敞空间灵活性较大，便于经常改变环境空间中的布置，比如住宅室内，不论是客厅还是起居室，都可以通过家具布置方式的改变形成不同的效果，但由于过多的墙面对空间的限制，使得空间的变化相对受到一定的局限；景观设计中的广场，在不同的时间段由于使用功能要求不同而需对布置作相应调整，分为节假日、夜市、白天的休闲娱乐等几种不同的情况（图2-1-49～图2-1-51）。

在心理效果上开敞空间常表现为开朗、活跃的心理感受，由于其视野开阔、分界线灵活，因此在心灵上少了许多约束，心境就自然舒坦起来，但要注意界线的把握，避免出现

图 2-1-49　游人众多的凡尔赛宫广场（拍摄：胡林辉）

图 2-1-50　活动中的威尼斯露天广场（拍摄：胡林辉）

图 2-1-51　节日中的珠江新城广场（拍摄：刘婷婷）

图 2-1-52　封闭空间——广州宝墨园（拍摄：刘婷婷）

居无定所、不着边际的感觉而加重心理负担。对景观关系中和空间性格进行分析可知，开敞空间是收纳性的和开放性的。因此，开阔空间表现为更具公共性和社会性的特点。

（2）封闭空间。用限定性较高的围护实体包围起来，由于其界线明显而集中，且具有一定的体量特征，因此封闭空间在视觉、听觉等方面具有很强的隔离性。封闭空间由于界线相对固定，形成的空间具有静止、凝滞等特点，有利于隔绝空间以外的各种干扰；在使用上由于界线的存在，容易进行空间的布置设计，但布置的灵活性相对较少。而从心理效果而言，封闭空间容易让人产生领域感、私密感，常表现为严肃、安静或沉闷，但因为界线范围容易分辨，所以有安全感。从景观设计的角度进行分析，封闭空间在游人视域之外，游人的视线被四周高出视平线的近景屏障起来，所形成的较为封闭的空间即为闭合空间。屏障物顶部与游人视线所成角度愈大，则闭合性愈强；反之，所成角度愈小，则闭合性愈弱。闭合空间近景感染力强，四周景物有琳琅满目的效果，但久留则感视线闭塞、容易疲劳。总之，封闭空间在设计中应把握其私密性和个性特点（图 2-1-52）。

4. 主要空间和次要空间

主要空间是指与设计项目直接相关联的使用空间，主要空间应重点考虑设计项目的使用功能，本身的功能要求不同则主次要空间的分类也不一样。比如：住宅建筑中的客厅、卧室为主要空间，而厨房、卫生间、阳台等为次要空间。但是，对于有些空间而言，由于功能的侧重点不同，其空间的主要分类也不一样，比如对于商业建筑广场，如果以从事商业活动的角度进行分析，其商业建筑以及内部空间的使用为主要空间；而如果从休闲的角度进行分析，则广场中的休闲空间为主要空间，为该广场配套的小商业区则为次要空间。如此看来，次要空间与场地的次要功能相联系，是为了很好地完善空间主要功能而提供服务与支持的空间。

5. 单用途空间和多用途空间

无论何种空间，仅能作单一功能使用的空间为单用途空间，比如室内的卫生间、街道景观的公共汽车站台等；而能够同时提供多种用途的空间称为多用途空间，比如室内的多功能大厅、景观设计中的休闲广场等。一般来说，按照使用对象数量和功能用途，空间又可细分为多用途合用空间、多用途专用空间、单用途合用空间和单用途专用空间等形式，空间利用的经济性依次降低，但是使用与管理的便利程度逐渐提高。如多功能合用空间是最原始的使用状态，空间的利用较为经济，但在满足特定使用功能要求方面却难以做到完全符合要求。比如学校饭堂，可以作为报告厅，也可以作为舞厅，还可以作为展厅；再比如商业广场，可以仅仅作为休闲之用，也可以作为商业销售的活动场所。反之，单用途专用空间极为准确适用，但由于其使用率低，所以经济性较差（图2-1-53）。

图2-1-53　单用途空间——广州宝墨园（拍摄：刘婷婷）

6. 肯定空间和模糊空间

肯定空间是界面清晰、范围明确、具有领域感的空间，这种空间由于其围合特点，一般私密性较强。模糊空间又称为灰空间，它的界面模棱两可，具有多种功能的含义，空间充满复杂性和矛盾性。灰空间常介于两种不同类型的空间之间，如室内、室外，开敞、封闭等。由于灰空间的不确定性、模糊性、灰色性，从而延伸出含蓄和耐人寻味的意境，多用于处理空间与空间的过渡、延伸等。对于灰空间的处理，应结合具体的空间形式与人的意识感受，灵活运用，创造出人们所喜爱的空间环境。比如许多套间式布置的房间，空间的界线就不是十分明确，而形成所谓模糊空间（图2-1-54）。

图2-1-54　肯定空间——法兰克福大广场（拍摄：胡林辉）

7. 虚拟空间与虚幻空间

虚拟空间是指在界定的空间内，通过界面的局部变化而再次限定的空间。由于缺乏较强的限定度，而只是依靠"视觉实形"来划分空间，所以也称为"心理空间"。如局部升高获降低地坪和天棚，或以不同材质、色彩的平面变化来限定空间。虚幻空间是利

图 2-1-55　虚幻空间——卢浮宫前广场（拍摄：胡林辉）

用不同角度的镜面玻璃的折射及室内镜面反映的虚像，把人们的视线转向由镜面所形成的虚幻空间。虚幻空间可产生空间扩大的视觉效果，有时通过几个镜面的折射，使原来平面的物件产生立体空间的幻觉，还可以把不完整的物件造成完整物件的假象。在室内特别狭窄的空间，常利用镜面来扩大空间感，并利用镜面的幻觉装饰来丰富室内景观，使有限的空间产生了无限的、古怪的空间感。它所采用的现代工艺形成奇异光彩和特殊肌理，创造出新奇、超现实、喜剧般的空间效果（图 2-1-55）。

2.2　城市景观空间规划设计

2.2.1　城市广场规划设计

2.2.1.1　城市广场的定义

在英文中，用来表示广场这个概念的词汇很多，如 agore、squre、plaza、forum 等，这些英文词汇从侧面反映了西方城市广场的特点。从中文角度分析，我国古代城市广场是指结点性城市空间，并有专门为祭神等祭祀活动而兴建的祭祀广场。为了适应当今社会各种生活需要，新型的现代城市广场应运而生，它较传统城市广场有了更为深刻、更为丰富的内涵，中外学者也尝试着从不同的角度来定义它。

《城市规划原理》一书中对广场的定义是"广场是由于城市功能上的要求而设置的，是供人们活动的空间。城市广场通常是城市居民社会活动的中心，广场上可组织集会、供交通集散、组织居民游览休闲、组织商业贸易交流等"。

日本的芦原义信指出：广场强调城市中由各类建筑围合成的城市空间。一个名副其实的广场，在空间构成上应具备以下四个条件。

（1）广场的边界线清楚，能成为"图形"。此边界线最好是建筑外墙，而不是单纯挡视线的围墙。

（2）具有良好的封闭空间的"阴角"，容易构成"图形"。

（3）铺装面直至广场边界，空间领域明确，容易构成图形。

（4）周围的建筑具有某种统一和协调，D（宽）:H（高）有良好的比例。

克莱尔·库柏·马库斯（Clair Cooper Marcus）和卡罗琳·弗朗西斯（Carolyn Francis）所编著的《人性场所——城市开放空间设计导则》中指出：广场是一个主要为硬质铺装的、汽车不得进入的户外公共空间，其主要功能是漫步、闲坐、用餐或观察周围世界。它与人行道不同，是一处具有自我领域的空间，而不是一个用于路过的空间。广场中可能会有树木、花草和地被植物的存在，但占主导地位的是硬质地面。如果草地和绿化区域超过硬质地面的数量，这样的空间应被称为公园，而不是广场。

2.2.1.2 城市广场的类型

当统治者专权时，城市广场成为统治者表达政治统治的工具。在民主政体下，城市广场则是城市居民生活的缩影。城市广场从使用功能上可以分为以下几种类型。

1. 市政广场

市政广场是用于政治集会、庆典、游行、检阅、礼仪、传统民间节日活动的广场。大城市中市政广场及其周围以行政办公建筑为主，中小城市的市政广场周边可集中安排城市的其他主要公共建筑物（图2-2-1）。佛罗伦萨市政广场是典型代表，它因为周围的精美建筑而被认为是意大利最美的广场之一。

市政广场有强烈的城市标志作用，往往被安排在城市中心地带，或者布置在通向市中心的城市轴线道路节点上。市政广场应按集会人数计算场地规模，并根据大量人流迅速集散的要求进行外部交通组织。宜在出入口处设置小型配套广场。

2. 纪念广场

纪念广场是用于纪念某些人物或事件的广场。纪念广场可布置各种纪念性建筑物、纪念碑和纪念雕塑等。纪念广场结合城市历史，与城市中有重大象征意义的纪念物配套设置。纪念广场应既便于瞻仰，又不妨碍城市交通（图2-2-2）。

图2-2-1 布鲁塞尔黄金大广场（拍摄：胡林辉）

图2-2-2 唐山纪念碑广场

3. 文化广场

文化广场主要是为市民提供良好的室外活动空间，满足节假日休闲、交往、娱乐的功能要求，兼有代表一个城市的文化传统的作用。因此，常选址于代表一个城市政治、经济、文化或商业的中心地段，有较大规模的广场绿化，保证广场具有较高的绿化覆盖率和良好的环境。广场空间应具有层次性，常利用地面高差、绿化、建筑小品、铺地色彩、图案等多种空间限定手法对内部空间作限定，以满足各个年龄段市民不同的空间要求。采用具有鲜明的城市文化特征的树木花草、雕塑及具有传统文化特色的各种装饰小品。

4. 商业广场

商业广场是指专供商业贸易建筑而建，供居民购物、进行集市贸易活动的广场。随着城市的发展和繁荣，商业区广场的作用越来越重要。人们在长时间购物后，往往希望能在喧嚣的闹市中找到一处相对宁静的休息场所。因此，商业广场这一公共开敞空间要具备广场和绿地的双重特征。商业广场注重的是实用价值，它的重点在于经济效益，而不在于对城市的美化（图2-2-3）。

5. 交通广场

交通广场是指有数条交通干道的较大型的交叉口广场。其主要功能是组织和处理广场与所衔接道路的关系，合理确定交通组织方式和广场平面布置。交通广场是城市中必不可少的设施，它的主要功能在于其实用性。广场四周不宜布置有大量人流出入的大型道路。主要建筑物也不宜直接面临广场。应在广场周围布置绿化隔离带，保证车辆、行人顺利安全地通行。此类广场应以交通疏导为主，避免在此处设置多功能、容纳市民活动的广场空间，同时应采用平面立体的绿植吸尘减噪（图2-2-4）。

图2-2-3 巢湖商业街广场效果图（出自广州喆美园林景观设计有限公司）

图2-2-4 长沙某街头广场效果图（出自广州喆美园林景观设计有限公司）

6. 园林广场

园林广场主要指与城市现有的绿地、花园和城市自然景观相结合，以塑造园林景观为主要功能的广场。规模一般不大，与周围天然的花卉山石构成怡人的生态环境。园林广场的主要作用是为人们提供一个幽雅的、放松身心的环境，它的主要作用在于美化城市。园林广场以植物造景为主，具有鲜明的四季景观。园林广场特别适合我国南方地区。

7. 集散广场

集散广场是城市中主要人流和车流集散点前面的广场。其主要作用为人流、车流集散提供足够的空间，具有交通组织和管理的功能，同时还具有修饰街景的作用。集散广场绿化可起到分隔广场空间以及组织人流与车流的作用；为人们创造良好的遮阴场所，提供短暂逗留休息的适宜场所；绿化可减弱大面积硬质地面受太阳辐射而产生的辐射热，改善广场小气候；与建筑物巧妙地配合，衬托建筑物，以达到更好的景观效果。集散广场也是一种将实用与美观融为一体的广场。

2.2.1.3 城市广场设计的原则

1. 整体性原则

首先要做到环境的整体性，主要考虑广场环境的历史文化内涵、时空连续性、整体与局部、周边环境的协调和变化一致的问题；其次要做到功能的整体性，设计一个广场，要使它具有明确的主题和功能。

2. 规模适当原则

设计广场时，应该根据它的地理位置、主题要求、使用功能，来赋予广场合适的规模。宜大则大，宜小则小，不能贪大求全。例如，在北京或者上海建造一个规模很小的广场是不科学、不切实际的。但是，在一个小县城建一个天安门广场大小规模的广场则是一种铺张浪费。

3. 以人为本的原则

意大利文艺复兴时期，艺术家开始重视"以人为本"，也就是开始注重人性。

中国城市建设在经过一段对"功能至上"和"唯物质论"的追求后，开始认识到改善城市生态环境和人们生活质量的重要性。设计观念也由简单追求"效率、实用、方便"转为重视"历史、文化、环境"。现代城市广场与古典广场相比，无论在内涵还是形式上都有了很大的发展，特别表现在对城市空间综合利用、场所精神和对人的关怀等方面。从某种意义上讲，广场是市民生活的一部分，它必须要融入城市居民的生活。因此，作广场设计要明确一个基本点：简洁实用，以人为本（图2-2-5）。

图2-2-5 巴黎协和广场（拍摄：胡林辉）

4. 地方特色的原则

广场设计应体现一个地方与其他地方的不同之处。要把对地域文化的理解，结合现代的审美，做出与周围环境相协调的设计来。例如中国南北气候差异很大，我们就不能在北方广场上种植南方的棕榈树，而南方就不可能像哈尔滨的广场那样在冬天做冰雕。

5. 舒适性原则

广场设计应尽可能使广场这个开放空间具有舒适的特性，这是广场使用率增加的重要条件。温度、阳光、水和风都会影响空间的舒适程度。有的广场虽然不是很大，但是它比较符合市民的需要，舒适程度较高，所以游人的汇聚率很高。

6. 方便性、可达性原则

广场的步行环境宜无机动车干扰，无视线盲区，夜间有足够照明。广场的交通要和四周连贯，容易到达。

2.2.1.4 城市广场设计方法

城市广场的最终目的是供市民和游人们使用，所以使用者的满意程度、使用频率是否达到预期的效果是广场设计是否成功的主要评判标准。而设计一个成功的城市广场需要考虑的要素是很多的，各种要素互相联系、相互影响，构成一个整体，决定着广场的成败。下面将从设计过程中涉及的各个主要影响要素和它们之间的关系来探讨城市广场的设计方法。城市广场的设计方法，在不同的国家由于受到不同的传统文化和人们不同的生活方式的影响，是有所不同的。下文着重要讨论的是在我国设计城市广场的一些基本方法。

1. 广场的定性和选址

（1）广场的定性。广场设计首先需要给广场定性，即确定一个明确的主题。虽然现在的广场趋向"多元化"和功能的"综合化"，但是有一个明确的主题是广场成功的要点之一，明确的主题可以提供明确的建设目标和使用功能。有不少城市在进行广场建设时非常盲目，没有根据市民的具体需要、广场的具体方位进行分析，寻找广场的主题，使广场的主题被弱化。其结果就是广场没有主题，也没有明确的定位，几乎所有的广场都很相似。这种不经思考的雷同的设计大大地削弱了广场的魅力。而实际上，每个广场根据它自身的

图 2-2-6 天安门广场

地理方位、形状和交通状况、应具有各自的主题。

广场的性质受周围建筑物功能的影响。例如在市政设施附近，就会有市政广场，带有一定的象征意义；在车站、码头前，就有集散广场，起到疏导人流的作用；在商业中心和游览区附近，比较适合兴建休闲娱乐广场，为购物者和游览者提供小坐片刻的空间；在居住区附近，小型的居住区广场为居民提供了方便的交往空间。

因此，在设计广场之前，首先要对广场周围的环境进行了解，使广场与周围环境相协调，以此提升其吸引力。例如天安门广场，由于它特殊的政治意义和地理位置，主题就具有政治意义（图 2-2-6）。无论何时何地提起天安门广场，就会给人一种代表中华人民共和国形象的庄严肃穆感，而王府井步行街两侧的广场，则由于具有浓厚的商业气息，主题就被定为休闲娱乐，充满城市广场的生活气息。虽然广场在使用时，功能不仅仅局限于它的主题，但是明确的主题能够帮助体现广场自身的特色，避免使它们流于平庸和雷同。

（2）广场的选址。广场性质和广场的选址是相互影响的，所以广场的定性与选址实际上是交叉进行的，并没有绝对的先后次序。广场的选址具有一些普遍适宜的基本原则。

尽管广场的位置是由城市的发展变化而定的，但是，在观察城市的发展进程之后，发现广场始终位于城市的核心位置，城市级中心广场位于全市的核心区域，而区级中心广场则应定位于区中心。

大型广场定位于城市的核心区域，并不意味着一定要占据城市核心区域的绝对中心。列昂·克里尔在"城中城"理论中，道出了城市中心的本质：大都市必须具有一个中心和一个清晰的范围，即"城中城"，并且"一个城市最小的、最复杂的街区应该设置在城市的中心区。随着范围的展开，街区也将越来越大，越来越简单"。克里尔所讲的"城中城"，即是旧城核心区域的绝对中心。其在城市中地价最高、建筑最为密集、街道与路网最为复杂，是旧城中心商圈的所在地。其空间形态应如"城中城"理论所述的那样，设置最小、最复杂的街区，设置多功能、高密度的建筑群，并辅以小规模的开放空间。城市大型广场若择址于此，势必要占用昂贵的土地，带来大量的拆迁，增加建设的投资，而且还极易破坏旧城的文脉以及密集的城市肌理。

因而，大型广场择址势必结合旧城的状况，遵循一种"微偏心"的原则：适当避让旧城中心，使中心昂贵的地价得以更充分地发挥。同时，广场又不宜距之过远，应位于绝对中心的一侧或边缘，形成与中心商圈既分又合，功能上相互支持补益，空间上相互对比均衡的格局。上海人民广场偏置于城市中最为繁华的南京路、外滩、豫园一带的西侧，位置恰如其分，正是吻合了"微偏心"的原则。

一般来说，广场并不是依靠场地自身而吸引人，它的吸引力来自于周围建筑和附属物等形成的能够聚集人气的魅力。城市中存在着一些以不同功能和特色吸引人流的场所或区域，可称之为"吸引点"，这些"吸引点"包括城市的商圈、文娱、行政中心、风景区以及其他具有活力的空间。在这些"吸引点"附近兴建的广场，会因为周围环境而吸引更多的人加入到广场中。

在人流与吸引点之间的主要交通线路上会形成一种"人流运动趋势"，这种趋势具有从起点指向终点的强烈的方向性。当广场位于"人流运动趋势"的终点，便成为城市人流所经历的一系列空间序列的高潮，对积聚城市人流具有积极的作用；位于"人流运动趋势"的起点与终点之间并靠近终点，也具有较强的可识别性。人们在通往各"吸引点"的路上自然而然地路过广场并发现它、使用它，从而增大了人群滞留的几率和社会交往的机会，提高了广场的使用效率。当广场位于"人流运动趋势"的起点，就与"人流运动趋势"相逆，广场就不具备积聚大量人流的能力，其可识别性和使用效率将大大减弱。

此外，当广场的选址被确定之后，广场的具体方位要根据当地的气候条件来确定。广场的位置选择应考虑太阳的四季运行，以及建成的或将建的建筑对它的影响。根据我国的气候特点，考虑到人在心理及生理方面对所处环境感觉的舒适度，城市广场的具体选址既要考虑冬季的避寒，也要考虑夏季的遮阴避暑。广场宜选择在建筑的阴影之外，以保证在冬季有充足的日照和适宜的温度。同时，为了冬季的防风，应选择能够屏蔽冬季盛行风的方向，降低人在外部空间环境中由于局部地区高风速引起的不适。

广场周围建筑的高度和围和度对广场小气候的影响是很大的，特别是对风的影响。风更容易掠过低层高密度的建筑区域。而独立的高层大楼会阻挡高空猛烈的风，并形成紊流，使其周边的风力比外围的风力强1倍，因此，广场适合选择在低层建筑的周围。

总之，广场要选址在一个方便的、使用率高的并且舒适宜人的公共空间环境中，以延长人们户外活动时间，提高户外活动的舒适程度，满足人们休闲、娱乐、交往的需求，使人们获得更多的人文关怀。

2. 广场的尺度比例

广场的尺度比例有较多的内容，包括广场的用地形状、各边长度之比、广场的大小与广场上建筑物的体量之比、广场上各组成部分之间的相互比例、广场的整个组成内容与周围环境的关系等。

广场空间的尺度比例对人的感情、行为等都会产生巨大的影响，继而直接影响到广场的使用率。所以给广场选择恰当的尺度为接下来的设计、使用都创造了良好的前提。

（1）相关理论研究。现代城市广场大量承载的是居民日常散步、锻炼、交往等邻里性的休憩活动。这一功能同样可以由公园、绿地等城市开放空间来承载。因此，城市广场用地规模应当与开放空间统筹考虑。一般而言，城市广场用地规模与城市规模呈正相关关系。城市愈大，城市广场用地总量就愈多，其主要广场的用地面积也会大一些；反之则小一些。此外，公共绿地率较高、分布较合理的城市，其广场用地的总量就可以少一些，单个广场的用地规模也可小一些。但如果广场的规模太小，会使人感到局促、压抑；而过于庞大，则会让人觉得空旷、冷漠、不亲切。

一些对人的心理活动的研究，也对广场尺度设计产生了一定的影响。人类学家霍尔（Hall）在他的著作《隐匿的尺度》（The Hidden Dimension）中分析人类最重要的感官及其与人类的互动和体验外面世界的功能。根据他的见解，人与人之间的距离可能受听觉、嗅觉、动觉等方面的干扰，这种人与人之间保持的空间距离可概括地分为 4 类。

1）亲密的距离（intimate distance）。当两个人处于 I ~ 2m 距离时，可以产生亲切的感觉。处在亲密的距离时，个人空间受到干扰。亲密的距离是男女间谈情说爱的距离，只有双方同意才能如此，有很大程度身体间的接触，视线是模糊的，声音保持在说悄悄话的水平上，能感觉到对方的呼吸、气味等。

2）个人空间的距离（personal distance）。个人空间的距离指 45 ~ 76cm，是得以最好地欣赏对方脸部细节与细微表情的距离；远到 76 ~ 122cm 时，即达到个人空间之边沿，相互间的距离有一臂之隔，说话声音的响度是适度的，除非有人擦香水，否则不再能闻到对方的气味。

3）社交距离（social distance）。社交距离指 122 ~ 214cm，接触的双方均不扰乱对方的个人空间，能看到对方身体的大部分。双方对视时，视线常在对方的眼睛、鼻子、嘴之间来回转，当距离达到 214 ~ 366cm 时，对方的全身都能被看见，但面部细节被忽略，说话时声音要响些。

4）公共距离（public distance）。公共距离指约 366 ~ 762cm，此时说话声音比较大，交往不属于私人间的，对人体的细节看不大清楚（甚至可以把人看成物体）。距离若在 762cm 以上，则全属公共场合，声音很大，略带夸张的腔调。

城市广场属于城市中的户外公共空间，根据霍尔的研究成果，城市大型广场的规模应达到公共距离的要求，小型广场至少也要达到社交距离的要求，否则广场的公共性会被削弱。

（2）城市人口规模。到一个广场来活动的市民人数是有限的，广场的面积受到居住用地分布、居住人口密度的影响，不会随广场用地的增大而无限制地增加。如果城市主要广场用地面积太大，就会造成广场利用率不高和土地的浪费。

按照《城市道路交通规划设计规范》（GB 50220—95）的规定，"车站、码头前的交通集散广场的规模由聚集人流量决定，集散广场的人流密度宜为 1.0 ~ 1.4m²/ 人"，"城市游憩集会广场用地的总面积，可按规划城市人口 0.13 ~ 0.40m²/ 人计算"。

例如意大利的圣马可广场，由三个梯形广场组合而成，其中的主广场长 175m，两端分别宽 90m 和 56m，很适合当时文艺复兴时期 19 万的城市人口。

3. 广场的交通组织

广场的交通有多个相关因素，包括广场的可达性、停车位、广场内部和周边的交通组织、广场内的人车分流等。

（1）广场外部交通。

1）可达性。可达性会直接影响到广场的使用频率，所以城市广场外部交通设计应当充分考虑广场建成之后的交通状况。高度可达性依赖于完善的交通设施，应当优先解决地面交通、地下交通的组织及其转换，同时明确广场周围的人流、车流之间的关系，做好分流规划。充分利用公共交通，可以大大减缓对广场周围的交通压力。采用有轨电车、地铁、公共汽车等多种公共工具相结合的方式，能够为不同方向的出行人群提供不同的路线选择。车站、码头前等交通集散广场上供旅客上下车的停车点，距离进出口的距离不宜大于 50m。

但随着城市的汽车拥有量日益增加，在城市广场设计时还需充分考虑到大量的停车需求。由于广场地面的有限性难以满足大量的停车需求，可以采用地下停车场的方式，充分利用地下空间，提升整体空间的利用效率。

2）防灾性。随着城市建设步伐的加快，由于人为因素、自然因素及二者叠加造成的城市灾害频率和程度迅速增加，城市公共安全面临空前的挑战。所谓城市灾害，就是承载体为城市的灾害，包括由于不可控制或未加控制的因素造成的、对城市系统中的生命财产和社会物质财富造成重大危害的自然事件和社会事件。为了应对这些城市灾害，在越来越多的城市中设立了城市避灾防灾系统，而城市广场是其中的主要场所之一。

为了使城市广场起到快速有效的避灾防灾作用，广场周围的交通组织十分重要，只有畅通无阻的交通，才能在灾害发生后快速地让受灾人群进入避灾广场避灾，避灾广场才能发挥它的作用。

一般来说，城市广场属于避灾场地中的一级和二级避灾场地。一级避灾场地是指灾害发生时居民第一时间紧急避难的场所，一般均匀地分布在市区内，服务半径不小于500m，场地面积不小于5000m^2。对这一级避灾广场的交通组织，必须保证它与一条以上的一级疏散通道相连接。一级疏散通道是指灾害发生时对居民进行第一时间疏散所需要的紧急通道，指与居住区与生活区直接相连的，宽度在16m以上的支路、次干道等，便于居民有组织、快捷地离开灾害发生地，及时到达附近的避灾场地。二级避灾场地是指灾害发生后用于避难、救援、恢复等建设活动的基地，往往是灾害发生后相当时期内避难居民的生活场所。它的服务半径一般不小于2.5km，并能在一小时之内到达，场地面积不小于50000m^2。对这一级避灾广场的交通组织，须保证在各个方向上都有一条疏散通道，并至少有一条二级以上的疏散通道与之相邻。二级疏散通道是指灾害发生过程中，为了将居民转移至安全的避灾场地而提供的紧急疏散通道，一般指连接片区与片区、一二级防灾场地之间的城市主干道、次干道等。

（2）广场内部交通。

1）人车分流。在目前的城市规划设计中，对车辆需求的考虑总是优先于步行者，以汽车为中心的空间改造，破坏了传统城市空间的宜人尺度和步行空间的连续性。在意大利，一些设有人行步道及无机动车通行的广场，与邻近以汽车为主体考量的城市相比较，即使它们的气候状况是一样的，这些城镇的户外生活也会比较丰富和突出。

可见，在进行广场内部交通组织时，应当充分考虑到步行者的需求，尽量在广场内不设车流或少设车流。但随着城市交通的不断发展，有时不得不让车辆穿越广场，以缓解广场附近的交通状况，这就给广场中的行人带来了一定的危险性。因此我们需要对广场内的车流进行组织，在不影响城市交通的情况下，保证广场中行人的活动。为了达到这一目的，可以采用以下几种设计方法。

a. 将机动车通过广场部分的道路下沉，使机动车从广场下部通过，让空间于步行者。这种设计方法可以使广场的整体感不被破坏，更利于形成广场的整体景观效果。当广场附近的机动车道不多时，可以采用这种设计手法，达到交通、景观兼顾的效果。

b. 在人行道与机动车道的交汇处，将人行道局部下沉，避让机动车。这种设计方法在对广场的整体感有不利的影响，容易使广场的使用面积比实际的面积看起来小一些，并且在一定程度上割裂了广场中游人与机动车道对面的行人的沟通与互动。但是当机动车道在广场附近交汇较多的情况下，这种设计方法可以使交通更加顺畅。

c. 建人行天桥。人行天桥的局部可以扩大，形成观景平台的效果，使之功能多样化，让游人视野更开阔，能够俯视更远的空间，同时也使空间层次更加丰富。

2) 人流的疏散。集散广场的瞬间人流量相当大，如果不进行及时有效的疏导、分流，而导致人群的拥挤，会使意外危险发生的几率大大增加，因此对于集散广场来说，快速疏散人流是首要目标。例如车站、影剧院、大型会场等门口的广场，都属于这一类。在这些广场中，最忌使用大片的绿地草坪，不仅显得单调，而且也为广场内人流组织设置了障碍。这是因为广场大部分面积均被标有"禁止践踏"的绿地所占用，留给游人行走的空间就会很小，严重影响了城市广场中的顺畅通行。

通常，集散广场会有一个比较明显的人流"入口"，瞬间的人流基本上都是从该入口涌入的。所以要解决人流疏导问题，就要使从入口进入的人群快速找到自己需要的出口方位，并畅通无阻地到达该出口。

首先，要设立明确的标识系统，一目了然，避免人群在进入广场后，因难以及时找到出口方位而滞留。

其次，通往各个出口的交通要顺畅。分析一下哪个方向的人流量更大、更急，将该方向的通道适当加宽，以缓解瞬间产生的巨大人流量造成的交通压力。人行道的宽度要按照集散广场的人流多少、密集程度而定，一般中等人行速度为 60 ~ 65m/min，人流饱满时为 45m/min，密集时速为 16m/min，一般一条人行道的宽度为 0.75 ~ 1.0m，平均人流的通行能力为 40 ~ 42 人 /min。对于紧靠站前建筑的人行道，由于人流集散频繁，必须按所调查的人流或规划的人流量进行计算。一般站前广场的人行道因行人携带行李，故行走缓慢，每条人行道与车道的宽度按 1m 计算，通常采用 5 ~ 10m。

此外，在距离入口处稍远一些的地方可以设置一些休息、停留的设施，并同时放置一些较为明显可辨认的标志物，这样不仅可以提供一些休息空间，同时也为在城市广场的入口处不慎失散的人们提供一个较为便利的相聚点。

最后，在广场附近设立便利的公共交通站点，快速疏导人群，防止人群在广场中的过多聚集。

4. 广场的空间组织

广场空间的安排要与广场性质、规模及广场上的建筑和设施相适应，应有主有从、有大有小、有开有合、有节奏地组合，以衬托不同景观的需要。要满足人们活动的需要及观赏的要求，同时考虑动、静空间组织，把单一空间变为多样空间；充分利用近景、中景、远景等不同层次的景观，使静观视线变为动观视线，把一览无余的广场景色转变为层层引导、开合多变的广场景色。

（1）广场的围合程度与围合方式。当人的视平线能延伸到广场以外的远处时，空间是开敞的；当人的视平线被四周的屏障遮挡时，广场的空间是比较闭合的。开敞空间使人视野开阔、壮观、豪放，特别是在较小的广场上组织开敞的空间，可减低广场的狭隘感。闭合空间中，环境较安静，四周景物呈现眼前，给人的感染力较强。

不同的围合方式给人不同的空间感受，比如说有 A、B 两个城市广场，它们的面积和形状等条件都一样，但是 B 广场的四个角被建筑物所封闭，而 A 广场的四个角则是四个路口，那么这两个广场给人的空间感受是不一样的。B 广场由于四个角都构成了阴角空间，大大提高了内部空间的封闭性，A 广场由于四个角形成了缺口，所以削弱了空间的封闭性，两者相比较，B 广场给人的感觉就要比 A 广场的面积大。这就是不同的空间围合方式所形成的不同空间感受。

在实际工作中，可开合并用，开中有合、合中有开，使广场上既有较开阔的地区，也有较幽静的地区。对于广场的围合度，我们可以借助格式塔（Gestalt）心理学中的"图—底"（Figure and Ground）关系进行分析。广场围合一般有以下几种情形。

1）四面围合的广场。当广场的规模尺度小时，这类广场就会产生极强的封闭性，具有强烈的向心性和领域感。

2）三面围合的广场。封闭感较好，具有一定的方向性和向心性。

3）二面围合的广场。常常位于大型建筑与道路的拐角处，平面形态有"L"形和"T"形等，领域感较弱，空间有一定的流动性。

4）仅有一面围合的广场。这类广场封闭性很差，规模较大时可以考虑组织不同标高的二次空间，如局部下沉等。

四面和三面围合的广场是最传统的、最多见的广场布局形式。此类广场一般由建筑围合而成，但当广场的每条道路都能够封闭视线，或广场的角部封闭、中间开口时，也能形成这种较为完整的空间围合感。这种布局形式围合感强，容易成为"图形"，能使人产生安全感，有更好的使用效果。中世纪的城市广场大都具有"图形"的特征，空间都比较封闭，广场周围建筑的风格、色彩统一，有主有次、有高有低，形成丰富的天际线变化，具有较好的空间容积感。

对于两面围合的广场可以配合现代城市的建筑设置，同时借助周边环境以及远处的景观要素，有效地扩大广场在城市空间中的延伸感和枢纽作用。

（2）大广场的空间组织。

1）空间的划分。当广场的空间尺度较大时，为了避免游人在其中产生空旷、冷漠的感受，就应该对广场的空间进行划分，形成一系列互相联系的"子空间"，既可以改善人们在广场中的空间体会，同时也能提高广场的利用率。"子空间"的存在，使大型广场的空间限定需要经过渐进的多个层次，可称其为第一次组织、第二次组织、第三次组织。而依据空间界面围合的强弱程度，广场空间的限定又存在强、中、弱等不同的强度，应依据空间组织的不同要求，使用不同的方式。

第一次组织：广场整体空间的限定。第一次组织由广场周边界面的围合完成。城市广场的设计是一种强限定的方式。大部分传统的欧洲城市广场的边界就是用这种方法围合而成的，例如威尼斯著名的圣马可广场，锡耶纳（Siena）市中心的坎波（Cameo）广场和圣彼得大教堂广场，都是典型的由建筑围合出广场空间。

第二次组织：广场"子空间"的限定。这一层次不能够简单采用大尺度硬质界面围合的方式。"子空间"若过于封闭，则广场的空间整体性、连贯性丧失，使用者感到局促压抑，广场中群体与群体、活动与活动之间的交流被阻隔。因此，对于广场的"子空间"，适宜采取中等强度的限定，使之与广场整体空间既分又合，灵活多变。其具体限定要素可有以下几种。

a.建筑物或其他人工设置物：包括广场中的建筑物以及亭、廊、柱列、标志物等，对此类设置物的布局，不仅要考虑其在广场中的功能作用，还应着重分析其布局位置对于"子空间"限定的积极或消极作用。

对广场来说，一个边界很规整的空间并不是很理想的用地形状，但是通过空间的划分，使它转变成多个互相联系的小空间，使每个空间都有各自"凹凸"的边界，空间就会变得丰富多彩。例如宁波的天一广场，设计师在设计的时候，对其内部的空间进行了精心的再次划分，形成了多个不同形态、不同感受的空间。广场中的水景不再只有传统的中央大喷泉的形式，而是以主广场上的大喷泉作为水景的主体，同时将水面以河道的形式引向广场的四周，甚至穿插到内外两层建筑之间的空间中，贯穿了整个广场的空间，既对空间的划分起到一定的作用，同时也使各个空间有了一定的延续性。在内外两层建筑之间，局部采用了二层跨廊连接的形式跨越从主广场引入的水面，形成局部抬升的广场形式，连接内外两层建筑。这不仅丰富了广场的立体空间层次，同时也解决了因为水面分割空间而导致的广场穿越不便的问题，更提供了一个平台，供游人在较高的空间上俯瞰广场。这样，一个很规整的广场用地就被很自然地划分成了多个形态、大小不同的小空间，并同其各自附近的建筑不同功能、各具特色又相互联系。

b.乔木、灌木、矮墙与花池。植物与建筑不同，是一种软质的界面，用其分隔、围闭空间会有自然、通透、悦目的效果。乔木最为高大，其茂密的树冠对于广场"子空间"可以形成良好的控制。灌木、矮墙与花池较为低矮，可以有效地限定空间、阻隔人的行动，但不遮挡人的视线，能够增加广场园林式的意境。植物围合空间的基本尺度见表2-2-1。

表2-2-1 植物围合空间的基本尺度

序号	植物类型	植物高度	植物与人体尺度关系	对空间作用
1	草坪	<15cm	踝高	作基面
2	地被植物	<30cm	踝膝之间	丰富基面
3	低篱	40～45cm	膝高	引导人流
4	中篱	90cm	腰高	分隔空间
5	中高篱	1.5m	视线高	有围合感
6	高篱	1.8m	人高	全封闭
7	乔木	5～20m	人可以在树冠下活动	上围下不围

注 本表引自《城市道路·广场植物造景》。

c.广场域面的升与降。域面的下沉使空间形态独立、四角严实、边界明确，具有典型的"图形"的性质。其独特的界定方式增强了空间的围合感、场所的领域性，并使其从广场空间的系统中显著地分离出去，免受视线与人流交通的干扰，从而提升了空间的品质。域面的抬升虽不能使空间直接获得围合，但抬升部分的侧界面对其周边空间实现了间接的限定。

第三次组织：广场"子空间"内部为取得丰富的变化，仍需要区分出不同的区域，称之为广场空间的第三次组织。第三次组织是一种空间的弱限定，由广场中的铺装图案、草坪、水面等平面构图要素完成。此外，还可以在子空间之中通过行为活动的安排、个人空间的组织、特定功能主题的设置，来起到进一步占有、控制、限定或划分空间的作用。

在宁波的天一广场中，小空间内的不同的水景造景方式，进一步区分出了小空间内部的区域。有贴近水面的汀步、跨越水面的跨廊、依水而置的座椅等，各个区域都能获得相对独立的小空间，但是风格又很统一。

在划分"子空间"时要注意，空间的划分要适当，不宜琐碎，并且与大空间之间要有联系，应以"块状空间"为主，"线状空间"不适应活动的开展。例如北京西单文化广场就是一个反面实例，它的空间划分缺乏对比，而且"线状空间"过多，实际效果不理想。

2）空间的利用。公共空间的形状和建筑只是生活的一个载体，由于人们对多样性体验的渴望，才聚集到公共空间来，到庭院中、街道上、广场上和林荫大道上去体验和享受城市生活的魅力。而通过"子空间"的划分，就能够在不同的"子空间"内采用不同的设计手法，满足不同年龄、不同兴趣、不同文化层的人们开展多种活动的需要。

a. 少年儿童。儿童与成人不同，他们的感官非常敏锐，他们无时无刻不在用自己的感觉器官来认识这个世界。天真、好奇、好动、对身边的世界充满好奇，具有可塑性大、生长发育快、模仿和接受能力强、好奇心盛以及好说爱动等特点，孩子需要在丰富的游戏活动中认识自己、认识自然、认识他人。很多人对于童年的美好回忆无不和水、泥巴、沙子、树木、小动物等联系在一起。但他们活动范围小、处世少、阅历浅、缺乏正确的思维能力和创造力，需要在不断地尝试操作、控制事物的过程中认识自己的能力与局限，需要引导、启发，在不断地与各年龄人交往的过程中来认识社会、学会交流。他们行动的三大原动力——趋性、本能和欲求比成人表现得更为明显。而且，因年龄段不同，其表现也有所差异。因此，设计中要求设计者应以大人的眼光去看待孩子的游玩，根据孩子们的生长发育规律和行动心理特点，尽可能按照孩子们的"欲求"去进行，以便巧妙地满足他们的趣味和冒险等心理，以及生长发育所需。

儿童活动场地应选择在地形平坦、不积水的地方，场地内部和通向那里的道路表面要平滑。地形处理既要满足儿童活动安全的要求，又要有娱乐性。儿童可分再为幼儿和少儿，少儿活动通常以动性为主，幼儿受其能力所限，活动能力相对弱一些，因此在可能的情况下，应尽量将幼儿活动区与少儿活动区分离，并且少儿活动区可以略大于幼儿活动区。

幼儿活动必须在大人的视线范围内，场地内存在任何高于成人视平线的物件都会使看护孩子的大人的心理产生恐慌，因此小孩的活动区域中不宜设置大型的小品。幼儿活动区规模不宜过大，8m×8m左右的范围较宜，大人可以在危险可预知的情况下采取保护措施。

少儿的活动空间中要配备游戏设施，并保证活动的多样性，以启迪儿童的思维，开发儿童的智力，如秋千、滑梯、攀登架、跷跷板、平衡木等。游戏设施的比例和尺度必须与儿童的身高相适应，使他们使用起来既舒适又亲切。针对不同年龄段的儿童，游戏设施的比例尺度也应作相应的变化，如方格形攀登架的格子间距，幼儿为45cm，学龄儿童50～60cm；又如单杠的高度，学龄儿童为130～150cm，高小及初中生为150～180cm。游戏设施的造型形象生动、色彩鲜艳明快，如明黄、橘黄、大红、天蓝、粉红等，以符合儿童的心理特征。

　　b.青少年。青少年来广场多是聚会或恋爱。私密性是这个年龄段人群的一种强烈需求，他们希望能避开父母的视线，寻找自由空间和行为的独立性。年轻恋人约会时开放的亲昵行为往往会引起中老年人的反感，有时还会引发冲突。因此，在距离中心较远的位置安排一些相对私密的空间以满足两人世界或七八个人的小群体聚会是必要的，可缓解老年人和青少年在空间使用上的矛盾。此外，青少年普遍喜爱运动，在场地的使用方法上与其他年龄段的人群有很大的不同，比较适宜将场地选择在较平整、形状较完整的子空间内。

　　c.中年。这一群体多是上班族，时间紧张，工作压力较大，生活节奏比较快，平时很少有时间到广场中来，因此对空间并无太大的关注点，但在做空间设计时应考虑他们的行为需求。这一群体会利用节假日来广场散心，或者带孩子来广场玩耍嬉戏，认为这里可以放松心情，得到更多与他人交流的机会。

　　d.老年。这一人群多数是已经退休或即将退休的市民，有生活保障，无工作压力，有足够的空闲时间可供支配。在广场中老人们易于同其他人相遇并可灵活地选择交流的机会，这是他们利用户外空间的重要目的，许多老人将广场当做全天候的日居空间。对他们来说，广场已经成为重要的集会和社交场所。为充分满足老年人的需求，应根据老年人的生理及心理的特点，以"人性化"的设计思想为宗旨，设计适合老年人的人性空间。广场中老年人的活动空间设计主要应考虑以下几个方面。

　　首先，是安全性，保证安全是设计的基本原则。随着年龄的增长，老年人对外界环境刺激反应减慢，感知危险的能力差，即使感觉到危险，有时也难以敏捷地避开，或者因错误的判断而产生危险。因此，一般步行道地面的坡度应在8%以下，并且必须平整、防滑，一般不宜采用大卵石、砂子、碎石等凹凸不平的地面铺装材料铺设步行道。在有高差变化处，要使之清楚明显。步行道上应避免在身体高度内有横向凸出物，以免碰撞。在道路的适当位置提供坐憩设施，供聊天及观景用。

　　其次，是可交往性，与人见面、交谈和娱乐是老年人愿意接近自然环境的主要原因。通过交谈可以消除一些孤独感和抑郁感，即便那些年龄已经非常大或行动不便的老年人，坐在一旁看别人活动也是一种放松心情的好方式。因此要创造便于交往的开放或私密空间，便于老年人相聚、交谈、娱乐、健身。

　　再次，是多样性和可选择性，根据老年人不同的年龄和活动能力，通过设置不同的设施，形成动态活动区和静态活动区。

　　动态活动区的地面必须平坦、防滑，老人们可以在此进行球类、慢跑、拳术等非私密性的健身活动。根据大量的调研得出：动态活动区一般以群为单位占据某一空间，群体人数一般为10个或20个左右，很少超过30人，因而空间尺度不宜大于18m×18m，但也不宜太小，至少要保证3～5人的活动范围，且至少有两面为封闭形态，否则很难形成凝聚力。场地边缘提供休息座椅，并种植可以遮阴、挡风的树木，场地中也可适当种植不同种类或不同形状的树木，既可以遮阳，也可以使空间具有可提示性。

　　静态活动区可利用大树荫、户外遮顶、开敞空间、廊道、建筑外缘平台等形成坐息空间，可使老人在此观望、晒太阳、聊天、弹唱及进行其他娱乐活动。这种活动三五成簇，空间容量需求不大，6m×6m的空间也不算小。

最后，是易识别性，老人活动空间应该有明显的标志和提示设施。老年人由于身心机能衰退，特别是视觉能力和听觉能力下降，对方位判别比较困难。因此，设计中要充分运用视觉、听觉、触觉的手段来提高老人活动空间的导向性和识别性。

3）立体广场的空间组织。立体广场包括下沉广场、抬升广场和复合式广场等。对这类广场的空间组织，不仅要关注每个平面上各自的小空间，还要注意不同平面层次上的空间的连贯性，使他们各具特色又互相联系，形成具有整体感的立体空间（图2-2-7）。

图2-2-7　上海人民广场中空间地形的处理（拍摄：汤辉）

a. 下沉式广场。下沉式广场容易取得一个安静、安全、围合有致且具较强归属感的广场空间。下沉式广场在当代城市建设中应用较多，特别是在一些发达国家。它可以避免城市交通噪声的影响，同时给人们一种有依托的安全感和领域感，使人得到放松。

下沉式广场的设计要特别注意对整体尺度和下沉深度的把握，使广场中活动的人们在体会到围合感的同时，不至于产生掉入"井"中的压迫感。进入广场的通道的宽度不宜过大，当人们在经由通道进入广场空间时，会因为空间大小的对比，产生豁然开朗的感受，从心理感受上增大广场的尺度。进入广场的通道可采用柱廊、挑檐等方式，在引导人们进入广场时削弱空间逐渐下沉的感受，起到良好的过渡效果。

下沉式广场周围的建筑立面处理与地面上的广场应有所不同，可通过适当降低周围地面上的建筑外立面各种元素的高度，让人们不会强烈感受到与外界的高差。例如低矮而进深较大的窗台，会吸引广场上游人的视线，进而引起人们的好奇心而观看甚至参与到窗内的活动中去。

b. 上升式广场。上升式广场一般将车行安排在较低的层面上，把人安排在较高层面上。高于城市道路的广场，会让行人产生心旷神怡的感觉。例如巴西圣保罗的安汉根班广场位于城市中心，面积达6ha，主要车流交通被安排在绿化广场下的隧道中，这种形式不仅把自然生态系统的特色重新带给了这一地区，而且还有效地增强了圣保罗市中心地区的活力。

c. 复合式广场。复合式广场指平面型、上升式和下沉式的组合形式。如今城市发展空间由地面向高架空间和地下空间延伸，将一部分城市功能由地面转向立体空间已成为发展的必然趋势。因此，根据各地的不同情况，城市广场设计可以与高架空间与地下空间开发相结合，提高空间的利用率。在车站、码头等用地紧张但人流量和车流量都很大的地方很适合采用复合式广场。例如南京火车站，在地下设置了出站地道、出站亭、社会停车库、公交上客点、地铁站厅层、行包库及行包房和邮政地道，对用地紧张的南京站具有更大的意义。二层设置了两条双车道高架桥，形成了一个环路。公交车及大型社会车辆停车场在地面广场的两侧，不穿越广场，而小型社会车辆和出租车全部引上高架桥。并且高架广场全都为人行广场。高架车道解决了车流量大的问题，并且下层车流上层步行的人车分流方式，既保证了车流的通畅，也保障了行人的安全。高架广场的设置，相当于广场的功能面积增加了一倍，缓解了用地紧张的问题，为环境设计创造了条件。

此外，山地城市由于其地形复杂，利用大面积的平坦场地建设广场比较困难。但这种高差变化大的地形为设计复合式广场提供了天然的地理优势。在山地城市可以充分利用地势高差，形成不同标高的平台，采用传统的筑台、悬挑、吊脚的方法制造所需的平整底面，创造出丰富的空间层次，形成一组形态、大小、明暗各不相同的空间。但设计时要把握整体性原则，保持各个层次在风格上的统一。

5. 广场的景观营造

广场的景观营造包括广场自身内部景观的营造和从广场中可远眺到的外部景观的引入。

（1）广场内部的景观。广场内部的景观可以通过视觉，利用小品、植物、建筑、灯光等形成，并借助听觉来加强，有时人们在广场中的活动也能形成独有的景观特色。

小品是最常用的广场景观的元素，在游憩观赏性的空间中，它能起到活跃气氛的作用。小品的形式有许多种，包括雕塑、置石、花廊、造型别致的灯具等，既可以具象的形式出现，也可以抽象的形式出现，但都应符合广场本身的性质和氛围。休闲娱乐广场中的小品可以活泼一些，放置的位置也可以相应自由一些。例如在广场中安放几组模仿人们活动状态的雕塑，或当地著名的文学人物形象，都能起到吸引游人注意力的作用，成为广场的一个小焦点。王府井商业广场上的老北京人物雕塑组，生动重现了老北京生活中的片断，吸引了不少游客与之合影留念。纪念性广场和政治氛围浓厚的广场中的小品，重在突出广场的纪念意义或政治意义，应该严肃一些，并且放置的位置不能很随意，一般适宜放在广场的中心或高处，起到标志物的作用，强化广场的主题。

广场内的植物不仅能提供遮阴，还有点缀作用。但它们与广场内其他景观元素不同，因为植物是有生命的，它们的形象会随着四季的更替而有所不同，使每个季节的景观因它们的变化而各具特色。并且，植物千姿百态的形态，避免了广场中景观元素的类似，使广场更加生机勃勃。因此，应适当在广场中种植四季景观各有特色的植物，充分利用植物特有的造型、香味、色彩，营造具有生命力的广场景观。例如哥本哈根的格拉布鲁德广场上最引人注目的就是一棵漂亮的梧桐树。

水景也是广场内部的重要景观之一，最常见的水景形式是喷泉、水池、瀑布和跌水。水体的流动、喷洒不仅可以活跃空间气氛，还能产生水声，吸引人们的注意力，掩盖和削弱道路噪声对人的不良影响。广场中的喷泉可结合声控技术和灯光照明手段，从视觉（包括造型和色彩）和听觉两方面同时丰富广场的景观。借助听力的辅助，充分开发声景，能加强广场内的景观效果。所谓声景，是指通过环绕声技术，在有限的空间范围内逼真地再现诸如森林、海洋或音乐厅等场合的三维立体声场。广场上的声景与水景结合最常见的形式是音乐喷泉，能够在夜间创造出各种不同的广场气氛：热闹的、浪漫的、现代的、梦幻的，等等。利用声景，还可在广场中进行激光音乐表演、立体声音乐演示等，便于在节日的夜晚组织观演活动，丰富群众文化生活。

广场内人们的活动也是形成内部景观的方式之一。许多人来广场的目的并不是为了观赏那些硬质景观，而是为了满足"人看人"的心理需求。而另一些人，特别是一些具有强烈表演欲望的人或者本身就是从事表演行业的人，也乐意在广场上做一些表演，例如车技、演奏、绘画等。为满足这些活动的需要，在设计广场时可以做一些地形上的处理，局部抬高，形成一个小焦点，满足这种活动的需求。圣马可广场中就设有小型音乐演奏台，与建筑底层的柱廊相连接，并在其周围放置了可活动的桌椅，可按人数的多少灵活增减，供人们坐下来欣赏演出。当演出进行时，这里就很自然地形成了一个具有音乐氛围的"场"，是广场中的一大特色。

（2）广场外部的景观。广场外部的景观可以作为广场内部景观的补充，丰富广场的内容，类似于园林设计中经常使用的"借景"手法。为了达到良好的借景效果，在广场设计时要注意视线分析，借助对中轴线、地形高差等的利用，创造丰富的视觉效果。山地城市广场中，"借景"手法的运用十分普遍。山地广场往往一面开敞，并且所处地势较高，便于远眺，更有利于将远处景色引入。同时又因其各个平台基面标高的差别，使不同平台上的视野不同，步移景异。

海滨广场对外部景观的利用也相对比较便利，可充分利用大海的景色给人以广博之感，营造丰富的景观。人们不仅可以在这里充分感受到海洋的气息，同时又不会有置身大海波涛中的不适感和危险感。

6. 广场的配套设施和细部设计

（1）配套设施。广场并不仅仅只是一个空旷的场地，为了使人们有一个良好的户外交往空间，使广场能够达到预计的使用效果，必要的配套设施是必不可少的。这其中包括休息设施、标识系统、照明设施、绿化、相关服务设施和废物箱等。

1）休息设施。休息设施对于人们驻足休息、交谈、观望、观演、棋牌、餐饮等休闲活动是必不可少的，要创造良好的公共休憩环境，最简单的办法就是为人们提供更多更好的"坐"的物质条件。

当人们在公共场合选择座椅时，我们会发现这样的倾向：能提供良好视野观赏到周围活动的座椅，会比那些仅提供有限视野，甚至看不见活动的座椅受人青睐。座椅设置位置的基本要求是必须提供观赏条件，对象可以是景物或人，但应避免与私密环境对视；其次，应与路径接近，以便发现和使用。而在一些广场的设计中，经常会见到放置位置不合理的座位，有的甚至胡乱放置。因此，对可"坐"的场所空间质量和功能要求的详尽分析是我们安排人们"坐"的基础。

a. 利用"边缘效应"。心理学家德克德晾治（Derk de Jonge）提出了颇有特色的"边缘效应"理论，指出森林、海滩、树丛、林中空地等的边缘都是人们希望停留的区域，而开敞的旷野或滩涂则无人光顾，除非边界已人满为患。在城市空间中同样可以观察到这种现象。马库斯（Clare Cooper Marcus）对温哥华和纽约的广场进行观察研究发现，人们靠近中心景观的不同形状和大小的人造物周围（长椅、台阶、种植池边缘）聚集，他们被喷泉和雕塑所吸引，沿边界聚集，并与别人所在的地方靠近。可见人们普遍喜欢坐在空间的边缘而不是中间，很少有人把自己置于没有任何依托和隐蔽的众目睽睽的空地中，无论是谈天、观看、静坐、站立、漫步、晒太阳等，人们总是选择那些有依靠的地方就位，因此应该在边界处适当位置设计休息和观光的空间。

一个笔直的边界与有许多凹凸变化的边界相比，所能满足的用途相对较少。因为这些凹凸、转角等区域可以提供安全感和私密感。所以设计中应遵从边界效应规律，把空间的边缘部分作为设计重点，尽量利用阴角空间、袋状空间布置休息座椅，使休憩空间的活力和生气从边缘空间中引出。此外，建筑台阶、凹廊、柱子、树下、街灯、花池栏杆也能提供类似于广场边界的空间感受，是放置休息设施的较好位置。

b. 提供交往空间。座椅的设置不仅要便于人们休憩，同时还可为人们提供一种交往的可能，增添公共休憩空间的活力。对"坐"的场所设计及其布置会直接影响"谈"的发生及"谈"的质量。在设计休憩空间时，应尽量避免"背靠背"或直接的"面对面"方式，曲线形的座椅或相互间成一定角度的布置方式是较好的选择。因为，从心理学角度，成一定角度的座椅使交谈者更易于深入交谈同时也易于从尴尬的状态中解脱出来。同时，座椅设置应有集中和分散两种不同的方式，以适应各种需求，提供可让人独坐的座位，满足想单独在户外坐一会儿，或者静心思考的人们使用。注意座椅区与交通区的分离，以创造安静的休憩地带。

c. 提供观景空间。视野在人们选择"坐"的位置时也起着重要作用，无阻挡的视线以观察周围活动是人们选择的决定因素之一。在各种的场合中，背靠背安放的座椅中总是面向道路的椅子受到青睐。因此座位的安排应避免背向开放空间。许多成年人在路过广场时，喜欢停下来歇一会儿，边休息边观看街景，而不是真正进入。所以在广场的一侧设置面向街道的椅子，使行人可以选择两种方向落座。

椅子的功用是让人坐下来，但它的设计和布置足以影响人们的行为。良好的座椅设计是公共空间中许多富有吸引力的活动的前提，如小吃、阅读、打盹、编织、下棋、晒太阳、看人、交谈等。座椅本身要让人感觉方便而且舒服，还必须符合人体工程学，并运用观察力和想象力设计其造型。

广场中所提供座位的形式应尽量多样化。有研究表明：绝大多数人最喜欢长椅，然后是台阶、花池以及石质座位和地面。人们倾向于选择木制的座椅，而非金属或水泥的，还倾向于有靠背和扶手的座椅。备有扶手和靠背的长椅会让坐于其上的人靠在椅背上四肢伸展而觉得非常舒服。设计时要充分运用人体工程学原理，选择合适的座凳高度、宽度，使其易于起坐，同时可长时间保持舒适。无背长椅对人数的适应性较强，提供了一种多功能的座位形式，满足不同的人群和视线要求。一个长约 1.2 ~ 1.8m、宽为 0.5 ~ 0.9m 的长椅，两人可以舒适地坐在上面，之间还有足够的位置放食物和冷饮；如果有第三人或第四人加入，长椅则可以兼具桌椅的作用；四个以上的陌生人也可同时舒适地使用这一长椅而不会太多侵犯别人的私密。这一长椅形式使人可以根据阳光、遮阴、所希望的视线等任何因素来任意选择朝向。

广场中的桌椅、坐凳要结实、耐用。金属具有厚重感和耐久性，可自由塑造形态，但其导热率大，难以适应座面要求。木材加工性强，导热率也很小，触感较好，是比较人性化的休息设施的材料。其缺点是耐久性较差，比较容易受到风雨的侵蚀，使用时间稍长就会出现破损情况。不过随着木材加工技术的发展，经过加热注入防腐剂处理的木材，也具有了较强的耐久性。石料的导热性介于金属和木料之间，坚硬、耐腐蚀，抗冲击性强，装饰效果较佳。是比较经济实用的户外座凳选材。但石材的不足之处在于其加工技术有限，形态变化较少。

有靠背的长椅，靠背的材料要硬一些，能给背部下方和肩部以支持；座位应采用较软的材料，如木材，因为大部分老年人用来分散承担身体重量的位于骨盆附近的肌肉组织衰减了，过于坚硬的材料会令老年人不舒服。

在淡季，广场中一排排闲置的长椅容易给人以空旷寂寞的感觉。从这方面考虑，如果一个休憩空间所提供的大量座位不全是长椅，那么它在没有人时就不会显得过于空旷。为此，可以将环境小品，如种植池、水池、台阶、灯具、矮墙、花钵等与坐凳功能相结合，形成辅助座位，来解决这一问题（图2-2-8）。

在各类辅助座位中，台阶最受欢迎，它与看台、斜道、绿化、流水等相结合，踏步灵活多样，不局限于一组平行直线，而是布置成曲尺形、折线形或曲线形等，很受休憩者欢迎（图2-2-9）。

图2-2-8 天河城广场前休息设施　　　　　　　　　　　图2-2-9 兼作看台的坐凳——奔驰博物馆（拍摄：胡林辉）

这种"随处可坐"的景观设施对人们的吸引是普通座椅达不到的。它们具有一定的雕塑效果，既是良好的景观富有情调，而且往往能活跃空间气氛，形形色色的人群聚坐在台阶上和边沿上，产生交往活动的可能性也更大。此外，这些辅助座位在没人坐的时候也不显得荒凉，因此，目前不少设计者主张在设计中更多地加入这类机动灵活的"座位"。

座椅的安放既可以促进也可以阻碍社会交往，设计中适当地选择座位的形式可满足所希望的社会交往方式。例如，座椅布置成直角的形式会鼓励人与人或群体与群体间的交往，双方如都有谈话意向，这种交谈会很容易进行。相对的两条长椅，如果距离很近，或者会促使人们互相面对坐下，或者会使人们因避免对视而拒绝使用；如果距离很远，或被一条行人较多的小路分开，就会阻碍人们交往。所以根据人的心理感受，两个坐凳前沿的距离应控制在1m左右，交谈双方的可视距离为0.5～1m。此时，交谈双方可以区别彼此的面部表情，保持一种较亲密的关系。固定的线状座椅迫使交谈双方扭转头部或身体面对对方，会引起一定的不适感。而直接面对面的固定座椅或环形内向座椅，常会造成一种排斥其他人加入的空间效果。因此，呈直角加入的空间效果布置的座椅和可移动座椅的结合可能是较好的座椅布置方式。

2）标识系统。标识系统的主要功能是迅速、准确地为人们提供各种环境信息，识别环境空间，它是广场空间中传达信息的重要工具。具体到广场中，主要出现的标识有：指示标志（如方向、场所的引导标志）、警告标志（如禁烟、禁烟火等标志）、禁令标志（如危险等标志）、生活标志（如电话亭）、辅助标志（如停车场的"P"、厕所的"WC"标志）等（图2-2-10）。

图 2-2-10　上海徐家汇广场的标志（拍摄：汤辉）

3）照明。广场的夜间照明对使用率有很大的影响，如果没有照明设施，人们便很难在黑暗中继续正常使用广场，即使勉强能够使用，也会因为治安问题造成许多难以预料的后果。此外，适当的饰景照明会使广场与白天的景观大不相同，别具魅力。所以夜间照明设施对于延长广场的使用时间、提高广场的使用率有着十分重要的意义。

广场中的照明包括明视照明和饰景照明两类。明视照明主要是为了照射广场、步行道和绿化地带等，以提供足够的亮度保证人们活动的正常进行，一般多采用 4 ～ 12m 高的柱杆式汞灯；饰景照明主要是为了构筑丰富的层次和夜景氛围而采用的照明方式，用亮度对比来表现光的协调，用明暗对比表现植物的深远层次，多采用矮杆灯、脚灯等方式。

对于交通广场（包括站前广场），由于它是人员、车辆集散的场所，使用较多的是明视照明方式，并要保证光源显色性的良好。站前广场是表现城市面貌的场所，除设置高柱杆型照明外，在广场绿化地带还可设置中柱杆型照明和脚灯照明，以烘托广场整体气氛。

对于休闲广场，其主要目的是为人们提供休息场所，照明设计要与广场性格相协调，满足人们的审美心理需求，所以在保证充足的明视照明之外，也需大量的饰景照明来美化环境，并且灯具的外观更应注意造型美观、装饰得体，造型和布局与所处环境协调统一。高杆灯的灯柱比较明显，它的造型能表达较多的含义。

矮杆灯的高度低于人的视平线，一般高度在 90cm 左右，主要用于照射草坪、地面和局部道路，主要布置于花隅、草坪旁等幽静之处，其造型上应力求简洁大方，使灯头与灯柱浑然一体。微弱的灯光更衬托出宁静气氛，构成一幅清雅画卷。脚灯，高度大约0.1 ～ 1m，能使周围环境产生柔和的气氛，增添情趣。

在进行照明设计时，要注意以下几点。

a. 灯光的选择要根据不同的照射物（如建筑小品、雕塑、喷泉等）而有所不同。绚丽明亮的灯光可使环境气氛更为热烈、生动、欣欣向荣、富有生气；柔和、轻松的灯光则使环境更加宁静、舒适、亲切宜人。

b. 配置光源时，应避免使光源直接进入视野范围。同时，为避免产生侧面眩光，可选择可控制眩光灯具或挑选合理的布光角度。

c. 要根据环境特点计算照度，以此决定灯的功率和灯柱高度。

d. 为照明设备设置开关，根据灯具的具体用途来控制使用时间。午夜后应关闭树木照明，以使树木得到"休息"并节约能源。

e. 水下照明应尽量采用低压灯具，以保证安全。

4）绿化。绿化是发挥广场生态效益、改善广场局部小环境最重要的设施，同时也是构成广场景观、分隔和围合空间的重要要素。植被对小气候影响很大，它可以净化空气、改善空气湿度、防风减尘、吸纳有害气体、减弱噪声、消除污染，而这些正是人们对休憩空间的基本要求。

广场的绿地面积根据广场的规模、性质而有所不同。面积较大的广场，从发挥其在城市中的环境效益出发，应有较高的绿地率；小型广场，对于绿化占地和活动场地的用地矛盾，可以通过适当降低绿地率、提高铺装场地的绿化覆盖率的办法来解决，在满足使用面积的前提下，尽量提高绿地面积和绿化覆盖面积。

广场的绿化应以植树为主。据统计，在相同面积内，乔、灌、草的混合绿化方式所产生的氧气与同样面积单纯植草的方式相比，高出 25 倍之多，树荫下的气温比裸地低 5 ~ 10℃，而草坪仅比裸地低 0.5 ~ 1℃。并且树木形成的冠下的空间更容易被充分利用，不必有践踏草坪的担忧。对那些夏天炎热、冬季寒冷的地区来说，落叶树是最佳选择，在冬日正午能享受到充足阳光，在夏季则有树荫的庇护。

垂直绿化可增加绿化的可视率，构成"立体绿化"的效果，形成多层次的绿化体系。在棚架上种植落叶藤类植物，可在夏天遮蔽烈日，在冬天透进温暖的阳光，不但有良好的生态效果，而且增加了休憩空间的棚架遮蔽的座椅有效面积，节约了土地。

在树种选择上，应注重功能和造景相结合的原则。应选择适应广场环境条件、生长稳定、观赏价值高和环境效益好的植物种类。一些城市为了使城市景观环境速成，从外地或国外直接进口百年老树、名贵植物，忽视植物的生长规律及成长环境的特性，结果造成树木大片死亡，浪费了大量的人力、物力和财力，这种急功近利的做法是行不通的。应大力提倡使用乡土植物，不仅成活率高，而且能体现地方特色。

在配植方式上最好能形成乔、灌、草三层，不仅绿量大，并且群体稳定。当植物为孤植时，要选择树型良好、姿态优美的植株；对植则要讲究对比；当种植三株时，要防止种植在一条直线上或构成等边三角形，强调动态均衡；三株以上，要避免成形成一条直线或均匀、等距离布置；强调动态均衡。此外要注意季相搭配和色彩搭配。春色树种与秋色树种、常绿树种与落叶树种的搭配可以带来四季丰富的植物景观变化，其中常绿树种应当占相对较大的比例。观花植物，特别是一些带有宜人气味的香花植物，例如白玉兰、栀子、桂花、蜡梅等，不仅调动人的视觉、触觉，也调动人的嗅觉，对空间进行全方位体验，更能活跃广场气氛。

广场中除了需要大树提供的绿色和遮阴，也少不了花卉的点缀，这就涉及广场中花坛和花池的设计。花坛和花池的设计会随场地的地形、位置、环境的不同而多种多样，其平面形式更是花样繁多，但一般多为几何形，如圆形、方形、六边形等。可以根据广场的不同性质来选择不同形式的花坛，使之与周围环境更加协调一致。在选择花灌木品种时，宜选用枝繁叶茂、花期长、生长健壮、株型整齐和便于管理的树种；绿篱植物和观叶灌木应选用萌芽力强、枝繁叶茂和耐修剪的树种；地被植物应选择茎叶茂密、生长势强、病虫害少和易管理的木本或草本观叶、观花植物。

草坪也是广场地表绿化的重要组成部分之一。草坪应选择"综合性状"（包括萌蘖力、覆盖率、耐修剪、耐干旱瘠薄、耐踩、抗病虫害、绿色期、观赏性和管理费用等）表现好的种类。值得一提的是，虽然草坪对环境景观有美化作用，但并不是所有的城市都适合采用大面积的草坪，需要综合考虑气候和水资源的状况。在北方缺水的城市，草坪又有冬季的枯黄期，不仅消耗大量的水资源，还浪费了大笔维护费用，就不适合大面积种植草坪。草坪的调温吸热效果远不如大树显著，因此夏季持续时间较长的城市同样也不适宜用大面积的草坪代替乔灌木。

5）服务设施。广场内的服务设施主要包括服务亭、公厕、公用电话亭等。

a. 服务亭。服务亭可以分为商业性服务亭，如报刊亭、售货亭，和公共性服务亭，如问讯亭、报警岗亭等，具有方便人们需要、灵活、占地少等特点。一般服务亭应设在环境中的明显位置，例如靠近空间入口处，这里人流量相对较大，同时也可为街道空间服务，但其设置位置不妨碍行人通行。服务亭的造型要别致，在一定程度上要具有提示性作用（图2-2-11）。

b. 公厕。儿童和年纪稍大的老人是公厕的经常使用者。广场公共厕所建筑面积规划指标为：每千人（按一昼夜最高聚集人数计）建筑面积 15～25m²。广场中的公厕可以是固定型也可以是临时型的，当在广场中建造管线设备比较齐全的厕所比较困难时，就可以选择采用临时型的轻型化学厕所。公厕选址在路线设计上首先要保证其易于到达，路线不应变化太多，并且连接公厕的道路不能太凹凸陡峭，要有一定的宽度，以方便老年人及残疾人的使用，外观上要易于识别，周围配置一定的植物，使之不会显得过于突兀（图2-2-12）。

图 2-2-11　精致的服务亭

图 2-2-12　广州东濠涌绿地中的洗手间（拍摄：朱凯）

c. 公用电话亭。广场上公用电话亭的设置应以方便使用为目的，尽量避免噪声干扰，不宜紧邻道路和路口，但要有易于识别的色彩或造型，并能使广场和邻近道路上的行人方便地到达。

d. 其他服务设施。为了便于开展各种观演活动，有的广场上会设置永久性的或临时的舞台、乐台。这类活动需要较低的背景噪声和干扰噪声，同时自身也不能成为邻近地区的噪声源。应通过竖向、建筑、绿化等的合理设计，围合出一定的僻静区域。乐台的朝向应避开居民区和其他敏感区域，在设备上选用指定性强的声柱或采用分散布置的扬声器系统，使声能辐射有效地集中在观众区。观众区最好是碗状地形的草地，后部筑绿化土堤隔声；台阶式看台的硬质铺面宜选用表面粗糙的材料，以降低声音反射、增加声能的损耗。

6）废物箱。为了保持环境的清洁及培养人们良好的卫生习惯，在开放空间的任何地点，尤其在开放空间的入口处和活动区内都应该有废物箱。废物箱要尺度适宜、便于投掷，高度一般在 80～90cm 之间，在废物箱旁边要有 75cm×25cm 的空间，供轮椅靠近。安放的位置和数量要与人们分布的密度相对应，安放的距离一般不宜超过 50～70m。因为废物箱在公共空间中出现的频率较高，又属于不太雅观的东西，因此在外形和色彩上需要作较多考虑，形象应具有一定艺术性和吸引力，清洁大方、色彩明快，与所处环境相融合。此外，也可将它与其他设施组合在一起，安装在某些体积较大的物体上，如墙、栏杆、灯柱等。

7）无障碍设计。无障碍设计是现代设计的内容之一。障碍，是指实体环境中残疾人和能力丧失者不便及不能利用的物体和不能通行的部分区域。无障碍设计（barrier free designs）即为残疾人和能力丧失者提供和创造方便、安全、舒适生活条件的设计。无障碍环境包括物质环境、信息环境和交流环境。

a. 视像信息障碍。对视像信息的利用存在障碍的人群可分为两大类：一是盲人，盲人不能利用视觉信息的定向、定位地从事活动，而需要借助其他感官功能了解环境定位定向地从事活动。需借助盲杖行进，步速慢，在生疏的环境中易产生意外伤害。因此环境中主要存在的障碍是：复杂地形地貌、缺乏向导措施，人行空间内有意外突出物。二是低视力人员，对于低视力人员，形象大小、色彩反差及光照强弱直接影响视觉辨别，需要借助其他感官功能以助于行为动作的安排。环境中主要存在的障碍是：视觉标志尺寸偏小，光照弱或者色彩反差小。针对这类人员的行动特点，应简化广场中的行动线，保证人行空间内无意外变动或突出物。强化听觉、嗅觉和触觉信息环境，以利于引导（如扶手、盲文标志、音响信号等）。加大标志图形，加强光照，有效利用反差，强化视觉信息。

b. 听觉障碍。听觉障碍的人群是指那些无法或难以通过音响方式传递或收集信息，只能通过视觉或其他方式来实现接受信息的人。它们一般无行动困难，重听及聋者需借助知觉及振动信号，而一部分人在与外界交往中可用增音设备获得听力。他们在环境中存在的障碍在于：常规音响系统的环境无法起到提示效果。针对这一类障碍，可以采用传统的各类标识牌作为辅助，在有条件的地方还可以使用电子显示屏。

c. 肢体残障造成的障碍。肢体残障者在行动类型上可分为可独立拄拐行动者和可独立乘坐轮椅行动者。拄拐的人员攀登动作困难，水平推力差，行动缓慢，不适应常规运行节奏。拄双拐者只有坐姿时才能使用双手，并且行走时宽幅可达 900mm，使用卫生设备常需要支持物。对他们而言，主要障碍是：有直角突缘的踏步，较高较陡的楼梯及坡道，光滑积水的地面，宽度大于 200mm 的地面缝隙，大于 20mm × 20mm 的孔洞以及卫生设施缺乏支持物。

乘坐轮椅的人员，各项设施均受轮椅高度约束，虽然轮椅动作较灵活快速，但是占用空间较大，使用卫生设施时需支撑物。对他们而言，存在的障碍主要是：高于 50mm 的路缘、过长的坡道、阻力较大的地面和非残疾人专用的卫生间和其他设施。

针对这类残障者面对的障碍，主要通过加大道路尺寸以满足通行所需的宽度，地面平坦、坚固、不滑、不积水，无缝隙及大孔，在有高差的地方，设置坡道来实现无障碍设计。在设计坡道时，要注意坡道的坡度、宽度、高度和转弯半径等细部，否则反而给这些残障人士带来更多的障碍。同时电话亭、洗手间等的设计在形式及规格上要符合乘轮椅者和拄拐杖者的要求。

d. 老、幼、弱、孕等人行动时的障碍。针对这类人群的无障碍设计，主要是尽量消除不必要的高差，在有高差处，要使高差明显化、易辨认，地面的铺装要注意防滑。

（2）细部设计。

1）铺地。人们对广场最直接最切身的接触体会源自足下，因此广场基面的铺设材料情况直接关系到广场空间质量的好坏。

a. 材料选择。基面铺设材料的种类基面铺设大致可分为两类：第一类为硬质材料，包括沥青、混凝土，天然石材、各种烧制的砖、木材、金属、砂或人工合成的高分子材料；第二类为软质材料，主要指水面和草皮。

广场中道路、活动空间以及观赏性空间，由于使用功能的不同，对基面铺设的要求有很大差异，设计中应当分别对待。道路基面的铺设要求能创造舒适的步行条件，较宜选择防滑、透水的材料。而各个活动空间和观赏空间的基面铺设，则要符合各自的功能。如中心区的基面处理要比较精细，而相对封闭的私密空间，地面铺设应力求朴实亲切。

b. 形式。基面铺设无论从色彩、图案、纹理上都要整体统一、主次分明，有一种或两种铺装方式作为广场基面的基调起统一和控制作用，其他的方式应与基调相协调、配合。

色彩的运用要建立在对广场空间氛围的准确把握上，合适的基面色彩能体现广场的环境气氛，创造良好的空间效果。一般鲜艳、跳跃的色彩不适合在广场基面铺设中大量使用。此外，基面色彩应保持统一协调，色彩上有主有辅，切忌以杂乱无章的色彩破坏广场的整体感。

基面图案应当与广场周围环境有一定的联系，同时又要有较强的识别性，起到一定的引导视线的作用，以加强广场空间的限定感。这就要充分把握广场的历史背景、社会背景、文化环境以及地理环境，从中提炼出典型的特征元素。

如巴西马瑙斯市歌剧院前广场铺地采用连续波形流动的图案，图案形状简洁明了、生动传神，极富联想性，与巴西最具代表性的亚马逊河及扭动感极强的桑巴舞扣合，表现该市作为通商城市货运亨通，充分体现了地方风格和文化内涵，是基面图案的精彩之作。而威廉斯广场以野马群雕为主题，以喷泉模拟马踏水面、水花四溅的效果。它的基面铺设就配合这一主题运用抽象手法，以开阔的场地象征德克萨斯州无边无际的大草原，花岗岩铺地色彩作了变化，用来象征草原被水冲刷后所裸露出来的地面，使象征新大陆开拓的"野马"的主题得以极好的衬托和突出。

基面纹理的多重质感指基面纹理在整体上、远距离上给人第一次质感，在近距离细部观察时获得第二次质感，视距的远近构成双重质感效。多重质感的基面铺设会为广场带来充实感，丰富基面纹理的层次。

2）潜在危险的预防。户外活动与室内活动不同，发生危险的可能性也更大。这就需要对每个细节反复推敲，结合日常生活的经验，尽可能避免或者减少危险的发生。主要需要注意以下几点。

a. 各类设施尽量固定，避免因使用时的突然位移而造成伤害。例如座椅、废物箱、自动贩卖机、饮水机等，最好可以与地面固定。

b. 各种设施的边角尽量圆滑，防止在磕碰、跌倒时发生更多伤害。当不可避免出现突出的尖角或者较锋利的边缘时，应采用一些防护措施以减少其危险性。例如可以在尖角和较锋利的边缘上包裹柔软的保护层等。儿童游戏设施要避免会产生挤压、剪切的部位以及诱使手指、脑袋探入的部位；在器械下部的下落区内及器械周边向外的一定区域内，必须铺设缓冲击的面材（如沙子、橡胶垫或充气橡胶等）。

c. 喷泉、水池等的水体深度要适宜。大部分人都有亲水性，特别是儿童，好奇心重，喜欢在水边玩耍。适当的水深能有效防止儿童不慎跌入水中而发生的溺水事件。

d. 各类管线避免暴露在外，若有露在外面的部分，要做好牢固的防护网，防止触电或人为破坏等现象。

e. 在山地广场中，围护面形态较多，需要对挡土墙、堡坎、外露结构进行处理，以保证其稳定性。

2.2.2　城市公园规划设计

城市公园是城市开放空间的重要组成部分，也是城市设计的重要内容，是城市文明和繁荣的象征，一个功能齐全而独具特色的休闲文化公园可以反映一个城市的文明进步水平和对人的需求的满足程度。

城市公园是城市建设和人民生活中一个十分重要的基础设施，很多情况下人们甚至会以一个城市公园数量的多少来作为该城市生态建设和精神文明建设的一个重要指标。

2.2.2.1　城市公园的产生

随着工业化大生产导致的人口剧增和环境恶化，在19世纪末，西方城市已开始通过建造城市公园等城市绿色景观系统来解决城市环境问题。早在奥斯曼进行巴黎改建，大刀阔斧改建巴黎城区的同时，也开辟了供市民使用的绿色空间；纽约的中央公园也是在此背景下建造的。通过建造城市公园来构筑城市绿色景观系统最成功的例子，是1880年美国设计师奥姆斯特德（Olmsted）设计的波士顿公园体系。该公园体系突破了美国城市既有的方形网格布局方式，以河流、泥滩、荒草地所限定的自然空间为定界依据，利用200~1500英尺宽的带状绿化，将数个公园连成一体，在波士顿中心地区形成了优美、环境宜人的公园体系，被称为波士顿的"蓝宝石项链"。

现代公园发展从某种程度上可以参考美国公园的发展。盖伦·克兰兹认为自19世纪中叶以来，美国公园的发展经历了四个主要阶段：游憩园、改良公园、休闲设施、开放空间系统。

游憩园流行于1850~1900年间，其发展至少部分起因于人们对新兴工业城市肮脏而拥挤的环境的反应。这类公园的典型样式竟是浪漫主义时期英格兰或欧洲贵族的采邑庄园。特点是将原野和田园风光理想化。游憩园通常设置在郊野，是刻意为周末郊游设计的，以大树、开阔的草地、起伏的台地、蜿蜒的步行路及自然主义风光的水景为特征。人们希望通过工人们在这里通过户外活动保持健康，进而影响到贫民。

改良公园出现在1900年左右，是改良主义和社会工作运动的产物。像早期公园一样，其目的是为了提高劳动者的生活条件。改良公园位于城市内部，是第一批真正意义上的邻里公园。其最主要的受益者是邻近公园的儿童和家庭。其重要的特征是儿童游戏场。

休闲设施是1930年左右开始出现在美国的城市和城镇中，并成为公园和社会改良目标之间的纽带。他强调体育场地、体育器械和有组织的活动。随着城市的郊区化和家庭汽车的使用，新型的和更大规模的公园被建立起来以提供各种各样的球场游泳池和活动场地。

1965年以来发展起来的开放空间思想，是将分散的地块如小型公园、游戏场和城市广场等联为一体，构成整个城市的绿地系统。

美国公园的发展史和欧洲田园风格的公园代表了西方公园的发展状况。中国的公园起源于皇家园林、私家花园、寺观园林，真正具有市民意义的城市公园是新中国成立以后随着城市建设开始的，尤其是最近几年，城市广场、城市公园在各个城镇兴建开来。但是，一定要注意和当地的经济发展水平相适应。

2.2.2.2 城市公园的层次

城市公园作为城市开放空间的一部分，和居住区游园一起构成了城市绿地系统，一起有着改善和调节城市小气候的作用。城市公园可以分为以下几个层次：综合性公园、儿童公园、动物园、植物园、街头公园。一般来讲，综合性公园面积不宜小于 10ha，儿童公园面积宜大于 2ha，植物园面积宜大于 40ha，专类植物、盆景园面积宜大于 2ha，居住区公园面积宜在 5～10ha 之间，居住区小游园面积宜大于 0.5ha。不同层次的公园用地规模、服务半径、设置内容还有很大的差异，但其设计方法和流程基本上还是一致的，这里重点选出综合性公园简单谈谈需要注意的地方。

综合性公园的设计，首先要对设计对象有一个大致的了解，包括了解公园用地在城市规划中的地位、性质及与其他用地的关系；公园用地历史、现状及自然资料；公园用地内外的景观情况。根据所掌握的资料进行分析研究，并依据设计任务书，考虑各种影响因素，拟定公园内应设置的项目内容与设施，并确定其规模大小。然后进行公园规划，确定全园的总体布局。待方案被批准后，开始进行各项详细设计。这样的一个流程需要多个专业的协同合作，才能顺利地完成设计任务（图 2-2-13）。

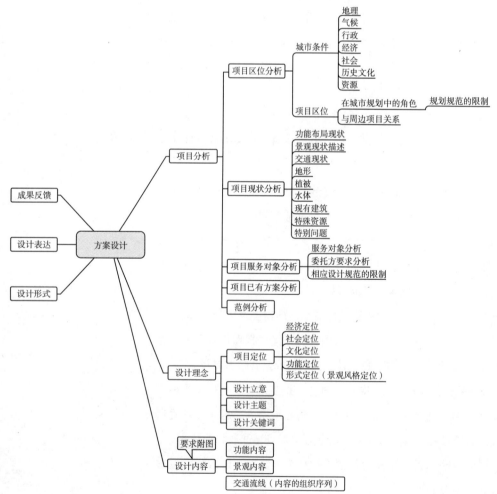

图 2-2-13 公园方案设计策划流程

（1）公园规划设计内容在设计流程的不同阶段，深度、专业分工配合有一定的不同。但是以下几点作为设计人员都要注意。

1）设计图纸比例。公园总体规划采取 1：1000 或 1：2000 图纸；详细规划采取 1：500 或 1：1000 图纸；植物种植设计采用 1：500 或 1：200 图纸；施工图采用 1：100、1：50 或 1：20 图纸。

2）面积及服务要求。全市性综合性公园至少能容纳全市居民中 10% 的人同时游园。一般综合性公园面积不小于 10ha，游人在公园中的活动面积平均为每人大概 10～50m^2 计算。

3）根据城市园林绿地系统规划要求，满足功能需要，符合国家政策。

4）充分了解现状相关情况。

5）确定公园特色和园林形式。

6）公园内部及四周环境的分析和设计处理。

7）确定公园活动内容、需要设置的项目、设施规模、建筑面积和设备要求，使设计和建设、管理相结合，适应现状。

8）确定出入口位置，包括主要出入口、次要出入口、专用出入口以及停车场等。

（2）公园规划设计内容。

1）现状分析。包括公园在城市中的位置，附近公共建筑情况、停车场、交通状况、游人人流方向及公园现有道路及广场情况、多年的气候资料、历史沿革和使用情况、规划界限、现有植物状况、园内外地下管线种类、走向、管径等情况。

2）功能分区。

a. 安静休息区。主要作为游览、观赏、休闲用，要求游人密度低，应有 100m²/人的绿地。设施一般有山石、水体、名胜古迹、花草树木、盆景、雕塑、建筑小品，可以开展划船、散步、休息、喝茶等活动。

b. 文化娱乐区。是较热闹的人流集中的、具有文化品位的活动区，设施主要有俱乐部、游戏场、舞池、（旱）冰场、画廊、游泳池等。该区人流较多，设置应接近出入口，人均用地大约为 30m²。

c. 儿童活动区。区内设置儿童游戏场、戏水池、游乐器械、儿童体育活动设施。人均用地应达到 50m²。花草树木品种要多样化，不要带刺带毒。此外考虑到儿童需要大人照顾，还要设置一些桌凳、厕所、小卖部。

d. 服务设施。服务设施项目要齐全，包括指示路牌、垃圾箱、园椅、电话、广播室等，尽量使游人感觉方便适宜。此外，还包括园务管理区，设置办公室、工具间、仓库、修理点等，这些要与游人隔离。

2.2.2.3 城市公园设计的主要内容

现代公园与早期公园的设计理念不同。早期公园主要是为了满足人们的视觉效果需求，或者是为了满足达官贵族的奢华享乐而建造的，抑或是统治阶级、富有阶层为了家族显赫等许多因素。因此，公园强调的是美化和造景，常常会有假山石堆叠成的各式景致、修建得精巧别致的亭台楼阁、修剪得很完美的植物，再加上一池碧水，半遮半隐、借景、对景、曲径通幽，使人在其中感到惬意、放松。历史上国内外这样的景园不在少数，有私家的、皇家的、寺观的。如拙政园、颐和园、承德避暑山庄等。

人们对城市公园的使用不同于城市广场。对城市广场的使用可以是有目的或无目的的，或者是多目的的，可能是短时的、随意的；对公园的需求则是有目的的。目标十分清楚：一是表达对大自然的向往；二是与人交往的需求。因此，公园设计的指导思想是采用适当的手法满足人们的使用目标。针对不同层次或级别的公园，还要根据有关的规范，考虑其使用对象和服务范围，并结合场地特点，做出功能较为完善又有地方特色的设计方案。

1. 总体规划

（1）总体规划的意义。首先要明确该公园在城市绿地体系中的地位、作用和服务范围：确定公园内保护对象和保护措施；测定环境容量和游人容量；通过全面考虑和总体协调，使公园各个组成部分之间得到合理的安排，综合平衡；使各部分之间构成有机的联系，能妥善处理好公园与全市绿地系统之间、局部与整体的关系；满足环境保护、文化娱乐、休息游览、园林艺术等各方面的功能要求；合理安排近期与远期的关系，以便保证公园的建设工作按计划顺利进行。

（2）总体规划的原则。

1）遵循与城市公园有关的国家法律、法规。

2）保护公园内的人文环境（历史古迹、古树名木、地域特征等）。

3）体现当地的自然环境特征，因地制宜地创造出具有时代特点和地域特征的空间环境，避免景观的重复。

4）符合城市公园开放式的要求，设置人们喜欢的各种活动，提供游览活动必备的各种设施。

5）保护现存的良好生态环境，改善原有的不良生态环境，提倡将先进的生态技术运用到环境景观的塑造中去，利于人类的可持续发展。

6）规划设计要切合实际，便于分期建设，合理安排近期与远期的关系。

2. 定位及立意

城市公园的定位是指城市公园在城市中的基本角色问题，也就是城市公园在城市中发挥的作用问题。城市公园的定位，一般根据城市整体层面的公园布局并结合公园内容进行。公园所处的地理位置、规模大小、服务对象等，都与公园定位有着密切的关系。从其与城市中心的关系来看，城市公园分为中心区公园、市内公园、郊野公园等。从其服务对象来看，有市级公园、区级公园、社区公园等。城市公园的定位根据其景观内容又可分为：文化休息公园、一般的综合性休息公园、纪念公园、游乐公园、历史公园、风景名胜公园、植物园、盆景园等。城市公园定位的确立与地方的城市规划有很大关系，同时也与设计师的理解与创造有关。

公园的立意也可以称作公园的设计理念，它是一个公园的主题和灵魂，一个拥有合适立意的城市开放式公园，可以创造一个核心、一个家园、一种文化、一个地标、一种情感。那么怎样才能确定某个公园的立意呢？笔者认为可以从以下三个方面入手。

（1）尊重和保护公园所在城市的历史文脉，挖掘其城市自身的文化内涵。历史文脉是一个城市的形成、变化和演进的轨迹和印痕，是一个城市历史悠久、生生不息的象征，它具有一定的独特性和唯一性，正因为历史文脉对一个城市的魅力如此重要，所以国际上遗产保护先进的城市总是在城市规划中千方百计地设法去保留那些构成历史文脉的重要历史坐标点，让历史标点在未来的城市建设中彰显，哪怕是一处断墙残壁或是一砖一瓦。作为一个城市公园，它处在城市之中，而且是一个大众集体活动的平台，应该有责任和义务挖掘城市的历史文化内涵，并以一种大众化的艺术形式展现和宣传出去，达到一种延续，而不仅仅只是一个游玩的场所。同时由于现代人的生活形态更新速度加快，更加回归物质生活，为现代人创造一些城市精神文化内涵丰富、地域景观特色鲜明的生活环境，显得格外重要，也可以吸引更多的人来到公园，所以这样的公园会更有艺术魅力，同时也具有独特性。寻找失落的情趣空间环境、寻找失落的城市场所文脉、寻找一种既能继承和延续城市历史人文精神又能满足社会经济发展和文明进步的城市环境更新的方法是大势所趋。例如武汉的黄鹤楼公园，就是在保护武汉历史名胜古迹的基础上，结合独特的历史文化事件和一些历史传说建设而成的；而北京在这方面的案例更是不胜枚举，例如，皇城根遗址公园运用恢复小段皇城墙、挖掘部分地下墙基遗存等手段，再现了北京皇城的历史遗迹，使老北京的历史文脉得以充分展示。它像一条绿色纽带将古老的紫禁城和现代化的王府井有机连接起来，为人们品味历史、旅游休闲提供了一个新的去处，这便是一个非常成功的典范。

（2）尊重场所精神的延续。这是一种以原场地和人为根本出发点，注重探寻人与环境有机共存的深层结构的手法。从场所文脉的角度讲，城市环境是由空间场所组成的。城市设计"TEAM10"成员凡·艾克认为，场所感是由场所和场合构成，在人的意象中，空间环境是场所，而时间就是场合，人必须融入到时间和空间意义中去，因此这种环境场所感必须在城市环境改造设计过程中得到重新认识与利用。如德国杜伊斯堡市天然公园（Landschaftspark Duisburg Nord）在废弃的煤矿厂、炼焦厂、钢铁厂基础上的环境改造设计，充分反映了设计师关注环境场所对人的精神感受的影响，体现了对场所现状与历史环境的尊重。因而在设计过程中，设计师没有用西方传统园林模式强加于这块对城市有过重要贡献的工业场所之上，而是在环境改造设计时尊重原有的空间格局，并通过对残留的相当一部分工业设备与构筑物保留与再塑造，让现代城市中的游人能在公园休闲散步时，体验到环境场所历史文脉的延续，体验时空的变迁。

（3）以人为本，满足人们迫切的需求。园林从它出现的那一天起，就改变了自然山林的属性，具备了社会功能，无论是古时的园囿，还是现代的公园绿地，都是为社会服务，为人服务的。所以公园的立意也应该以人民大众的愿望为重，满足人们对公园某种功能的需求。比如，现代人在紧张的工作和学习压力之下，迫切希望有运动锻炼的活动场地，北京的马甸公园就是在大众的呼救声中孕育而生，马甸公园是由中国·城市建设研究院（原建设部城市建设研究院）在2002年完成设计的，建园的费用主要是由周边的房地产开发商和政府投资完成的，这种由开发商投资建园有点类似于国外公园的开发性质。马甸公园在设计时，秉承"以人为本"的理念，追求绿色奥运的真谛，着力体现"自然"和"运动"两大主题。公园共分7大板块：中心广场、滨水活动区、儿童活动区、趣味活动区、器械活动区、休闲铺装、场地活动区。其中布置了梅花桩、悬索桥、塑胶跑道、各种常见的健身器材，还将乒乓球台、篮球架等数十种体育运动设施搬进了公园，免费供市民使用。据公园设计者介绍，由于公园突出运动功能，所以在设计时充分考虑了使用的安全，除了减少路面上的障碍设施之外，还将滑梯设在沙坑内，在梅花桩、秋千下铺上了柔软的塑胶地面，在醒目的地方装上了警示标语和使用说明，并雇用保安维持秩序，尽量减少游客在运动中的意外伤害（图2-2-14）。

图2-2-14 北京马甸公园

3. 分区规划

为了满足不同年龄不同爱好的游人多种文化娱乐和休息的需要，要根据公园所处的地理环境来确定公园的主要功能分区和相应的形式，面积比较大的公园分区也会相应的比较多，像以前的文化休息公园内一般就包括娱乐区、科学文化教育区、体育运动区、儿童游戏区、安静休息区、经营管理区等。可以说那个时代的公园主题和分区几乎大同小异，当然公园就没有自己的特色，现在国内的很多大型城市公园就是那个时代的产物。公园面积小其相对的功能分区也就少一些，只要能让不同人群在公园能找到适合自己的游乐场所就足够了，没有必要为了分区而分区。分区时还要注意不同功能区域之间的相互联系、动静的合理分布等。

在公园开放之后，分区规划显得极为重要。一方面，功能分区直接确定了游人的运动方向，从而影响了公园交通系统的规划；另一方面，不同功能与入口之间的距离同时也会影响到不同使用人群的穿行距离，从而对不同道路的交通压力起到一定的控制作用。笔者通过调查发现，日常生活中对公园使用率最高的是一些离退休在家的中老年人，他们对公园的需求主要集中在运动健身区以及中小型广场附近，练太极拳、舞剑、打腰鼓、唱戏曲等。对于这部分公园固定使用人群，应适当将其活动区域规划在入口附近或入口前广场，或有道路直接通向入口，同样能缓解公园内部的交通压力。

4. 地形地貌处理

中国园林的特点之一，是以自然山水为骨干，利用地形，创造出优美的自然环境。所以我国一般的城市公园都是依山傍水，自然气息浓厚。在《园治》中也谈到"高方欲就亭台，低凹可开池沼"这种处理地形地貌的手法，即要根据原有的地形地貌特征，采用最经济实用的处理手法达到预期的设计目的。对于面积较大的公园适当地挖湖堆山，可以增加公园的自然气息，形成比较完整的小生态环境。然而，对于面积较小的公园则不必大动干戈，因为山水是好，但也会占用公园的使用面积，使公园的容积率降低，不利于公园游人容量的增加，难以发挥最大的经济效益。

对于面积不大的开放式公园来说更是如此，一方面，大面积的山水除了降低公园的容积率之外，还会影响公园交通，对园内交通造成压力。另一方面，大面积的山水还会增加公园的维护费用，特别是对水体的清理和净化。当然，这并不是说在开放式公园内不能堆地形，相反，适当的地形和水体可以增加公园空间的层次，让公园更富有生命力和活力。

公园地形地貌的处理还要注意一个非常重要的问题，就是排水问题。这就要求设计者在充分掌握自然山水地貌形成规律的基础上分析水流的走向，以减少因人工地形而造成的排水不畅和人工排水的工程量，达到经济、合理、美观的效果。对于水体的处理最好能形成一个循环系统并配套有水体净化设备，以保持水体的清洁和活力。

5. 交通规划

公园内的绝大部分面积被处理为草地、树丛、水面或其他"自然"形式，人所活动的区域被局限在有限的园路、广场等铺砌地面上。宁曲勿直是中国古典园林的园路设计手法，显然是不适应开放式公园要求的，同时也不能满足现代娱乐行为的需求。

现代社会的快节奏生活影响到人们思维和行为方式，人们喜欢走捷径，常常会不顾已有的道路设计而直线穿越草坪。同时由于公园开放后，很多周边的居民因工作、学习也经常穿越公园，减少路上所花的时间。所以，公园在向城市完全开放的同时，也对其自身的交通系统提出了新的要求，尤其是城市公园内部的主要干道。就城市公园的内部道路系统设置来看，传统的公园道路模式一方面受到中国古典园林艺术的影响，另一方面为了区别于城市直线型道路景观，多采用闭合环绕的曲线方式，这种方式也有利于公园的功能分区。然而，这样的道路设计与现在快节奏的生活方式有所违背。

所以在城市公园免费开放以后，公园的主要道路必然形成联系公园各个边界的通道，这往往成为大量人流上下班、上下学的交通要道，这种道路的设计就当以直线为主要形式，并加强绿色效果，以方便来玩人流，同时也能提供良好的游憩空间。同时，直线形式的道路设计，还能减少入口处的人流压力，让主干道作为入口聚集地的有机延伸，以达到双赢的效果。

除了这种设计师直接规划好的道路交通之外，其实在一些三级道路上可以不用规划，而让游人自己踩出小道来，然后对其进行施工，这样可以减少绿地的破坏，方便游人的穿越。不过，这种反规划的道路设计只能运用在一些小道上面，主要道路还是得设计师主持规划。

6. 植被规划

公园中园林植物种类比较集中，所以在场地分析时，要调查当地植物配置中，乔木与灌木、落叶与常绿、快长与慢长树种的比例，以及草木花卉和地被植物的应用。规划的主要原则是适地适树，以乡土树种为主，一般来说，本地原产的乡土植物最能体现地方风格，游人喜闻乐见，最能抗灾难性气候，种苗易得且易成活。

在关注了大的城市空间中植物的特色之外，还要注意在公园这个小的环境中各种植物的搭配关系。例如在公园特有的地形变化之中各种植物的生物学特性、习性，还要尽量解决不同的活动空间内植物的特色问题，用植物区分不同的区域。

除了上面提到的基本要求之外，在公园完全免费开放后，对公园内植物的要求又提高了很多。显然，公园内游人数量急剧增加，使植物所承受的负荷增加。这里的负荷不光指植物在公园内所承担的生态效益方面的负荷，如：净化空气、净化水源、降温、增湿等，还涵盖了植物在公园内所承受的人为破坏的负荷，如树枝被折、鲜花被采、小草被踏等。道路边缘没有任何防护设施的草地几乎都有被游人践踏过的痕迹。所以，在植物的选择上，尤其是那些边缘没有防护设施的植物，应选择一些具有较强抗污染性、耐践踏性、耐修剪性的乡土植物。其次，在植物的配置上一定要乔木、灌木、藤木、地被相结合，模拟自然植物群，组成有层次、有结构的人工植物群落，这样不但丰富了园林中的绿化景色，增添了自然美感，而且最大限度地利用了空间，增加了单位面积绿量，有效地提高了生态效益，更为有益地改善了环境。而且，为了保证游人的安全，尽量不要用一些有毒、有刺激性气味、有刺的植物。

2.2.2.4 公园规划设计方法

1. 公园与城市的垂直界面

从城市公共空间系统来看，城市公园与其周边城市环境的关系可以分为城市公园与城市其他公共空间相结合和城市公园未与其他公共空间相结合两种。现在，一般的城市公园都是用围栏与城市空间划分开来，属于其中的后者。

城市公园在完全免费开放之后是否还要沿用这种分隔方式来处理公园和城市空间的交接地带呢？用当然可以，然而还是不用为好。首先，用了之后，会让游人在心理上对公园产生一定的距离感，也许会将一部分想进公园的游人拒之门外。这与公园所提倡的"平等享受绿色空间"的理念相违背。其次，一个空间与另一个空间交接的地带往往是最活跃的地带，具有一定的边缘效应，如果堂而皇之地将这种关系生硬地分隔开来，对于城市公共空间的利用率来说，无疑是一个巨大的损失，所以，开放式城市公园应敞开胸怀，让所有的城市居民平等愉悦地享受绿色空间。

这并不意味着开放式城市公园与城市的垂直界面应该毫无保留地全部去掉，前面论述的是一般意义上的处理原则。当然，在设计具体的案例时会遇到特殊的因素。例如，某边缘处的欣赏价值极低，影响游人游赏心情，必须用围墙和栏杆进行遮拦等诸如此类。

2. 入 口

公园的入口是公园给游人的第一印象，它往往是公园内在文化的集中体现。同时，公园的入口也是划分公园内外、转换空间的过渡地带，一般通过道路等级的降低、路面材质的改变、与自然地形地貌结合等不同方式，成为内外空间限定的要素。

城市公园入口根据不同的地位和位置一般分为主要入口、次要入口和园务入口三种。主要入口一般朝向市内主要广场和干道，通常选择人流量最大的地方，以方便游人进入公园。次要入口对主要入口起辅助作用，是供来自附近街坊的游人用的，为便附近游人进入，一般设在游人量较小但邻近街坊的地方。园务入口是为了方便园务管理上的运输和工作人员的出入，一般设在比较偏僻的、公园管理处附近的地方，并与公园中杂物运输用的道路相连，在这种入口空间的限定和处理上，中国古典园林有着自己独特的处理手法。

中国古典园林入口空间的处理传承了中国哲学思想的精髓，具有独特的艺术魅力，通常运用"欲扬先抑"的手法，将入口处理成曲折、狭长和封闭的空间，使之同园林的主要庭园空间形成鲜明的对比，借对比来获得庭园空间的扩大感，更好地烘托陪衬，突出园内主要空间和景点。上海的东安公园主入口就是一个典型案例，东安公园运用中国江南民间建筑的风格，在入口处设置了一组由洞门、透墙、水池、汀步组合的院落空间，运用"先抑后扬"的手法，让游人先通过曲折的水竹院、翠竹楼，再进入园内，入口空间形成了鲜明的对比。

虽然这种院落式入口空间形式具有丰富的空间体验，能产生"以小见大"的艺术效果。但是，随着城市规模的扩大和城市人口的剧增，城市交通的流量也大大增加了，城市公园的入口规模也应随之加大，以保证足够的空间让游人通过。同时，现代的城市公园入口也不再仅仅满足做为人们行动通道的功能，它还集娱乐、休憩、观赏等功能于一身，成为人们休闲活动的重要场所。所以，在公园这种人流量较大的活动场所，特别是公园完全开放之后，运用这种古典院落式空间处理手法是不合适的，而应采用国外公共空间常用的手法——设置开阔的广场空间，以起到对人流引导和疏散的作用。根据入口与广场的位置关系可将广场分为前广场和后广场。城市公园应该根据入口的地位和位置选择与之相适应的广场形式。

（1）主入口。建议在现代城市开放式公园的主入口设计上，弱化"入口"的概念，以免人流过多地聚集于此，产生滞留拥堵等现象。在空间处理上采用前后广场相结合的入口空间形式，将入口位置适当向园内移动，以留出足够空间作为公园前广场。前广场的设计应运用城市休闲广场的设计手法，同时结合公园的特色和文化，作为从城市空间到公园内部空间的过渡，同时成为城市广场的有益补充。这样，公园的主要聚散地就转移到主入口外的前广场上，还可以有效分流一部分只是想在公园内聊天、看书、等人等的游人，并为他们提供了一个极好的场所，缓解园内游人量的压力。还可以将公园内部的大型商业场地移到此处合理安排，减少公园内部的商业氛围，使公园内部环境更清静、自然。入口内广场应比外广场面积小，使其能融入到公园中去，主要发挥引导和分流作用。

（2）次入口。加强次入口的"入口"概念，以充分发挥其功能，缓解主入口人流量的压力。同时，为方便附近居民进入公园，应适当增加次入口的数量，同时也能减少部分游人在公园内闲逛逗留的时间，加速人流动的速度，减缓园内人流的压力。在空间处理上要根据各个次入口所处的位置、人流量的多少，而采用前后广场相结合或后广场的入口空间形式，主要起到集散、分流的作用。在设计中还应注意到不同入口应各具特色，不应过于雷同。

（3）园务入口。加强专用入口的隐蔽性，最好独立于其他入口，减少对公园整体性的破坏。在人流量较少时可关闭，当人流量增大时，也可作为临时疏散通道。

在入口设计时还应考虑到停车场的设置。为方便停车，停车场应设置在主入口附近，但又应与其保持一定的距离，以免产生混乱，无法保证游人的安全。同时，停车场还应与园内主要的功能区、道路保持一定的距离，以免对园内的活动产生干扰。

3. 公众参与

公众参与（public participation）是一种让群众参与决策过程的设计，公众参与的倡导者主张设计者首先询问人们是如何生活的，了解他们的需要和他们要解决的问题。

自20世纪60年代中期开始，公众参与在西方社会中成为城市规划的重要组成部分，经过半个多世纪的发展，公众参与机制在国外已经非常健全和完备。然而，公众参与机制在国内才刚刚起步，还未受到很大的重视。现在设计往往还是精英设计模式，这在客观上造成了对景观美学的突出追求，而较少关怀大众的实际需要。从公园的选址、定性、休闲娱乐项目的布局、服务设施的配套建设以及公园的经营管理，都缺乏一套完整的征求公众意见的政策和方法。

开放式城市公园作为现代人类的重要生活环境场所和精神寄托场所，其开放性就决定了每一个市民都是开放式城市公园的主人，都有权利享受公园内提供的各种服务和设施，这就更加迫切需要广大市民提出自己的想法和要求，将公园设计得更具人性化。同时，公众参与还会大大提升公众自身的园林审美趣味与欣赏水准，反过来影响设计师与建设者进一步提高园林创作水平，创造高品质的园林景观，使环境和人的关系更契合、更和谐。

在开放式城市公园的方案设计和选择时可考虑如下手段：设计前期开展深入广泛的公众需求调查；通过设计图纸和模型的展示吸纳公众建议；在方案的选择和决定阶段通过投票的方式赋予公众一定的决策权力。公众参与的渠道可多种多样，如问卷、采访、展示、座谈、意见箱、互联网等，应尽量调动居民的积极性。

4. 公众自助

人类具有对自然的本能依赖，这当然来自人本身的动物性；人类还具有对小农经济热情的回归，它往往体现在人们闲暇时对花草虫鱼的侍弄，以及从中获取的乐趣和身心的休憩。

传统意义上的景观忽略了人类这些本性，而仅仅停留在对环境的生态保护和艺术审美的层次之间，人们往往只是被动地接受而无法主动地参与和创造。在这个本性回归的时代，公众自助形式的景观在现代城市内应运而生。它的形式不拘一格，主要利用空闲废弃地块，由公众参与进行自主灵活的设计、种植、建造，不需要统一管理和投资。在美国的很多城市，这种被称为"社区花园"的绿色景观方兴未艾，人们在花园中划分出很多块土地，亲自种植，使它们形成符合居民意愿的绿色空间，并从中享受种植和收获的乐趣。

开放式城市公园应大力发展这一新型大众参与的活动形式，它一方面可以使参与的游人互相交流、共同合作。另一方面，它还能解决经济和管理的问题，使人们在劳动中获得乐趣，培养了爱护花草树木的意识。虽然，在中国这类设计案例出现并不多，但是在很多城市公园中开展的"绿地认领"活动也是在肯定市民参与绿地建设的积极作用。通过绿地认领可以将公众力量有效地加入到城市公共绿地的建设中来，并且增强使用者对公共绿地的归属感，自发地参与爱绿护绿。

5. 标识系统

开放式城市公园由于游人数量过大，管理人员相对较少，所以这种标识系统对游人的指导意义是非常重要的。标识系统可分为指示牌和标识牌，指示牌主要是引导、控制和提醒的作用；标识牌主要是起到加深游客对公园内某一景点或景物的文化内涵的理解，并使他们能更好地游览公园的作用。另外，公园的标识系统应该统一设计，形成与公园气氛和谐一体的、有个性的风格和色彩系列。同时还应该增加如求助电话、求助地点方位等信息，提高游人的安全意识。

除了这些常用的指示牌和标识牌外，城市公园绿地同时兼有防护与避难的功能。例如日本，由于存在火山喷发和地震的隐患，所以政府把建设城市公园置于"防灾系统"的地位，变成保护城市居民生命财产的避难所。而自从美国的"911"事件之后，各国的反恐意识就增强了很多，城市公园也承担疏散人员、应急棚宿的功能。所以，在公园里也应设置一些应急避难的标识牌，以增强公园的避难功能。比如，在北京大多数公园内的大面积草坪上面都标有应急棚宿区的标识牌。据了解，北京公园的这类标识牌都是政府部门统一规范的，以提高北京的紧急避难意识。这是非常必要的，应该在全国得到普及（图2-2-15）。

6. 配套设施

公园的配套设施不仅体现了公园整体的水平和质量，同时也是以人为本的具体实施。配套设施的设计主要集中在两个方面，一是数量上的保证，二是服务质量上的保证。

开放式城市公园由于自身的特殊性，对配套服务设施的要求较高。例如，为了缓解平时和高峰时段游人量不同对设

图2-2-15　日本某旅游标识牌（拍摄：王萍）

施需求的矛盾，公园设计中应该多考虑一些临时的、可移动的、可拆卸的设施作为两者的调和。并应在已有的管理用房设计中增加游客服务中心，其主要功能是为游人提供更加周到的服务，中心内设有广播中心，主要负责公园内的宣传和教育工作，同时也可以处理一些寻人、求助等紧急情况；设备出租中心，可以租用轮椅、座凳、雨伞、书刊杂志等一些便民设施；医疗救护中心，提供一些简单常用的紧急药品或便民药箱，能及时处理一些紧急的救护情况；意见投诉中心，主要是收集与整理游人向公园反映的问题，并尽快加以处理，增强公园的自我完善意识。

7. 无障碍设计

随着社会的发展、文明的进步，公共设施的无障碍性问题已成为世界范围内越来越受到关注的社会问题。20世纪50年代末、60年代初，西方发达国家就开始意识到这一问题，并在公共场所设施的设计中强化和改善了公共设施的无障碍性。20世纪70年代以来，日本吸取了发达国家的经验，积极为老年人和残疾人探索并提供便利的物质环境条件，提高这部分人的自立程度，使他们的生活圈子大为扩展。我国自20世纪80年代起开始这方面的努力，颁布了《方便残疾人使用的城市道路和建筑物设计规范》（JG50—88），发行了有关无障碍设施的通用图集（88J12），并在北京、上海、南京、广州等城市，对一些公共设施进行无障碍改造，因为认识和观念上的落后，这些公共设施进行无障碍改造仅仅局限于部分医院、学校、图书馆、车站大厅等公共建筑或公用设施，很少涉及到园林的规划设计和建设，直到后来人们才逐渐认识到：城市公园设计应当更加深入和细致地考虑不同类型游人的需求，特别是老年人和残疾人。

从现有的资料看，无障碍设计就其本身而言并不复杂，也没有什么深奥的理论，更不妨碍总体设计布局，而且可以做到基本上不增加太多的造价。关键问题之一就是全社会没有形成一种关心和爱护残疾人士和老年人的思想认识。其次是规划设计人员的无障碍设计意识，以及实施过程汇总细部构造的处理。下面笔者就所调查的问题和一些专业设计理论来谈谈城市开放式公园的无障碍设计应注意的方面。

（1）无障碍性，指园林环境中应无障碍物和危险物。这是因为许多人由于生理和心理条件的变化，自身需求与现实环境常产生距离，随之他们的行为与环境的联系就发生了困难。也就是说，正常人可以使用的东西，对他们来说可能成为障碍。因此，作为园林规划设计者，必须树立以人为本的思想，更要对弱势群体给予足够的关心，设身处地为老弱病残者着想，要以这部分使用者的实际活动需求为基准，积极创造适宜的园林空间，以提高他们在园林环境中的自立能力。例如过陡的坡道，对于下肢残疾、行动不方便的人士，就会带来不便甚至危险。

（2）易达性，指园林游赏过程中的便捷性和舒适性。老年人和残障人士行动较迟缓，因此要求园林场所及其设施必须具有可接近性。为此，设计者要积极为他们提供参加各种活动的可能性。从规划上确保他们自入口到各园林空间之间至少有一条方便、舒适的无障碍通道及必要的相关设施，并保证他们通过付出生理上的努力能得到心理满足感。

（3）易识别性，指园林环境的标识和提示设置。老年人或者残障人士包括儿童由于身心机能不健全、衰退或者不成熟，感知危险的能力差，所以即使感觉到了危险，有时也难以快速敏捷地避开，或者因错误的判断而产生危险。因此，缺乏空间标识性，往往会给他们带来方位判别、预感危险上的困难，随之带来行为上的障碍和不安全。为此，设计上要充分运用视觉、听觉、触觉的手段，给予他们以重复的提示和告知。并通过空间层次和个性创造，以合理的空间序列、形象的特征塑造、鲜明的标识示意以及悦耳的音响提示等，来提高园林空间的导向性和易识别性。

（4）可交往性，指园林环境中应重视交往空间的营造及配套设施的设置。老年人和残障人士愿意接近自然环境，其中一个重要原因，是可以消除一些孤独感和抑郁感，宣泄一下心中的急躁烦闷。因此，在具体的规划设计上，应多创造一些便于交往的围合空间、休憩空间等，便于相聚、聊天、娱乐和健身，尽可能满足他们由于生理和心理上的变化而对空间环境的特殊要求和偏好。

（5）园路，路面要防滑且尽可能做到平坦、无高差、无凹凸。必须设置高差时，高差值尽量偏小。路面宽度应保证轮椅使用者与步行者可错身通过。另外，要十分重视盲道运用的诱导标志的设置，特别是对于身体残疾者不能通过的园路，一定要有预先告知标志；对于不安全的地方，除设置危险标志外，还须加设护栏，护栏扶手上最好应注有盲文说明。

（6）坡道和台阶，坡道对于轮椅使用者尤为重要，最好与台阶并设，以供人们选择。坡道要防滑且要缓，纵向断面坡度尽可能小。坡长超过 10m 时，应当在中间设置一些休息平台，方便残障人士停顿休息。台阶踏面材料要防滑，宽度要大，高度要小。坡道和台阶的起点、终点及转弯处，都必须设置水平休息平台，并且视具体情况设置扶手和照明设施。

（7）厕所、座椅、小桌、垃圾箱等园林小品的设置要尽可能使老年人和残障人士容易接近并便于使用，而且不应妨碍视觉障碍者的通行。

8. 安全与维护

公园的安全性是公园活力得以保证的一个必要条件，不能给人安全感的公园是不会有人去游玩的。那么什么是一个公园的安全呢？什么样的公园才能让人觉得安全呢？在《大众行为与公园设计》中作者阿尔伯特·J.拉特利奇（Rutledge，AlbertJ）（美）写道：公园的"安全点"就是既能让人观看他人的活动，又能与他人保持一定的距离的地方，从而使观看者感到舒适泰然。如果观看者的位置位于被看者中，观者一定会感到心神不宁。

在公园与开放空间的使用中，安全无疑是至关重要的。许多城市公园的衰落，在很大程度上是因为人们开始认识到，它们不具有安全的环境。此时，公园将处在一种不闻不问的状态，一种逐渐恶化的表象带来了人们感觉上的和事实上的对安全的担忧，它反过来又导致了公园的低使用率。解决这个问题的方法，也许并不是增加更多的保安措施，而是要求设计者着眼于如何提高公园的利用率，认真研究私密性与隐蔽之间的平衡，创造出方便使用的活动设施和健康繁荣的场所。

2.2.3 城市步行街规划设计

2.2.3.1 透视步行街

步行街源于西方国家，由于城市化和汽车工业的发展，大批城市居民选择到郊区居住。为了恢复城市的活力和防止城市生态环境进一步恶化，政府规划出一片安逸、繁华的购物娱乐场地，这就是最初的步行街。

步行街是整个经济社会进步的客观结果，是城市化不断推进和城市发展现代化的必然产物，是城市居民生活质量不断提高的要求，是城市环境迅速改善和回归自然的需要，是全球汽车时代对汽车的异化而出现的一种特殊的现象。因此城市步行街的出现和发展是城市发展的选择，为居民提供了一个相对安静的适合于购物和休闲的环境。

现代步行商业街兴起于20世纪50年代以美国为首的资本主义国家。

第二次世界大战后，以美国为代表的经济发达国家，随着经济的复兴和迅速发展，城市化进程加速，城市建设日新月异。各国和各地城市呈形态的多样化，城市与科技发展相适应，逐步迈向现代化，城市居民的生活水平迅速提高，对生活质量的要求越来越迫切。

与此同时，城市的发展出现新现象和新问题，主要是城市膨胀、城市交通拥挤、城市环境质量下降。部分城市居民开始迁居郊区，以寻求更高的生活质量。城市中传统的、文化色彩浓重的街巷被宽广的水泥路所代替，汽车成了城市的主宰。在这股潮流的冲击下，为适应居民的需要，一方面经济发达国家兴起了购物中心郊区化的浪潮。在新的城市郊区建筑大量的、规模巨大的商场或新的商业模式，如仓储式商场，以满足郊区住户或有车族的购物需要。另一方面，极力复兴老城区的繁荣和活力。为了解决商业中心交通拥挤、空气污染、环境恶化等问题，建立在城市中心区，尤其是老城区的商业步行街应运而生，并不断掀起高潮。现在郊区也开始随着居住区一起兴建商业步行街。

柏林从1971年开始，原西德领土范围内，就已经有134条步行街，到1973年增加到220条，到1976年已经有了340条之多，到20世纪90年代，欧洲一些城市到中午进行交通管制，使之成为"徒步城"（CAR FREE CITY）。法国巴黎的香榭丽舍大街、美国纽约的百老汇大街、日本东京的银座、浅草商业街等都是闻名于世的步行街。德国斯图加城市的考尼格夫街，被称为是"步行者的天堂"。

到了20世纪80年代，我国才开始建设现代商业步行街。在世纪交替之际，我国许多城市纷纷规划和建设步行街，成为城市建设和更新的重要内容和方面。全国从南到北、从东到西、从大城市到小城市甚至县城、从中央直辖市到县级市都致力于建筑步行街。步行街的建设一浪高过一浪，大大小小、长长短短的步行街像雨后春笋般地在沿海之滨、大江南北生长起来。据粗略计算，全国已有上百条大大小小、风格各异的步行街，已经成为城市耀眼的风景线。

1999年9月，北京市改造后的王府井步行街（长810m）以一种新的姿态向世人展现了作为首都和未来的国际大都会的现代步行街的风姿，迎来了国内外的游人。不久，王府井又进行第二期工程，向北延伸340m，总长度达1150m，成为当时全国长度第三的步行街。

上海市南京路是闻名国内外的商业街，上海黄浦区对它进行了改造，成为一条名副其实的步行街。改造后的南京路（长1033m）商业街，是中国最早开业的步行街，也曾风靡一时，同它旧时的南京东路一样，吸引众多的游人和购物者，赢得国内外的不少赞誉。南京路也曾号称是中国最长的商业步行街。

天津市对靠近海河的百年商业老街——和平路进行了改造，使之成为一条长1240m的欧式商业街，且与滨江道步行街相连，形成了T字形的天津步行街，全长超过2100m，以期夺得全国步行街长度之桂冠。

广州市的步行街是全国最多的。最早开通的是北京路。广州市确定将北京路、教育路一带规划为"广州北京街商业步行区"，于 1997 年 2 月 8 日正式开街。

1999 年开通的下九路第十甫商业步行街，长 800m，号称广东省最长的步行街，两边 200 多家店铺的建筑风格丰富多彩，分别采用骑楼、山花、女儿墙、罗马柱、满洲窗、砖雕、灰雕等建筑头饰手法，再现了 20 世纪二三十年代盛极一时的"西关风情"。当地政府计划用 5 年时间，将广州市第一条商业步行街建成为一个国家级的旅游景区。

成都市借鉴德国慕尼黑的"津森十字"步行街模式，以位于市区繁华地带的春熙路为中心逐步改造，从"一字形"的步行街改造成为"丰"字形的步行街，最后形成为"田"字形的步行街，别具风格。用当地的人的话描绘，这就是"哑铃"商圈"相亲"的纽带。这条迂回曲折的步行街，将改变成都市"一层皮"的氛围，使得主街干道上旺盛的商业气氛向四周的胡同漫延，提升附近小街小巷的商业气氛。

长沙市步行街的兴建，被认为是具有划时代意义的，它的出现结束了湖南省无步行街的历史。这条步行街是由具有上百年历史的黄兴南路改造而成。黄兴南路位于市中心，历来都是当地商家云集之地。改造后的黄兴南路步行街全长 800 多米。

郑州市德化街地理位置优越，商业历史悠久，郑州市投资 1 亿多元，对其进行改造和建设，将其建设成为"中原第一街"和郑州的"王府井"，长 600m，宽 20m，沟通火车站商圈、敦睦路银基商圈和二七广场商圈的走廊。

此外，昆明、沈阳、南京等大城市以及一些中小城市近几年都在大力规划和建设步行街，如南京市的夫子庙秦淮河步行街、昆明市东西寺塔文化步行街、韶关市的天天步行街、宁波市的鼓楼步行街、洛阳市的上海市场步行街、牡丹江市的东一条路步行街、东营的新世纪商业步行街、淄博市的周村商业步行街、邯郸市商业步行街。

中国的步行街建设方兴未艾，正在掀起一个又一个的高潮，构成今后城市发展和建设的一个重要内容。

2.2.3.2 城市步行街的作用

步行街的功能已经不同于一般的街道，同一般的商业街也有所不同，它的功能更丰富、要求更高。

1. 经济功能

从城市发展来说，其主要功能是经济功能，经济是城市发展的基础，而步行街主要担负发展经济的任务；从空间结构来说，城市的主要活动是商业活动，所以，步行街的主要功能是进行商业活动，强化了商业功能，弱化了交通功能。商业步行街往往带来生意的兴隆和经济的发展，这在我国城市商业步行街的开街中得到证实。所以，许多步行街被称为商业步行街。

2. 文化功能

经济与文化是密不可分的，经济中蕴含着丰富的文化，人们游览步行街不仅是为了满足购物的需要，或经济上的需要，也是享受文化熏陶。当然文化是丰富多彩的，商业自身的文化、饮食文化、建筑文化等，步行街的文化设施和文化活动都是一种文化。文化活动越丰富，就可能有更好的人气，就能促进商业的繁荣。

3. 休闲功能

游览步行街与一般购物不同的是，一般购物其目的性很明确，是任务性的，在许多情况下是个体完成的、一次性的活动，而游览步行街是复合性的，是相互诱发的，既是多目的性，又是无目的性，或者说是购物中寓休闲或休闲中寓购物，有人以休闲为主，又有人以购物为主。同时，步行街上的购物或休闲行为表现为以家庭为单位，是一种群体消费活动。

4. 娱乐功能

许多步行街设置现代的娱乐设施，既适合年轻一代的需要，又有适合老年人休息和活动的设施，通过步行街可以得到充分的消费和享受。

5. 保护功能

中国的步行街不同于许多发达国家的步行街，中国许多城市特别是大城市都有悠久的发展历史，而步行街是通过对旧地更新而建设的，实际上，步行街就是对城市历史的保护，包括具有悠久历史的商店、字号、街区以及以它们为依托的文化遗产的保护。

6. 环保功能

工业化时期，城市建设和商业发展对环境的破坏是有目共睹的。所谓"闹市"，就是说，"闹"和"市"总是联系在一起的，无市不闹、不闹无市。步行街的兴起改变了这种状态，步行街两旁繁茂的行道树、街中心的花坛、品种繁多的观赏植物以及颇具吸引力的街景小品等，不仅为步行街添色，而且创造了一个舒适优美的生活环境，形成绿色的商业活动和环境。

2.2.3.3　城市步行街的类型

步行街是一个统称，其实存在许多类型。从形成基础和建设过程来看，有的是以传统的商业中心和古老街区为基础，通过改造更新而成，我国绝大部分步行街属于此类步行街。有的完全是新规划和建设的新区或商业中心区。如北京的王府井、上海的南京路、广州的下九街、哈尔滨的中央大街，或当地政府通过步行街形式，复兴传统商业活动中心，如北京的琉璃厂、南京的夫子庙等。

因此，现代步行街是传统与现代的结合，悠久的商业文化与现代的绿色文化的结合，促使现代商业文化朝着有利于社会经济可持续发展的方向迈进。

从形态上分，有的是完全敞开的，有的是完全封闭的或室内的，有的是半封闭、半敞开的。现有绝大多数的步行街是完全敞开式的，如北京的王府井、天津的金街，与大自然融为一体，街道两边的树林既是游客歇荫的地方，又是人们休息的场所，天人合一；也有少数是封闭的或室内的，典型的是福州的中亭街步行街，街道两边的拱廊将一家家店门连接在一起。绵延数百米上千米。当然，还有半封闭、半敞开的。敞开与封闭当然与当地的气候条件和购物习惯不同有关。

从功能上分，有的以购物为主，步行街上商店林立、字号众多、商品齐全，商业设施完善，购物环境良好，购物十分方便。一般人流如织、灯火辉煌、汇聚人气，是城市中最繁荣的街区，往往地价昂贵、寸土寸金。同时，辅之以一定的文化娱乐设施和服务设施，在购物之余，满足人们文化娱乐和休闲的需要。有的以休闲娱乐为主，称休闲型步行街，主要是满足居民休闲和文化的需要，同时可以购买所需要的商品或得到一定的经济服务。

当然，功能类型不同，步行街的主体会有所区别。

商业和交换仍然是目前城市的主要功能，商业可以带动整个城市经济的发展，创造更多的就业岗位，促进城市经济的繁荣。同时，对多数城市来说商业仍然有较好的基础。但是，随着城市经济的发展、居民收入的增加、生活内容的丰富、生活质量的提高，购物不仅仅是一种商业行为，而且是一种文化享受，是接触社会、陶冶精神、展示风貌的活动。所以，在满足购物需求的同时，必须考虑到满足其他方面的需要，所以，建设商业步行街时需要考虑其他功能。商业步行街应是集购物、美食、休闲、娱乐、游览、文化为一体的商业风景街，是文化街、休闲街。

从建筑上分，有的以中式、古式建筑为主，甚至以原有建筑为基础，建成清风一条街、唐风一条街，古色古香，显示其特色和风格。当然，也有有的以现代建筑为主，如西式建筑等。

步行街不在于类型或式样，重要的是个性和特色。虽然步行街的基本功能是一致的，但是处在不同地区和城市的步行街，由于地理位置、民族特点、历史传统、气候条件等的不同，所以也应该是丰富多彩、五花八门、各具特色的，特别是空间布局和建筑设计，最能体现特色。

无论是整体布局、建筑物的组合、搭配，还是建筑物的外墙立面、街道的亮化工程、每个商业门面、街区广告招牌、街道雕塑小品等，都不仅应该是各式各样的，而且是相互和谐的。既然步行街是城市的名片，那么应该是各不相同、各具特色的。

2.2.3.4 城市步行街的发展趋势

发展和建设城市步行街是新世纪中国城市发展和建设的重要内容和项目，但是这并不等于步行街发展得越多越好、越快越好，或越大越好。

对一个步行街来说，长度和面积固然重要，但是更重要的是效益，特别是经济效益。步行街不是为了耀眼，而是为了取得实实在在的效益，求得经济效益、环境效益和社会效益的统一。只有使商家能获得较高的经济效益、才能吸引商家进驻步行街，从而使步行街不断兴旺发达。步行街的知名度也不在长度和面积，而在于其特色和作用。

这里需要强调三个重要的问题：一是步行街的规模；二是步行街的结构协调；三是步行街的管理体制。

关于步行街的规模。建步行街，不存在城市等级、类型和规模的限制，更不存在"专利"。大城市、特大城市可以建，中小城市也可以建，县城也可以建。其建设规模不可能统一规定，完全根据需要和可能。必须坚持实事求是，从城市的经济实力和财力出发，量力而行，面向城市居民，逐步建设和发展。

规模应适度。过长过宽的步行街都不能产生最佳的效益，甚至会产生负面影响。过长，容易导致游客疲劳；过短、过窄容易产生拥挤。同时，步行街的长短、规模都因城市、功能、结构的不同而有所区别，不可能有统一的标准和规定。但无论如何不能因为创"第一"或"之最"而人为地、无限制地延长和扩大规模。有专家经过研究提出，一般而言，完全封闭式的室内步行街应当比半封闭的短，半封闭的应当比完全敞开式的短。具体数据是，完全封闭的商业步行街比较合适的长度为 750m 左右，以游客步行 10min 为宜；完全敞开式的商业步行街比较合适长度为 1500m 左右，以游客步行 20min 为宜；而半封闭空间的概念相对宽松，一般而言，半封闭空间长度应该是在 750m 到 1500m 之间，步行时间则在 10 ～ 20min 之内。宽度要充分考虑两侧建筑的高度，一般与建筑物的高度一样，不能小于建筑物高度的 1/2，也不宜超过建筑物高度的两倍。因此，步行街两侧不适宜建高层建筑。有统计数据表明，美国商业步行街的长度多在 700m 以内，日本步行街的长度也多在 600m 以内，法国、德国等欧洲国家的商业步行街的长度多在 900m 以内，宽度多在 10m 以内。

关于步行街的结构。步行街是经济、社会、文化、空间的集合体，既存在盘根错节的外部关系，又存在错综复杂的内部关系。步行街的建设和发展，必须了解和分析这种复杂的内外部关系，并且根据城市的特点和具体情况，作出正确的安排和处理。

城市步行街虽然很重要，发挥着特殊的作用，但是步行街只是城市街区和商业中心的一个组成部分，它不能代替其他街区和其他商业区，更不能覆盖整个城市，所以，步行街要与其他街区和商业区协调发展。任何步行街，都是处在特殊的经济、社会和生态环境之中，必须协调发展，处理好与环境的关系。重视环境建设，从市政道路、商业门店、市容环境、园林绿化、道路交通、街景亮化等方面进行整体设计，精雕细琢，使步行街成为流光溢彩的美景，体现现代绿色商业文化和城市文明（图 2-2-16 ）。

内部的结构协调更是重要。步行街是集多功能于一体的综合性区域。因此各个领域、各个方面都需要协调，照顾到各方面的需要和利

图 2-2-16 商业步行街效果图（出自广州喆美园林景观设计有限公司）

益。但是一些步行街存在顾头不顾尾的情况，突出一方面，而忽略了另一方面，或者没有停车场，进出交通很不方便；或者没有或很少的公厕，让人很不方便，空间安排不当，没有让人休息的地方；或只植草坪，而树木过少，夏天过于暴晒；或只注意休闲娱乐，不方便购物，使商家生意不好；或只注意主体工程，而基础设施建设不配套，给步行街的商家和游客带来不便。如此等等都是在步行街规划和设计时缺乏全面的考虑和安排造成的。

关于步行街的管理体制。步行街是城市中的一个具体街区，一般都是属于城市中的区一级管理，但是它的功能和活动却波及全市，甚至更大范围。所以，步行街由谁来管理和投资，各个城市做法不同，特别是城市步行街的规划。有的城市在邻近的区内同时设计几条步行街，造成相互竞争的态势，影响步行街的效果，也不能集中财力和物力去首先建设好一条或两条步行街。甚至造成不必要的浪费。所以管理体制是一个重要的问题。

步行街在大城市出现，以其功能齐全、环境优美、生活方便，并同时满足人们购物、休闲、餐饮、娱乐、旅游观光等多种需要，而成为大都市的商业窗口。但是，在一些中小城市所建设的步行街，却具有很强的跟风性质，人们把它作为一种时尚、一种政绩进行追求，有街无市、缺少人气，成为一个比较严重的问题。所以，一方面要大力支持和促进城市步行街的发展，另一方面要迅速加强针对步行街建设的研究和交流，以正确引导城市步行街的健康发展。

2.2.3.5 步行街的设计原则

步行街成功与否，交通问题是关键。设计中应考虑步行街所在的地段、全城的交通情况、停车的难易、路面的宽窄、投资渠道和居民意向等因素。另外，还应考虑自行车与公交换乘的停车场，在这种规划下，远期可考虑设置小车与中巴车专用道，使公交与自行车联系更密切。在步行街旁增加城市支路，引导非浏览、非购物人流通过，作为它的辅助道路进货，也可作为步行街的疏散道路和消防通道。即：人车分流，以汽车道（仅考虑公交线路、专用车辆、必需的货运等）为联系路，与城市道路网相连，以自行车步行道为内核，形成独立网络状，加上必备的环境设计，可形成环境质量高，集购物、娱乐、文化、饮食为一体的城市新型商业步行街区。

1. 完整的空间环境意象

美国著名城市设计理论家凯文·林奇在《城市意象》一书中提出了构成城市意象的五个要素：道路、边界、区域、结点和标志。实际上就是人们认识与把握城市环境秩序的空间图式。林奇把道路放在各要素之首进行描述。从城市设计角度看，街道的意象是建筑和街区空间环境的综合反映，高质量有特色的街道空间环境比建筑更宜体现街道特色，街道的意象特色依赖于空间环境特色。

（1）道路。作为城市商业环境中的道路，其作用体现为渠道（人、车的交通疏散渠道）、纽带（联结商店、组成街道）、舞台（人们在道路空间中展示生活、进行各种活动）。规划中道路与两边建筑物的高宽比以 $H/D=1$ 为主，穿插一部分 $H/D=2$ 的建筑。这样的空间尺度关系既不失亲切感，又不显得过于狭窄，从视觉分析来看是欣赏建筑立面的最佳视角，容易形成独特的气氛热闹的空间。

（2）区域。作为城市中心区，由于城市商业活动本身的"集聚效应"，公建布局相对较为集中，由于人们生理与心理因素的影响，步行街长度取 600 ~ 800m（即城市主干道的间距）为宜。加上购物的选择性与连续性、销售的集合性和互补性，最终形成集中成片的网络化区域系统。

（3）中心。中心即一定区域中有特点的空间形式，结合步行街的特点，规划为 1 ~ 2 个广场，可作为步行街的中心、高潮，为其带来特色与活动。

（4）标志。对于商业步行街，入口的重要性在规划中应充分考虑。在连接城市主干道的地方设置牌坊等作为步行街的入口，大量的人流由此进出，不许机动车辆进入。入口处设灵活性路障或踏步，并设管理标志符号。由于它起着组织空间、引导空间的作用，街道形成了第二个没有屋顶的内部空间，既起到框景作用，其本身也是街道空间中的重要景观，是整个街道空间序列的开端。既可适应市民的心理需求，给人们以明显的标志，还可突出历史文化名城的风貌。

2. 丰富的空间形式

城市是人类文化的长期积淀，并以一定的物质空间形式表达其文化特征。现代城市追求适居性的空间环境，追求界定鲜明、比例适宜的积极空间。它能有效地渲染出不同的环境气氛和空间特色，是一种内在的构成要素，其表现力和感染力丰富而深刻。如美国的明尼阿波利斯市的尼克雷特步行街，以匠心独具的空间特色使美国第一个步行街建设获得了成功。设计者以集中人行活动区为指导思想，把街道做成弯弯曲曲的蛇形道，加上统一设计的街道家具，创造了具有强烈动感和节奏感的街道空间，成了美国步行街竞相效仿的佳作。

步行街区建筑内外的界线可以是虚的、可穿透的和不定的，并有一种向内吸引的感觉，也体现了我国传统空间特征中"虚"的意境。

步行街区的布局形态可以是丰富多变的：①线状沿街道布局——店铺沿街道两侧呈线状布置，鳞次栉比、店面凹凸，街道空间呈现一定的不规则状，如北京琉璃厂、天津古文化街（图2-2-17）；②线面组合布置——大都由商业步行街与路段上某些商业地块联系起来，形成组合布局，如合肥城隍庙商业步行街；③面状成片布局——商业街区在城市主干道一侧集中布置，形成网状形态，如上海城隍庙（图2-2-18）、南京夫子庙等。根据我国的功能和环境要求，步行街可分为多种形式：封闭式、半封闭式、转运式和步道拓宽式。

图2-2-17　天津古文化街

图2-2-18　上海城隍庙

随着历史的发展，城市步行商业街的空间形式发生了很大变化，正向多功能、多元素的公共建筑发展。但在顺应社会潮流而使步行街朝现代化发展的同时，也应保留其自身应有的传统空间与风貌。可规划设计适合当地文化特色的骑楼、过街楼、庭院式商店布局、室内步行街等，以建构一种综合性很强的步行购物系统，使城市空间具有历史的延续性，以提升其价值内涵和深层意义。

3. 独特的景观构成

步行街具有独特的构成因素，这些因素也是满足现代城市生活的需要，构成城市环境风貌的组成部分。步行街由两旁建筑立面和地面组合而成，其要素有：地面铺砖、标志性景观（如雕塑、喷泉）、建筑立面、展示柜台、招牌广告、游乐设施（空间足够时设置）、街道小品、街道照明、邮筒、休息座椅、绿化植物配置和特殊的如街头献艺等活动空间。最关键的还是城市环境的整体连续性、人性化、类型的选择和细部。

2.3　城市滨水区景观设计

2.3.1　城市滨水区概念

城市滨水区是城市中一个特定的空间地段，指"与河流、湖泊、海洋毗邻的土地，或建筑、城镇临近水体的部分"，即城市中陆域与水域接壤的区域。它是以水系为中心，相

图 2-3-1 西安园博园借渭水河造景（拍摄：王萍）

对于周边实体界面而存在的一个空间场所，是一个包括多方要素的系统。在这里水体和陆地交相辉映，共同构成环境的主导要素，成为特殊的城市用地。由于水陆交界的优势，而使其具有多样发展的可能性（图 2-3-1）。

2.3.2 城市滨水区空间特征

滨水空间特征主要表现为开放性、多样性、可达性、识别性和效益性等特征。

1. 开放性

作为城市的开敞界面，城市滨水区综合了原有的建筑和城市空间，保持城市中心景观在视觉上的通透与开敞，使其成为城市生活景观的延续及城市公共空间的有机组成部分，与城市融为一体。

2. 多样性

在城市滨水区进行综合性社区建设，形成多样的用地平衡，多样化的功能娱乐、休憩、赏景、贸易、码头等，准确地提供丰富的连续印象和宜人的体验，增强滨水区的吸引力。

3. 可达性

在自然形象中很少有像水体这样具有莫大的吸引力，通过设计提供通至滨水区域邻水路的游憩步行系统，让市民真正享受到清新宜人的景观和邻近水面的乐趣。其中最重要的是"亲水性"的设计，以体现出滨水空间与其他城市空间的差别，充分满足游人的心理和行为需要。

4. 识别性

作为城市边缘地段的滨水空间被认为是塑造城市形象的特殊场所，使自然环境和人文环境得以延续和拓展，从而增强了城市的可识别性，成为城市的"窗口"和"门户"象征。

5. 效益性

滨水岸边恰当的土地利用规划（滨水广场和绿化）和道路规划（滨水大道的建设）也能增加对资源的利用，从而提高地产价值和增强当地政府的财力，并带给城市更多的投资。

2.3.3 城市滨水区设计要素

2.3.3.1 人文要素

城市滨水区往往是城市历史和文化积淀最深厚的地方，这里展示了城市的历史文脉，体现了城市景观的场所精神和美学意境。

1. 历史文脉

城市滨水区的历史文脉和对传统文化的感知是人文要素的根基，是保持滨水区特性的

"魂"。现代城市滨水区设计展示了历史的、民族的、地方的根基和"魂"，它需要人们去听、去看，更需要用心灵来感悟、挖掘其文化含义，倾听熟悉的"乡音"，体会滨水区的历史连续感和乡土气息（图2-3-2）。

图 2-3-2　广州荔枝湾（拍摄：朱凯）

2. 场所精神

场所精神是一切设计活动内在的文化需求，它是滨水区人文要素的主要内容之一。场所精神表达着自然景观与人工景观之间能量与感知的交流。与外在实体空间相比，场所精神更为重要，它是城市滨水区设计行为的实质，也是设计者追求的空间理念。

城市滨水区具有归属感和文化意境，它们是空间形式背后的精神。每个场景有一个故事，其涵义与城市历史、传统、文化、民族等一系列主题密切相关，这些主题赋予城市滨水空间丰富的意义，使之成为人们回归个性、寻觅旧日记忆的场所。特定的地理条件、自然环境以及特殊的人文精神构成了丰富多彩的场所空间。这种独特性为场所营造出一种整体美感和氛围。可以这样说，场所是因物质环境的差异与自然条件的限制，以及人对周围环境、建筑不同的认识所形成的整体。可见，滨水区场所精神是一种总体气氛，是人在意识和行动参与的过程中获得的一种场所感、一种有意义的空间感（图2-3-3）。

3. 美学意境

滨水区中动静结合与"时—空"综合艺术的内在表现要素，即美学意境。将诗画艺术融入于滨水区中，形成所谓的"诗情画意"从而提升景观品质，具有点化景观、美化景观、升华景观的效应。"意境"是高层次的思想与内涵的表达，由"物境"到触景生情的"情景"，再到由情悟义的"意境"，是一种由"物境"到"意境"的超越，产生从视境到悟境的心理过程。可见，美学意境是滨水区景观创作和构思的重要组成元素（图2-3-4）。

图 2-3-3　瑞士苏黎世湖（拍摄：胡林辉）

图 2-3-4　荷兰阿姆斯特丹（拍摄：胡林辉）

4. 人文景观

城市滨水区是人们向往的活动场所。人们的活动也是城市滨水区内一道靓丽的风景线。在城市滨水区经常进行的活动有以下几类：

（1）休闲活动。人们晨练、散步、下棋、放风筝、钓鱼、戏水的身影，在滨水区内随处可见。

（2）节庆活动。节庆文化活动，因其人文背景强，具有突出的特征，往往成为一个城市最具代表性的活动景观，能够吸引八方游客，促进人际间的经济交流、文化交往，成为城市发展的一种动力。城市滨水区由于具有开阔的视野和优美的景观，往往成为举行这些活动的首选之地。

（3）教育活动。水体对广大城市居民，尤其是中小学生来说，又是一块教育基地。把滨水地区作为科普观察的自然场所，通过实地的学习让孩子们切身体会到水体对人类生存的重要性，已经成为滨水区可持续发展的一个重要环节。

（4）观光活动。对外地观光客人而言，滨水区是最能反映城市风貌、民俗特征的地方。游人在这里获取丰富的信息，能够形成一种久久不能忘怀的强烈印象（图2-3-5）。

图2-3-5　莱茵河畔滨水区（拍摄：胡林辉）

2.3.3.2　生态景观要素

1. 天际线

城市天际线是城市滨水区的构成要素，也是建立城市印象的起点和最重要因素之一。在大多数情况下，滨水城市的天际轮廓线不是平面的白描，它是有层次的，分为前景的天际线和背景的天际线。前景天际线是近水的，以水平构图为主的，强调适宜的尺度和亲切性，注重与沿岸植被和水景相互协调，避免对沿岸的人群造成压迫感。背景的天际线可以依据具体的环境作竖向的构图，体量和尺度突出挺拔和宏伟的气势。从视觉角度看，前景的天际线被包括在背景中，我们对城市天际轮廓的印象多半是来自后者。

2. 水际线

"水际线"一词借用了天际线的用法，水际线是水域与陆域的交界线，其实就是限定水体空间的物质界面，即滨水岸线。天际线是滨水空间的顶界面，水岸则是滨水空间的底界界面。

水岸是一种独特的线性景观，它是滨水区最富戏剧性的地方，也是防洪、护坡、选景、游憩等多种功能交织的场所，是城市滨水景观中重要的特色要素。水岸的竖向特征决定了水岸景观的敏感度，它具有较强的视觉冲击力，是陆地对水体的表情。

3. 水体景观

水体是非常活跃的构景要素，"景因水而活"，季节更替和环境变化会使静水表现出变化无穷、朦胧通透的色彩感，任何外力都能使静水呈现出涟漪或波浪，产生波光粼粼的效果；水面的倒影、反射、投影可以丰富城市滨水景观的层次感，点缀与映照周围景观，产生令人意犹未尽的景致。

水体的景观特性包括意境与情绪，音响与声效，可塑造性等。水的审美特性主要包括"流动——生生之美"，"晶莹——空翠清纯之美"，"虚灵——飘逸洒脱之美"，"清音——

律动音色之美"，以及"创生——环境创造的集成之美"等。

城市滨水区规划设计的主要任务之一就是使水的视觉功能和使用功能得到最充分的利用。充分了解水的各种特性，有利于我们在规划设计中更好地加以运用和发挥。

（1）水的可塑性。水没有固定的形态，水体的形状是由容纳它的容器的形态决定的。所以，设计水体其实就是设计那个"容器"。

水也没有固定的状态，通常情况下，水以液体状态存在。北方天冷的时候冰天雪地，水体就会变成固体状态——冰。水还会有气雾之态，清晨时分，大面积的水面上会有雾气笼罩，仿佛人间仙境。

水本身没有颜色，但是经过对周围环境和景象的反射、透射和倒影，它就能展现出丰富的色彩。日本著名建筑师安藤忠雄在《从建筑周围》一文中写道"水是没有色彩的单色物质，但是水的世界却又无限的多彩"。

（2）水的流动性。水的静态是相对的，动态则是水的典型特性。流动的水，有着细碎的波纹，体现着光影的变化，变幻无穷，神秘莫测，让人百看不厌；流动的水，给人强烈的光感和体积感；流动的水，给静态、凝固的滨水建筑以动态的补充，动与静在此对话、交流，达到和谐和完美。从自然水体的流动，到人工的瀑布和喷泉，动水更具活力，也是人们的视觉焦点。喷泉是视觉上的一种朦胧的软隔断，在广场等公共空间中如果运用得当，可以有效地舒缓陌生人相互对视的心理压力。

（3）水的反射性。水面像镜面一样，能通过反射产生"虚像"，使得空间的深度、层次增加。水中的倒影能让人浮想联翩，具有很强的文化意味，如"水中月，镜中花"常被用来比喻虚幻的事物。夜色中的倒影更是可以衬托出"虚阁苗桐，清池涵月"的意境，光影可以塑造静水空间的飘浮感。假设滨河的建筑有两层，加上河面与道路的高差，屋顶至水面大约 7～9m，而水中又形成一个倒影，这就又多获得了一个层次，高差就达到了15m 左右。从单向度看，建筑、水面、倒影呈"圈形"与"背景"的反转关系，就形成了一个多层面、多意向的辗转于现突与虚幻之间的空间。

（4）水的声音性。水与自然界其他元素相比，最大的特点就是水是有声音的。水声是悦耳的，卵石堆成一片凹凸不平的石头地面，水由石缝中喷出再落下后发出嘈嘈切切的声音；涓涓的溪流在狭窄处通过水流速度变慢发出潺潺的声音；广场上的喷泉撒落在地上声如春日的丝雨；风起时候水拍石岸之声劈劈啪啪；雨落河塘之声、船过时摇橹之声、马达声等。这些来自水界面的声音已与水融为一体，相互渗透。无锡寄畅园从惠山引泉成溪，沿溪叠山作堑道，山石中发出不同音阶的水声，谓之"八音涧"，用以营造一方幽静闲适和高雅的水景。

（5）水的时间性。水是有生命的，它不断生长，循环无穷。它会随季节和时间的变化而变化。潮起潮落，水丰水枯，所谓"春来江水绿如蓝"，观察水的颜色，涨落可知日月星辰、时光飞逝。古时的人能看水而知季节，摸水而知天气的变化。水是空间的构成，亦是时间的纽带。

4. 滨水建筑

滨水建筑是滨水景观的基本构成要素。滨水建筑与滨水区的其他元素有三种组合方式：一是建筑以其硬质界面与其他元素直接；二是建筑通过滨水一侧的边庭、灰空间、开放空间等中介过渡空间与其他元素取得联系，形成围合性强的滨水建筑界面和连续的水域空间；三是建筑内部形成的院落，将其他元素包含在其中，确定空间的领域感（图2-3-6）。

5.滨水植物及绿地

滨水植物和绿地也是滨水景观的要素，水生植被由生长在浅水区和周围滩地上的湿生植物群落、挺水植物群落、浮叶植物群落、沉水植物群落共同组成。水生植被有重要的生态功能：水草茂盛则水质清澈、水产丰盛、水体生态稳定；水草缺乏则水质浑浊、水产贫乏、水体生态脆弱。水生植被在美化水体景观、净化水质、保持营养平衡和生态平衡等方面具有显著功效，由陆地到水体的梯度，分布着湿生植物、挺水植物、浮叶植物、沉水植物和飘浮植物（图2-3-7）。

图2-3-6 广州荔枝湾滨水建筑（拍摄：朱凯）

图2-3-7 世博后滩公园中水净化过程

（1）湿生植物。指能适应潮湿环境的植物，严格说它属于陆生植物，只不过它们喜欢或者能够适应潮湿的土壤环境，有些植物还能忍耐短期的淹没，他们生长在介于陆地和水体之间的湿地环境中，其中以莎草科及禾本科植物居多，有些灌木和乔水种类也比较常见。比如属木本植物的旱柳、垂柳、圆柏、侧柏；属禾本科的白芽；属草本科的水莎草、竹节灯的心草等。

（2）挺水植物。指挺立在沿岸浅水中的水生植物，这些植物通常体形比较高大，根和地下茎埋在水下的泥土中，上部茎叶伸出水面。挺水植物主要为单子叶植物，多属禾本科和莎草科及宿根性多年生草本植物。例如，莎草科的水葱、睡莲科的荷花、禾本科的芦苇等。

（3）浮叶植物。扎根于水底泥土中，具有细长中空的叶柄，叶片自然漂浮在水面之上。浮叶植物通常出现在挺水植物群落周围，分布在水深小于5m的亚沿岸带。睡莲、图茨、眼子菜等部是浮叶植物。

（4）沉水植物。扎根于水底泥土中，全部茎叶沉没在水下，对水深的适应性最强，它们能生长在挺水植物和浮叶植物群落中，也能在浮叶植物带深水一侧形成沉水植物群落。常见的有眼子菜科、水蟹科、金鱼藻科、茨藻科。沉水植物可以直接吸收湖水中的营养盐，降低湖水营养水平，抑制浮游藻类的生长。

（5）漂浮植物。漂浮植物的茎叶漂浮在水面上，根系悬垂于水中，常依附于挺水植物和浮叶植物之上，也能在水面比较平静的湖湾内形成群落。常见种类如凤眼莲，水浮莲、槐叶萍、满江红等。飘浮植物喜肥、耐污，多用于净化污水和饲料生产。

许多水生植物不但具有很强的观赏性，而且对水体还有降解和净化作用。

绿地空间是滨水景观的主要构景要素，它丰富的季相变化、多姿的植物形态、多样的园林造景手法，是提升滨水景观形象的出发点。滨水绿地空间往往被开发为滨水公园的形式，这一带状开放空间是城市中难得的连续步行带，同时又是城市重要的生态走廊。大规划的自然要素必然会提高整个滨水环境的质量，从而为人们亲水创造了最优越的条件。滨水绿地另一个重要的作用是可以净化水体。在滨水区布置大面积绿地有助于提高自然的渗透净化能力，减缓污染土壤对水体的威胁。大范围连续的、多层次的滨水绿化和优质的水体环境，为鸟类和水生动物提供了绝好的栖息地，从而提高了滨水地段的自然活力和生机，使水环境更具吸引力，也增强了不同滨水地段的地方特色和景观个性。

6. 桥

桥有联系两岸的功能，也可作为街巷的起点、终点或者标志，同样是人们认知环境的主要参照物，桥将滨水两岸区域有机地联系为一个整体，让人们体验行走在不同空间的感受。由于桥梁，人一方面归属于原本的统一整体中，一方面又在两个不同领域之间往返运动，可以同时感受内部和外部空间，开敞自由和闭合保护。正是由于两套空间系统的物质功能和社会功能在此交融、汇集、转化、消失，桥就显示出独特的意义。

桥是滨水区景观元素中最为特殊的构成要素。它是人们和自然共处的一种合乎逻辑的手段，既起到了"由此及彼"的作用，又不阻碍水流的通行。除了交通作用，桥还具有极强的景观效果，跨越在交通轴上的桥梁往往是城市景观轴线上的重要节点，在体现滨水城市的个性和城市活力等方面发挥着重要的作用。

7. 景观小品

以灯具、雕塑、山石为主的景观小品，是人工构筑于自然景观之上的艺术品。它反映了深刻的文化意蕴，是自然水景的升华（图2-3-8）。小品内涵的重要性不容低估，重要的雕塑有时和水景相映成趣，甚至可以成为国家或者城市的象征。例如，美国的自由女神和丹麦的美人鱼等。相对于大的空间范围，小品就是细部和"点睛之笔"。所谓"一叶落而知深秋"，小品往往可以体现整个环境设计的品位。

（1）灯具。它是以照明技术手段对滨水景观进行二次挖掘及艺术再塑造。良好的照明环境可以营造舒适、宜人的昼夜游憩场所，能够强化城市滨水区水际线和轮廓，展示丰富多彩的照明序列（图2-3-9）。

图2-3-8　佛山千灯湖前雕塑（拍摄：朱凯）

图2-3-9　佛山千灯湖灯具小品（拍摄：朱凯）

（2）雕塑。在现代都市空间中，雕塑作品作为人与空间环境进行交流的媒介和情感信息的载体，能够改善空间视觉质量，提高空间的文化品质，使空间变得更有意义。滨水区是城市的开放空间，具有单纯、空旷的背景，为环境雕塑的设置提供了良好的条件。滨水区通常是一个城市的起源地。悠久的历史凝聚了城市最主要的文化要素，深厚的文化底蕴为雕塑的创作提供了大量的素材。

（3）山石。它是塑造滨水景观的骨架，其多变的布局、大小各异的体量和千姿百态的形状，能够再现自然并且构成拟自然的山水景观。

图2-3-10　东濠涌古朴的座椅（拍摄：朱凯）

8.服务设施

（1）围护设施。滨水区中最重要也是最常见的设施就是围护设施，围护设施的形式直接影响着人们的亲水程度。

（2）休憩设施。体憩设施是滨水区最有效的设施，各式各样的座椅、台阶、栏杆、斜坡、花坛边缘、系缆绳的桩子都可能成为人们的休憩之处，用岩石、木板等加工的座凳能够很好地融入到环境之中，甚至水边未加工的石块都可以成为休憩的座位（图2-3-10）。

2.3.3.3　交通元素

1.陆地交通

滨水区是城市中最有吸引力的地区。因此也是交通最集中、水陆各种交通方式换乘的地方。在城市滨水区的组成元素中，交通可以说是其中的一个契机，保持着区域内其他各元素的相关联系，而且能让人们最大限度地接近水体、参与滨水活动，对于整个区域价值的体现都有着重要意义。

路网是滨水区空间秩序最核心的要素，既是出入滨水区便捷的交通网络，也是通向滨水区的视觉走廊和主要的城市空间网络，对整个区域景观影响巨大，在城市总体网络保持不变的前提下，滨水区内道路的特征很大程度上决定了城市的特征。由于水域方向往往是景观、视野较好的方向，因此沿岸地区的城市肌理组织也呈现出朝向水域的窄长感。单侧滨水交通道路按使用性质划分为：城市交通干道、生活性滨水街道和滨水步行道三种类型。

（1）城市交通干道。随着城市的扩张和发展，城市滨水交通干道的建设日益为城市规划的决策者所重视，处于城市边缘地带的滨水干道可以缓解城市内部主要干道的交通压力，也使得市民出入城市滨水区域更加便捷。

（2）生活性滨水街道。生活性街道是滨永区附近居民与水体的联系性道路。这类道路多为城市历史街区或是旧城区保留下来的，与原有城市道路肌理十分吻合，既是传统生活场景保留与延续的场所，也有利于滨水视线走廊的建构（图2-3-11）。

（3）滨水步行道。在滨水开放空间内设置步行道，有助于居民及游客进行亲水活动，有利于将滨水各个公共活动中心、旅游景点、码头、平台、建筑小品有机地结合起来，同时也为步行者创造了舒适、安全的步行空间（图2-3-12）。

图 2-3-11　荔枝湾临水步道（拍摄：朱凯）　　　　　　　　图 2-3-12　东莞某小区的亲水汀步（拍摄：朱凯）

2. 水上交通

城市滨区中另一个很重要的交通要素就是水上交通。水上交通按其用途可以分为两类。

（1）用来联系水体两岸陆地的交通形式，如桥梁、隧道和轮渡。

（2）结合沿岸的码头、港口、滨水公园、水上乐园以及其他公共活动中心布置的游览类交通。

2.3.4　城市滨水区的规划设计

2.3.4.1　规划设计原则

滨水景观的设计应该是在原有水边聚落的模式语言基础之上的再设计过程，也就是一种共生设计过程，即设计应满足传统与现在的共生、自然与城市的共生、多种功能的共生、异质文化的共生等，这样才能体现出多样性、可持续性的时代特点。所以，现代滨水区的规划设计应该遵循以下几条基本原则。

1. 自然性原则

自 20 世纪 60 年代美国著名景观规划师 L.McHarg 提出"设计结合自然"的景观规划理论以来，尊重自然规律、依从自然环境的设计理念和方法已经被国际城市设计和景观设计界普遍接受和应用。遵从自然是在保护自然环境特质的基础上，按照生态学的理论进行规划设计。城市滨水区的规划设计首先要强调景观的自然性，保护与重塑自然景观是滨水区规划设计的首要任务。

（1）要尊重自然，尽量保持山水的原貌。应该维护自然山水的格局，保护多样化的乡土环境，依照河道的自然形态建设滨水区，保留自然湿地与绿地，恢复原有的自然生态格局。

（2）要尊重人文历史，尊重人们的生活方式。将滨水区的历史、文化烙印作为遗产加以尊重保护。形成与滨水区一体的线性文化遗产廊道。避免由于城市的快速发展造成历史景观的割断、毁坏，并将这一廊道作为展现城市历史脉络、教育后人的最佳场所。保持风土人情是提升滨水区价值的关键，无形的文脉蕴涵于有形的滨水区内，才能创造全方位的体验。同样的景观，因为蕴涵其中的文化内容不同而独具魅力，无形文脉与有形空间的有机结合，方可显示城市滨水空间的独特个性。

2. 整体性原则

城市滨水区是城市的有机组成部分。在规划设计时，设计师不仅要直接研究水体、滨水两岸地区，而且应该把它与整个城市结合起来。从大局入手，以整个城市结构、城市空间形态为背景，从城市的角度出发，使之成为城市空间结构的完善和延伸，形成完整的滨水城市形态。所以，在功能安排、公共活动组织、交通系统规划等方面应该与城市主体协调一致，运用有效的手段，加强滨水区与城市腹地、滨水区各开放空间之间的联系。

尽量避免将滨水区孤立地规划成一个独立体。规划滨水区时要时时顾及整个城市，把市区的活动引向水边，以开敞的绿化系统、便捷的公交系统把市区和滨水区连接起来，保持原有的城市肌理的延续。滨水区内虽然会因为各地块的属性不同而导致使用性质的不同，但是各地块之间的风格应该统一，在整体效果上保持和谐。

3. 连续性原则

城市滨水区作为一个整体的空间环境，应该具备连续性。这有两层含义：一方面，必须为人们提供一个连续的生活空间；另一方面，人们感知的整体首先是连续的整体，即连续感知中的整体而非静态的和局部的。

城市是有生命的，任何一小块区域都是这个肌体的组成要素。局部的健康发展直接关系到城市的整体活力。城市中区域的发展将会带动周边地区的发展，其正面和负面影响都具有城市性。因此城市滨水区的规划设计应先从大局入手，从城市的角度来考虑主次与取舍，达到地域的融合。

（1）空间形态的连续。指共时性要素间的形态连续，如形体轮廓、比例尺度、材料色彩、形式母题、构图划分、装饰细部等方面的连续。

（2）时间维度的连续。指新旧空间的协调共生。可以是传统文脉设计母题的再现式连续；可以是采用基本相似的形式和局部，打破旧关系，重组新秩序的重构式连续；还可以是捕捉旧建筑形式的基本特征，并赋予新界面之中，并加以表现的抽象式连续等。

（3）文脉的延续。保持和突出建筑物及其他历史因素的特色，这是满足怀旧的好办法。这些因素包括地理条件、景观构成因素、区域社会构成、历史建筑物现状、街区人文历史等。城市的广场、教堂及传统的街坊、里弄、寺庙等都是城市景观的重要场所因子，它们在城市居民的深层意识中形成某种固定的观念，具有重大的凝聚力作用。

4. 共享性原则

城市滨水区往往是一个城市中景色最优美、最能反映城市特色的地区，因此在规划设计时确保滨水区的共享性是很重要的。作为城市公共空间的有机组成部分，城市滨水区应力求开放化、公共化，实现滨水岸线的共享性。滨水的公共步行道，是人们向往的地方。成功的滨水区规划设计，都是把直接沿水的部分开辟为步行道，而让其他的滨水建设项目退至岸线后。滨水沿线大都设置连续的绿化林带和散步道，以便于对广大市民开放。

5. 多样化原则

多样化原则，指滨水区功能的多样性、使用对象的广泛性。滨水区应提供多样性的空间形态，保证滨水区的活力；另一方面，多样化的空间安排也保证了多样化的生活方式。多样化出自于人自身的需求：寻求一种可以引导空间环境发展的基本秩序，使人们在滨水空间有多样化的发展。

（1）适用人群的多样化。不同年龄、性格的人对城市滨水区有不同的要求。忽视这些行为的规划设计会导致某些性格的人群的一些行为无法实现。要想使城市滨水区成为周边市民日常生活的场所，必须满足不同性格人群的需求，让人们各得其所。

（2）活动方式的多样化。城市滨水区的露天公共活动有很强的季节性。如夏天戏水、冬天溜冰。若公共空间功能单一，必然导致长时间的空置。考察人群在特定环境的活动，可以总结这一区域不同时间段内人们的主要活动内容，并据此进行统筹安排和设计。杨·盖尔通过观察希腊北部约安那城广场上人群的活动，发现不同的人群对于公共空间的使用时间和活动方式有很大的差别：下午以老人及带儿童的人四处漫步和小坐观赏为主；夜幕降临后，老人与儿童先后离去，许多中年人开始散步；而到天黑后，是广场上最喧闹的时候，主要是年轻人了。

为方便附近居民的日常生活，滨水区的规划设计应满足以下要求：清早晨练，白天老人休憩、聊天、晒太阳及与孩子们嬉闹；傍晚人流量较大的散步及片刻停留；夜晚年轻人偶尔的聚会及恋人的约会；还有节假日的街头表演和街头市场等。因此，不可改变的固定设施不能设置太多，应该通过可移动的设施来支持和弥补空间功能的可变性和多样化。

除此之外，营造滨水空间，不能只对目的性较强的活动配置单一的目的空间，而是应该根据使用者的多样化，来设计适合各种活动的高质量空间。例如，起伏不大的高河滩，既能骑自行车又能散步，还能兼作防洪疏散；既可钓鱼戏水，又可成为生物的栖息处和培植天然花草的地点。

6. 亲水性原则

"亲水"这一概念，始于20世纪70年代。狭义的"亲水"概念主要指利用河岸、海岸开辟宜于与水亲近的公园，强调水岸空间的娱乐性，现在，"亲水"的观念大大扩展。广义上指建立人与自然结合的契机。

亲水空间，宏观上指城市布局顺应岸线地势的节奏、韵律与走向，顺应地貌环境的尺度，使人居环境与自然环境融为一体，使滨水场所易于把握、定位，且富于个性；在微观领域，亲水空间创造了人对水环境全方位、多样化的接触（可视、可感、可触、可闻），形成了亲切的水岸生活氛围。亲水是人类的本能。亲水性要求滨水区"全面可及"，城市空间应充分向水体开放，营造安全而友善的滨水边缘，提供接近水面、层次丰富的亲水平台或阶梯状的缓坡护岸；另一方面，在距水体较远的区域保持视觉的可达性，让水体始终作为跨水域城市中的意象要素存在着，从而扩大滨水区的心理界限。

伸出水面的建筑、架空的水上步道、悬挑出水面的平台、面向水城的广场、伸入水中的码头、木平台、台阶、挑入湖边的座凳和水边的散步道等都可以吸引人们接近水。参与性很强的亲水活动，如亲水公园的戏水池、卵石滩、音乐喷泉等，常常会让人们驻足并兴致勃勃地参与其中。愉悦的活动使人们有更多的时间流连于公共场所，社会交往的机会便大大增加了。

7. 可持续发展原则

主要是设计时应在原有历史信息读取的基础上，加入时间的因素，融入人的变迁、社会的变迁及时代的变迁，使设计成为延续传统内涵的新事物，而不是旧事物的"仿制品"，体现出新旧的共生发展。毕竟水边聚落模式语言所负载的只是人们传统的水边生活方式的历史信息，现代滨水景观的艺术内涵已发生了翻天覆地的变化，人们的生活方式也不再是简单的"凿井而饮，挖穴而居"了，所以可持续发展原则保证了设计过程中对历史的正确"解释"，它使设计作品体现与时代同步的形态特征，呈现发展与前进的趋势，能够有效地避免文化的"抄袭"与"倒退"现象。

2.3.4.2 规划设计方法

1. 人文设计

滨水区环境体系应集物质环境、人文环境与精神内涵为一体，即是以拟自然的滨水区和城市滨水区为主题的人文资源的统一体，实现"人的自然化、自然的人化"的沟通和融合。滨水区人文内涵的另一层面旨在重新找回失落的与滨水区相关的人文精神，为以后人居环境的建设提供参考，一种在城市化过程中如何建立良好人居环境系统的参考。

城市滨水区的人文设计是从广义城市滨水区环境设计概念中分离出来的以城市滨水区及其人文特征为特别指向、以滨水区各要素为蓝本构建的人文环境，包括场所精神、场地特征、哲学意蕴、滨水文化、历史文脉传承等不同形态的意境设计形式。

滨水区人文设计的核心内容是水文化的延续和人文景观的塑造。滨水区历经风雨剥蚀更具沧桑感，绝非任何其他景观所能代替的，它作为"返璞归真，回归自然"的胜地，使游人在观赏美景同时，也更能体会它深厚独特、原始形态迥异的历史渊源和文化内涵。可见，滨水区人文设计要求创造出一种与原有环境所蕴含的文化传统和历史渊源相协调、具有普遍的艺术性、可以让人们直接感知的人文景观。

人文设计体现在以下几个方面：

（1）设计具有历史、艺术、科学价值及纪念性的雕塑、绘画等。

（2）新建具有城市特征的建筑艺术、园林、纪念物。

（3）恢复、重建与城市发展相关的历史景点。

（4）引导市民参与设计，畅所欲言、表达对人文环境设计的看法与态度，塑造人与自然融合的作品。

2. 生态设计

城市滨水区的规划设计应充分尊重地域历史发展过程中的"生态足迹"。城市滨水区生态设计的目标，实质上是滨水区与文化、设计环境与生命环境、美学形式与生态功能的真正全面地融合，使城市滨水区不再是城市中孤立的特殊用地，而使其边界消融，融入社会生活；要让自然参与设计；让滨水区伴随每个人的日常生活；让人们重新感知、体验和关怀滨水区的自然过程和设计过程。

本质上说，城市滨水区设计应该是对自然过程的有效适应与结合，实现滨水空间的生态设计。从更深层意义上讲，对城市生态系统的设计，是一种最大限度借助自然力的最少设计，是一种基于滨水区自然系统自我有机更新能力的再生设计。

生态设计的主题思想在于阐述一种全新的设计理念。

（1）尽量保持原有滨水空间的完整性，减少人类的痕迹，追求返璞归真，力求精心营造出"没有设计"的城市滨水景观。

（2）采用乡土化设计，体现"野趣"韵味。在材料选择上减少硬质铺装，更多地利用滨水区中多见的木材、沙、石等作地面装饰，展示滨水区的"野趣"；植物配置中尽量采用当地乡土植物，外来植物仅作为点缀，以自然式栽植为主。

3. 景观序列

景观序列的规划设计是在总体功能结构完整的前提下，对自然环境空间和人工环境空间的形体环境和空间秩序的综合规划设计。其具体过程是：在待分析的城市空间中，有意识地运用一组运动的视点和一些固定的视点，选择适当的路线（通常是人们集中的路线）对空间视觉特点和性质进行观察，同时在一张事先准备好的平面图上标上箭头，注明视点位置，并记录视景实况。这种设计方法分析的重点是空间艺术和构成方式。

景观序列一般包括景观界面和空间序列两种分析方法。

（1）景观界面是空间限定的重要手段，一般包括开敞界面、连续界面和韵律界面三种界面。

1）开敞界面是指地块中的广场或建筑前庭临水（或道路）一侧开敞的界面。开敞界面一般是空间景观环境的核心，广场或建筑前庭空间，它如同框架和节点，是城市公共活动空间的最基本元素。

2）连续界面是由封闭感较强的临水（或道路）建筑形成的界面，连续性包括形态构成连续和时间维度连续。形态构成连续指共时性要素间的形态连续，如形体轮廓、比例尺度、材料色彩等方面的连续；时间准度连续指新旧界面的协调共生，包括再现式连续、重构式连续、抽象式连续等。

3）韵律界面是指临水（或道路）地块中建筑布局和形态上做韵律处理的界面，它能创造出有节奏感的外部空间。为了形成丰富的城市景观，建筑与空间之间、空间与空间之间必须有多层次的过渡性连接，而连续界面和韵律界面在景观空间中一般就能起到衔接和过渡的作用。

（2）空间序列由有明确导向性的界面构成。它通过起承转合，采用艺术创作中篇章、布局、韵律及和声的手法，确定序列中各空间景观的位置，形成"起景—发展—高潮—结景"的空间序列，为人们营造一系列具有整体联系的空间感受。空间序列规划的视觉点一般布置在人流相对集中和视野比较开阔的地方，视觉点的建立不仅要有良好的对景、框景和背景，而且要有相应的休息场所。空间序列的设计要考虑随着视点的运动，所有景物都处于相对移动的状态，因此要着重研究观赏者在行走和活动过程中所产生的观赏效果。同时，景点的连贯性和景观整体的统一性需要特别注意。这样就会形成人们向往的城市滨水区的美丽画卷：前景——映射着阳光的起伏跌宕的水面上行驶着小船，中景——簇簇浓绿烘托出建筑群的宏伟，远景——无云的晴空、弯曲的山峰、远处建筑的轮廓或水天一色的海平面，使滨水景观表现出丰富的层次感。

2.3.4.3 构成要素的特色设计

1. 天际线的设计

控制滨水天际线，首先应保持前景天际线的连续性，应该注意沿岸建筑在体量、立面、色彩、风格等方面的一致，保持"表层"的连续性；其次应该力求形成滨水天际线高低错落的变化，使平缓与突出相结合，注重韵律感，避免天际线缺乏重点与变化。除了要对滨水天际线优美感、韵律感、层次感进行塑造，还要保证视线的顺畅，遮挡不利景观，突出有利景观。

滨水城市天际线的塑造应遵循以下原则。

图 2-3-13　上海东方明珠电视塔

（1）天际线应该个性鲜明，能够成为城市的标志和象征。

（2）建立视觉中心，塑造城市天际线切记单调乏味，应当起伏变化、重点突出。

（3）重视前景天际线和背景天际线的比例关系，控制和协调二者关系是塑造城市轮廓线的重要内容，背景天际线是构成滨水城市天际线的主体，前景天际线是它的补充和陪衬，二者既相互区别、对比，又相互协调。上海黄浦江两岸的滨水天际线最富有特征，尤其是上海东方明珠电视塔以其新颖、独特的造型成为上海新的城市象征（图 2-3-13）。

2. 水际线的设计

（1）在规划设计时水际线应该保持的特性：

1）流畅性。水际线即水岸是兼具水体交通空间与陆地生活空间双重特征的景观要素，它限定出了水体空间与陆地空间或临水建筑空间的边界。与此同时，边界作为人与物密集交往的地带，不应是封闭的，应起到门槛的作用，方便人与物在此交流。因此，河岸在设计中也应保存两种空间领域一定限度上的交流，保证空间的流畅性。

2）多重性。水岸作为水体空间的垂直面，还起到了加强水体空间中心轴线意向的作用，这也使岸线自身被赋予线性空间的诸多特征。岸线具有线型本身所具有的心理情感，如水平线有平静、稳定的感觉；垂直线则表现出一种重力感、平衡感；斜线则处于一种动态的不平衡中，有着无限活力；而曲线则是流动感、波动感的体现，有着强烈的动势。将这些线型的心理情感运用于岸线设计，不仅能使岸线的形式与功能有机地结合，还能给岸线带来丰富的空间体验，形成不同的场所感受。

3）生态性。水岸是水体生态体系和陆地生态体系的节点，是鱼类、昆虫、鸟类等各种生物的栖息地。水岸的设计应尊重河岸的自然形态，采用自然界原有的材料，尽量少用人为的方法改造。即使在不得不进行人工建设的情况下，也应营造自然生态系统得以延续的人工模拟环境，使生态循环不至于中断，生态驳岸可谓是城市滨水空间处理的重要方法。所谓生态驳岸是指恢复后的自然河岸或具有自然河岸"可渗透性"的人工驳岸，它可以充分保证河岸与河流水体之间的水分交换和调节，同时也具有一定的抗洪能力，是融现代水利工程学、环境科学、生物科学、生态学、美学等学科为一体的水利工程。

（2）水际线的规划设计方法：

1）多样化设计。岸线的合理转折、起伏是水岸线特色设计的有效方法。当曲线元素融入到水岸设计中，水岸就被赋予了活泼，流动的特性，曲线多样的形式使水路交通功能与陆路交通功能得到更加贴切与完美的表达，符合水体的空间特征。曲线的加入还能使岸线最真实地再现自然水系的形态，既保存了原始的山水格局，使水域特色风景一览无余又拉近了人与自然山水的距离。这与古代风水中所说的"忌水流直泻僵直，应水流曲直有情"也是十分吻合的。曲线增加了岸线的流动感，使河岸少去几分呆板与直白，增添几分灵气与含蓄，能更好地引导人们的视觉走向。当曲线的流动遇到直线时则会形成停顿，这种一张一弛的变化使岸线的节奏与韵律更加丰富。

连续的"凹凸"型折线处理可以加强岸线的内外交流，使河岸同时拥有前进、后退两种感觉，使水体与步行道呈相互咬合状，加强两种空间的渗透。"凸"空间是视域开阔的眺望点。而尖角状折线的穿插出现时，使这种空间节奏在此处得到激化，给人一种尖锐的视觉冲击，若与功能巧妙结合，还可以起到强调与吸引视线的奇特效果，成为画龙点睛之笔。与曲线相比，折线具有工艺简单，节省造价的优点，并能够产生一种渐变的节奏向前涌动，给人一种期盼，在步行空间中起到引导、暗示的作用。这种节奏的重复与变化，还成功地将漫长的河道分段，形成多段不同节奏的渐变序列和亲切的尺度空间，避免了线性空间由其自身特点所带来的缺陷。

岸线作为水体空间的边界，是起到强化轴线感的边缘垂直面。因此，岸线设计除了涉及水平面形态设计之外，还应在垂直立面做一定的处理与修饰。"起伏"就是一种很常见的手法，它的作用就如同大桥前的引桥，在有地形变化或出现标志性空间之前给人以心理暗示，强调空间的特别或重要性；同时它也丰富了岸线的层次，使整个水岸形态处于三维变化的空间之中，人们能够体验丰富的地形变换，活跃了平直空间的气氛；它还给水岸设计提供更多的表现空间，使水岸的形态、构造、材质设计成为岸线设计的另一重点。

2）生态设计。现代水岸的生态设计已不再是为了保护生态水系与物种的设计，其设计主要体现于岸线材质的运用与物种的配置上。冰冷的混凝土不仅拒人于千里之外，还造成水系生态系统的破坏，以及活水净化能力的丧失，使各种乡土物种的栖息地不复存在。因此，河岸应采用新型的自然化材质，运用土壤生物工程技术，将土壤和植物结合在一起修建堤岸，这样能够提高水的自净能力，防止污染，有效地减少洪水的发生和危害。同时，在河岸处采用水生物、植物形成的多物种配置，使"水—土—生物"形成自然的能量交换与循环，恢复自然河流的生态廊道。

3. 水体景观的塑造

（1）亲水空间的营造。人类具有天生的亲水情结。人在滨水环境中希望能接近自然、调节生活情绪、参与各种与水有关的活动。在规划设计时，营造能使人尽接近水可的设施、安排丰富多彩的水上活动是非常有必要的。亲水空间是滨水区中最能吸引人的空间，它使水真正成为一方活水，供人们亲近、碰触，这种吸引源于人们心中对水的一种根深蒂固的依赖之情，是水边聚落生活模式在人们心中遗留下的情景图式。因此亲水空间的设计应从根本上满足人们对水的渴望，体现以人为本的设计宗旨。亲水空间的另一重要功效就是"起到链接作用的公共空间"，这儿的使得亲水空间的设计又要多一重考虑，即亲水空间与周围空间的衔接与协调问题，以及由不同衔接方式引起的空间特征变化问题。

出于规模、大小、功能的多样化等方面考虑，亲水空间大致可以划分为亲水平台与亲水广场两种类型。

亲水平台即临水的小型空间，大多面宽约1～3m，深约2m左右，起到加强水陆空间相互渗透，满足人们亲水需要的作用。亲水平台形式多样，工艺精细，通过别具匠心的设计表现出不同的心理享受。设计中还可利用平台的不同做法给人不一样的感觉；设计高高挑出的平台，可以给人悬浮于水上的缥缈；浅浅的没入水中，又让人禁不住的想要伸手去抚摸；下面铺设青石板和卵石，更显清澈，也多了份戏水的安全保证。

与亲水平台相比，亲水广场在规模、大小、功能等方面部更加饱满；与其他广场相比，区别就在于水与广场的结合设计处理上，这就涉及到两种空间材质的衔接问题。在古镇的老城区，街巷与其他结点广场那融洽的有机关系及人们其乐融融地相处、游历、休憩。因此，我们不妨大胆地将街巷与广场的衔接关系：穿过式、相交式、旁侧式、末端式，引入到亲水系与亲水广场的关系中，由此创造一种宜人的亲水尺度与空间。

亲水空间的设计方法如下：

1）引水入景。在条件适合的宽敞地段，把水引到岸上，如同在堤岸上打开一个缺口，使其成为静态的浅水池，水池清澈见底，水底精美多彩的图案引人入胜，形成凹入的亲水空间，别有一番悠闲。引入小面积的水面可以增强人们环水而坐的亲切感，较大的围合空间可以形成水边的露天剧场。水是天然的帷幕和背景，面向水面的台阶是自然的观众席位。较大面积的水面可以形成更加完整的景观，并能提供更加丰富的亲水活动。甚至还可以引导一条小的支流进入城市中，这样的支流流速小，水深和水量都比较适宜，水患较小，不受防洪等水工构筑物的限制，可以创造出灵活自由的亲水空间。水域深入城市中，为喧闹的城市带来"一线"清凉，同时也会出现众多造型优美、生动别致的跨河步行桥。

2）推岸入水。在地势狭窄的地方，在不影响水利工程的前提下，通常可采用这种方法，将平台伸入水中，使人充分感受水面的开阔，并能体验到水浪袭来的惊喜。事实表明，在近水岸一些凸向水中的部分，非常吸引人。平台采用古时栈桥的形式插入水中，四周被水环抱，是典型的把岸拉出去的做法。如山东青岛滨海游憩空间中伸入水中的栈桥。产生更多的挤下空间，从而会有更丰富的岸边景观和更输悦的水边步行体验。枯水期，露出水面的大片滩地成为天然的伸向水中的大型亲水平台。大的滩地可以建造公园：浅滩地段水深浅，水面距岸线较远，不适宜航运，适宜建造浅滩公园。但是，浅滩建园不能对水有所阻挡，一是不利于亲水，二也不能发挥浅滩对洪水的自然防护效力。在浅滩内最好不要建造永久性的建筑，应以临时构筑物、绿化为主，这样有利于保持水质。滩地上丰富的景观和人文活动为人们提供了更多的视觉停留点，间接地感受到了亲水的乐趣，而不至于因枯水期缺水而产生荒凉感。伸入水中的岸线也为一些与水相关的活动提供了条件，如供垂钓的水边平台、供游船停靠的小型码头、结合丁坝（指从河岸伸向水中的构筑物，有控制流速、防止冲刷护岸、调整流向和固定河道等功效）而设计的亲水平台更为有效、安全，并且与水利工程设施有了充分的融合。

（2）水埠空间的设计。水埠空间是指设于驳岸上，为方便贴近水面而入水建造的踏阶，俗称为"水桥头"。它既可汲水、洗涤，又可停泊、交易、运输，十分便捷。它的存在使河道与街巷不再是两个互不相干的水平面，而成为在平面上参差咬合，空间上下链接的空间统一体，起到加强内外交流的"孔洞"的作用。在现代设计中，可以适时地利用水埠头这一形式，打断河岸单调的线性空间，形成开放性的"豁口"效应；它简洁的形式以及在水边聚落中随处可见的踪迹，也使它易于被符号化，成为聚落整体意象符号化的一个组成要素。

水埠头的形式十分自由，有的突出岸线，有的凹入其间，有的转折而下，有的则简化为平缓坡道。最常见的一种是在砌岸时留出两米长，一米宽的缺口，缺口的一面砌成垂直，另一面砌成石阶，石阶一直砌到小河水平面之下，即便小河水位较低时人们也方便取水。埠头石阶的中段，往往会有一级或两级的石面特别光滑，这是千百年来人们往这上面捶衣、搓衣留下的痕迹。也有砌成较长的埠头，起码有三四米宽的，供多人一起使用，形成人们生活中的一处公共空间。

水埠空间的组合可以形成丰富的空间形式：或同向连排，或前后错开，或两两相对，或两两相背，形成不同空间感的对景交流，使旧时的妇女们在浣洗衣裳的同时，还能与邻里及来往的船客进行进一步的交流，使边界上的交流从低强度的接触逐渐向其他的交往形式发展，起到小型公共空间的作用。水埠丰富多变的形式，也使整个水埠序列的组合效果变得更有趣味，或两三成群，等闻排开；或以渐进的距离一字排开；或前后错开，形成凹凸变化；或形成组团，簇状排布。原本呈平行状态的河岸空间不再呆板，变得前后咬合，富于节奏变化，或统一或对比，形成滨水景观独有的一种空间序列。

水埠设计是一种人性化的考虑。水埠头大多半掩于水中，往下走一步，水便触手可及，这种亲水的景观形式，在有限的空间里为人们提供了尽可能多的与水亲密接触的机会，恰好满足了人们回归自然、亲近水域的心理需要。阶梯深入水下的巧妙设计既是设计上的简化处理，又给使用者心理上带来安全感。石阶的依稀可见还能凸显水流的清澈与灵动，激发了人们碰触它、轻抚它的欲望，缩小了人与水体间的距离。

（3）水面空间的设计。水面空间是滨水区的轴线空间，是人们一切水边活动的中心，是标志性的符号空间。因而在滨水设计中具有重要的地位。水面空间有种植、交通、娱乐等方面的功能。种植源于农业和水产业的需要，这种功能虽然不属于滨水景观所涉及的范围，但人们对自然生态的水面仍满怀憧憬。当今社会水上交通渐渐淡出交通的舞台，使得水上交通更多地转变为人们对泛舟水上情怀的追忆，成为商业娱乐的一种手段。当今社会商业、娱乐等休闲活动日益增多，娱乐成为水面的主要功能。而水本身的特性及象征意义，在水面空间的设计中也应得到浓缩与集中体现。根据这些启示提出以下几种水面设计的方法。

1）水面种植法。随着园艺技术的提高，各种植物可以扎根水下，但美丽的枝叶和花朵却在水面上漂浮荡漾，水面种植法使水面有了丰富的层次感。设计师可以将这种水下栽植与西方的美学相结合，形成几何化的种植面，就如同一种"软"材质装点与水面之上。

2）水面反射法。巧妙地运用水面反射的特性，可以在水面上形成三维空间的景观幻象。如利用倒影将远方的楼台亭榭收入水中，使得原本空旷无物的水面有了极其生动的背景，缩短了空间的景深，产生"镜中月、水中花"的意境效果；还可以将镜面与雕塑设于水中，经过重重反射、折射，产生奇妙的空间艺术。正是水面的反射效应激发了设计师的灵感，创造出这些唯美的水上画境（图2-3-14、图2-3-15）。

3）水中岛。水中岛是最易实现，也是使用频率最高的一种方法。水中岛来源于自然中天然形成的礁石与孤岛，呈现一种纯生态的状态。由于处于水面上、一片汪洋间，透过弥漫的水汽，使得小岛显得妩媚神秘，引人退想。岛屿对大面积水面也起到了空间划分的作用，增强了空间的尺度感。水中岛或在中心成为视觉的焦点，或偏于一侧形成水面的一开一合、一张一弛，使原本一望无际的水面有了尺度变化，不再显得空寂、乏味。人们追求世外桃源的心理则使岛上的景致增加了休闲娱乐的成分，人们可以享受水面驰骋的快

图 2-3-14 网师园水景　　　　　　　　　　　　　　　图 2-3-15 荷兰风车村（拍摄：胡林辉）

感，也可以在水中央体验与世隔绝的意境。水中岛还是自然生物的栖息地，各种鸟类的加入为水面带来视觉、听觉上的享受。因此，这种水中岛的设计成该尊重自然，维持自身的生态系统，使整个岛屿有自身的净化系统、再生系统，达到一种动态的平衡。

4. 建筑艺术

建筑物的垂直形态与水面的水平开放式空间形成了鲜明对比，使得滨水景观内部的滨水建筑十分醒目。滨水建筑的密度和容积率都不能过高，否则会对两岸风景造成挤压感，阻隔滨水区视觉走廊的通透性，也阻碍了水陆风向城市方向的扩展，大大减弱了城市其他地区的人们享受滨水资源的程度。现代滨水建筑，应该在形式上巧妙地避免与滨水区风格上的不一致，力求形成统一的空间序列，运用小尺度的组团形式与多样化的衔接方式，可以合理地将整个序列化整为零，体现出亲切的人性化尺度感，成为解决现代滨水景观尺度、风格问题的良方。出挑、借景、架空、中断、起伏这五种设计方法，能够有效地解决滨水建筑设计过程中存在的尺度、风格不一致等问题。

（1）架空。将建筑群体底层架空，使滨水空间与城市内部空间通透，不仅有利于形成视线走廊，而且形成了良好的自然通风，有利于滨水空间气流向城市内部的引入。同时，架空层与建筑呈咬合状、随建筑变化，可以增加层次，也可用于弥补建筑形态的不足，修正河道的形态，还建造各种层高的平台，丰富建筑的空间感。

（2）出挑。建筑通过局部构件或体量悬挑出基座面，达到突出与整体构图的效果，成为视线聚焦的焦点；同时加强了水与建筑之间相互的渗透，并使人产生悬浮于水面之上，俯瞰风景的奇特意境。其突出的部分还巧妙地打破了线性空间两岸的板状建筑格局，打破了线性空间的单一、沉闷，成为活跃于建筑立面上的可纵观全局的视点，为观景的人们提供更广阔的视野，并使得建筑的大尺度感弱化，悬挑出的局部成为最接近人们视线的部分，也成为人们可以仔细观赏的建筑细节，为建筑增加了可看性与亲切感。中国滨水古建筑就曾以水榭、吊脚楼、美人靠、悬窗、支摘窗等形式达到出挑的目的，营造出一种朴素宁静的水乡情怀（图 2-3-16）。

图 2-3-16 豫园仰山堂

（3）借景。建筑采用"透"的手法将外部的景色"借入"，使内外空间在视线上保持流畅与贯通，这在园林造景中是十分常见的方法。滨水建筑借景的应用可以减少建筑给水带来的封闭感，并形成看与被看的情景模式。在此，作为中国传统符号的廊、轩、月台、隔扇窗、漏花窗等都是可以借鉴的元素。室内外空间的交流，不仅加强了河岸空间边界的模糊性，使建筑与水面两个界面自然过渡，也为水面增色几分，使得水体更加引人入胜，提供了更多的交流空间，有利于突显地域文化特色。

（4）中断。建筑以片墙突出于立面，打断建筑立面的流畅与连续，使成排的板式建筑自然分段，化整为零，形成一种韵律感极强的小尺度空间；滨水建筑间的缝隙也是"中断"的一种，这种"减"的手法打破了空间的封闭性，形成一组内外视线穿梭的豁口，犹如整个音乐篇章中的休止符，让水岸及建筑"换气"，带来无限的生机和张力。

（5）起伏。建筑临水立面的凹凸进退，形成与水岸走势同步的律动空间；利用建筑体量的高低穿插、错落起伏及水岸的曲直变化形成了音乐般的韵律感。

因此，滨水建筑的有机生长将为滨水景观增加更多的人文色彩与生气。如南京内秦淮河夫子庙段的婀娜秀美，就极好地体现了建筑与水融为一体的空间格局，不失为建筑与水体交相辉映的成功范例；上海外滩的历史性滨水建筑群，反映了历史的足迹，形成了流畅、起伏的线条，任何过于僵硬的前景都会破坏这一恰到好处的滨水景观。

5. 植物造景

生态绿地的质量取决于绿色植物的数量、种类的多少及其合理的配置，植物造景是其主导思想。植物的生态效益是和叶面积系数（植物的叶面积总和与植物覆盖面积之比）成正比的，叶面积系数越大生态效益越大。

科学的种植方式是将乔木、灌木、草坪及地被植物组合成合理的人工植物群落以保证得到更大的叶面积系数，从而获得更大的生态效益。滨水区绿化必须根据生态学原理，以植物群落为基本的绿化单元，把乔、灌、草、水生植物合理配置成一个长期共存的立体植物群落，在此基础上运用艺术的一般规律，创造统一、调和、对比、均衡的景观效果。关于人工群落的设计，最科学的办法就是遵循自然规律，在充分调查了解当地植被类型及自然植物群落的基础上，以乡土树种为主，参照当地自然植物群落结构、层次来提炼、设计。人工群落结构设计还要将景观、生态、人的需求与感受进行综合考虑，在提高环境质量和生态效益的同时提高景观质量，并且满足人们的生理、心理及精神需求。

城市滨水区的植物造景应该着重考虑以下几点。

（1）绚丽的色彩。滨水植物的配置要注意与水体的流动特性和色泽的透明性协调起来，才能形成合理的构图。在水流边缘建林地应选择叶片颜色较浅的品种，如白桦、禅树、三角枫等；水岸上种植色彩绚丽的开花植物或观叶植物能得到水体的衬托，突现丰富的层次。

（2）丰富的线条。植物造景要充分利用植物的线条构图以突出水体的流畅性，营造丰富的空间层次。我国园林造景崇尚垂柳，柳丝如线，形成柔条拂水的线性轮廓。杭州西湖的苏堤春晓、扬州瘦西湖的长堤春柳等，就是利用垂柳绕堤，刻画出云堤与水体的流动感和纤柔性（图2-3-17）。此外，在水边种植挺拔向上的落羽杉、池杉、水杉及具有下垂气根的小叶榕等植物能使空间得到垂直方向的延伸。

图 2-3-17 西湖苏堤春晓

（3）空间组织。在滨水步行道、亲水廊道旁，以组团或图案的形式种植四季花卉和色叶灌木，可以形成强烈的时代感和韵律美——勾勒水体的轮廓并形成良好的林荫效果。同时，要注意统一与变化，在植物序列中间适当插入一些小品、设施更加有利于活跃空间气氛。

6. 桥的艺术

一个有效的印象首要表达的是目标的可识别性，与其他事物的不同，因而作为一个独立的实体而被认出。因此，桥梁作为城市的象征性景观必须具有鲜明的个性。传统水乡的桥和现代化的桥具有不同的性格，要表现的主题也不同。前者表现某种心灵的祈祷、后者则强调现代城市和现代技术的力与美。在当今社会，桥除了其基本的交通功能外，还是人们的交流空间、造景空间、观景空间，是滨水景观中重要的多功能空间。桥空间的设计应从桥本身所负载的模式语言入手，把握桥空间多样化的景观特性，不同区域赋予不同的功能，用适宜的尺度创造多样化的人性场所；融入人文因素，表现内在的场所精神，带给人们独特的心理感受。步行桥的建设是桥梁建设的重中之重，伦敦的千年桥、西班牙毕尔巴鄂沃兰汀步行桥等，都为美丽的城市景观又增添了亮丽而轻快的一笔，也为人们亲水提供了又一个生动的空间场所。步行桥提高了人通过时的行程质量，没有机动车的干扰（噪声、高速行驶给人造成的恐惧及尾气等），人可以缓慢通过，甚至驻足、停留、休憩，有充足的时间和机会感受水体。桥上靠近栏杆的座椅也为人们提供了一个稳定舒适的观水场所。为了保证桥的通透性和良好的观水视点，首先栏杆要通透且高度适宜。桥上的栏杆不同于岸边的围栏，一般不用考虑防洪和防浪的要求，所以更容易做到精致、通透、轻巧。桥梁栏杆形态可以结合桥整体的特点和文化信息进行设计。驻足停留的人和行路的人流要适当分开，这就要求桥要有足够的宽度，边缘的处理也要有余量。桥面上一般风比较大，所以观水区适宜安排在常年风向的顺风一侧。在迎风一侧也可以体验到江风拂面的激情。在桥上穿行是一种跨水的体验，是一种常见的亲水行为，从心理上拉近了人与水体的距离。与此同时，桥本身高高的拱背也如同画框一般，使河道开阔的景色变得非常紧凑，将朦胧的远景收缩，桥头部分岸线的适当收紧使得框内景致更加集中，形成具有尺度感的空间（图 2-3-18）。

图 2-3-18 广州宝墨园景桥（拍摄：刘婷婷）

7. 景观小品及服务设施设计

小品、游憩休闲设施等人工设施是人工构筑物作用于滨水区自然景致的点睛之笔，是深刻反映文化意蕴的手工艺品，因此相应的景观设计，应注意材料、质地、颜色、尺度等的选择，不仅要体现与水体的关联，也要以简练的手笔、符号化的建筑语汇反映城市文化尤其是水文化的精神内涵。

滨水区内的围护结构（栏杆）、休憩设施（各类座椅）可以和区域内的小品结合考虑，形成特色鲜明的滨水景观。

城市滨水区是城市的开放空间，具有单纯、空旷的背景，为环境雕塑的设置提供了良好的条件，在《城市雕塑设计》中，将城市雕塑分为5类，这5类雕塑都能运用于滨水区内。

（1）纪念性雕塑。以重要的历史事件和人物为题材（如治水、抗洪等），结合滨水广场，限定宏大、庄重的空间。纪念性雕塑有助于"重现水的历史"，加强滨水地段对历史的表现（图2-3-19）。

图2-3-19 哈尔滨防洪纪念塔降龙雕塑

（2）主题性雕塑。以民间故事和神话传说为题材，充分展示地方特色文化，刨造生动、活泼的形象，限定亲切宜人的小尺度空间。

（3）装饰性雕塑。不一定要留出对应的观赏空间，可以见缝插针，恰到好处地点缀环境，也不一定要有完整的主题和鲜明的思想，只要能美化环境、丰富视野、提高艺术情趣就行（图2-3-20）。

（4）功能性雕塑。既实用又美观的小雕塑备受人们好评，若能结合场地设施如栏杆、座椅、垃圾桶设计就更好不过了（图2-3-21）。

图2-3-20 世博后滩公园中的特色雕塑（拍摄：汤辉）

图2-3-21 既是座椅又是雕塑

（5）陈列性雕塑。可以将一些艺术家的知名作品直接展示在滨水地段，提高环境的艺术品位；也可以将地方上的文物、民俗器物等的复制品甚至真品在滨水地段展出，更加具体、详尽地展示地方文化。

不同性质、位置的雕塑可以通过统一的主题或呼应的形体、色彩等手段形成一个从岸上到水中的完整序列，加强对水边环境的整体认知，使人的视线逐渐向水中过渡，进而拉近人与水的心理距离。对于在水中建雕塑有困难的地段，可以在岸上把雕塑与诸如喷泉之类的人工水景结合起来，增强环境的观赏性。

8. 交通要素的设计

滨水交通环境的改善，是促进滨水区开发的重要举措。滨水区的交通组织包括水上交通组织及陆上交通组织，水上交通组织比较方便，只要在合适地段设置游船码头就可以，而陆上交通包括机动车交通与步行交通组织，相对复杂一些。

穿越滨水区的城市交通干道作为异质空间往往破坏了城市与水域的关联性和整体感，形成空间的破碎，它大大降低了人们步行前来观光的意愿。目前的发展趋势是：采用地下化和高架处理，尽量减少穿越滨水区的主要交通干道对滨水区的影响。例如，上海浦东滨江大道将人行步道与机动车道分层布置，浦西外滩风景区在防汛堤厢体内提供小轿车停车位，厢体上部为滨江游步道。

在滨水步行道的设计过程中必须强调亲水性、多样性、易达性、安全性和整体性等特性。

（1）亲水性。滨水步行道设计应突出亲水性，使道路近邻水边或留出容易到达水边的通道，让漫步河边的人们意识到水体的存在，从而具有回归自然的感受，这应是滨水步行道路设计的基本出发点。

（2）多样性。平面处理上要考虑道路的长度、方向、线形，线路设计时不仅不能让游人对周围景物一览无遗，而且要给人各种不同的感受，应力求避免漫长而笔直的线路，蜿蜒或富于变化的道路使步行变得更加有趣，而且弯曲的道路与笔直的道路比较，前者有利于减少风力干扰。

（3）易达性。在临水空间的布局上，应注意规划出能够迅速到达滨水区的通道，便于人们能够近距离观赏水景。步行道的竖向设计应该尽可能地避免高差过大，高差变化要求在步行道必须上下起伏时，也宜采用坡道而不适宜采用台阶，相对平坦的坡道一般比台阶要好，因为步行的节奏不会受到太大的影响，坡道也便于人们更方便地使用婴儿车和轮椅。

（4）安全性。滨水步行道设计必须强调安全性，尽量避免车行交通对步行道路的干扰，确保步行系统的畅通和行人的安全。

（5）整体性。滨水步行空间应结合廊架、景亭、雕塑等景观设计，注重步行系统的整体性，加强行为连续，使人们在其间随时能欣赏到波澜壮阔的水景与优美的城市景观。

2.3.4.4 滨水区的规划设计形态

滨水区的设计类型主要有：自然生态型、防洪技术型、水岸公园型和城市空间型。城市滨水区与城市的其他部分有着密切的联系，它在城市的空间结构演变中分属于不同的社会区域，它的发展也表现了不同的空间形态，以适应城市空间结构的演变。不同地理位置的城市滨水区在不同的时期都呈现出不同的空间形态。下面分别对不同的设计形态进行分析。

1. 生态保护区

自然生态型的滨水区，包括湿地、滩地、野生动物的栖息地、敏感的生态系统和水体本身。当生态保护区拥有大片生态价值极高的湿地资源，就有必要在正常发挥湿地的生态功能的基础上，通过规划设计，维护和加强湿地的功能，使之发展成为生态保护区。

生态保护区是一个完整的生态系统，对于调节地下水位、防洪、净化水质、保持生态多样性有重要的作用。由于生态保护区的生态系统比较脆弱，易受外界干扰和破坏，所以在规划设计时，常在生态保护区的外围设立缓冲区域，在此设立为游人服务的设施，如，游客中心、停车场等，在缓冲区中一般设步行道和自行车道，局部地带设游人活动、休憩区，可以进行钓鱼、划船等活动；在生态保护区内，根据湿地的特点可划分出各具特色的区域，如"鸟类栖息区"、"水生植物区"、"野生植物区"等，在这里人类活动以静态的观赏、休闲为主。生态保护区不但是植物和野生动物的美好家园，同时也是人们回归大自然、进行生态教育和科学研究的理想去处。美国 SASAKI 事务所在"广州珠江口地区城市设计国际咨询"方案中。建议把海鸥岛南端的沙仔岛发展为生态旅游公园、植物和野生动物保护区，以保存珠江口地区"珠岛串联"的特色。

2. 滨水游廊

由于受地形限制、堤坝的建造、城市干道沿水岸延伸等原因的影响，道路与水面之间的土地常呈狭长状，城市滨水空间往往形成滨水游廊。比较典型的例子有上海外滩、美国的 Boulevard 海岸。这种规划形态由于受地形的限制，功能相对简单，人工化的成分较多，对湿地等自然资源难以形成保护，多以休闲、观光为主。当交通量小时，滨水游廊易形成良好的氛围；当城市主干道沿水岸通过时，规划中主要处理的问题是：避免交通穿越和减少噪音。在人流量大的地方设天桥或地下通道；在人流量相对小的地方用信号灯控制，主要通过绿化带来阻隔噪声。

根据水位标高与道路标高的关系，我们可以把滨水游廊分为两类：一是水位标高或设防水位标高高于道路标高；二是水位标高或设防水位标高低于道路标高。第一种类型由于防洪堤高出路面，考虑到通向水面的视线，往往把滨水游廊布置在防洪堤的顶部。防洪堤通常采用混凝土厢式结构，底部停车，顶部的平台布置绿化和散步道。上海外滩就是典型的例子。第二种类型由于防洪堤顶部比路面低，视线较为开阔，且人与水的距离易于拉近。设计中常采用分层退台的形式，可降低噪音和获得具有领域感的亲水空间——人们可以休憩、观景等。

3. 滨水公园

滨水公园是人们休闲、旅游的理想场所，很多城市滨水岸都规划设计了滨水公园，如深圳市大梅沙海滨公园、成都的活水公园等。滨水公园考虑的主要是城市空间和旅游的问题，同时还有生态的问题，而防洪功能则退而居其次。

滨水公园的领域感较强，其用地通常形成一个向水的坡面，空间开阔、方向感强。滨水公园的堤岸处理很重要，它直接影响了环境和景观的品质。通常，滨水公园应尽可能保留其自然的岸线，尤其是具有生态价值的湿地和天然的滩地。人工修筑的堤岸和防洪堤也应尽量采用天然的材料，如卵石等，做成自然的缓坡或阶梯，并用绿化进行护坡和美化。靠水面的一边应注意视野开阔，建筑物不宜多，体量不宜大，且要保证不被洪水淹没。水岸可以设置码头、步行道、观景台、休闲和娱乐以及生态教育等，但由于某些地方水流湍急，考虑到安全的问题，划船等水上活动项目可以在把水引进公园形成的湖面上进行。滨水公园的空间依照离水体的远近，形成开敞、半开敞、半封闭三个层次。

成都的活水公园位于府河的西南岸一号桥侧，占地约 4000m²，是目前世界上第一个以水为主题的城市生态环境公园，由中、美、韩三国水利、园林、环境专家共同设计。活水公园为一块带状用地，整体设计成鱼的形状，寓意人与水、人与自然的"鱼水难分"。活水公园采用世界上先进的人工湿地污水处理系统，让取自府河的水，依次经厌氧池、水流雕塑、兼氧池、植物塘、植物床、养鱼塘等水净化系统，向人们演示了水由'浊'变

'清'，由'死'变'活'的生命过程。活水公园集生态教育、观赏、娱乐休闲为一体，深受成都市民的喜爱。

4. 城市中心区

城市中心区通常是集商业、娱乐、餐饮、旅游、工作、居住、教育等为一体的区域，这里有优美的景色、环境舒适的公共空间，它能促进滨水区和附近地区的经济发展，是城市更新的一种重要手段。

由于用地面积比较大，中心区常被道路分成两部分，临水一面发展商业、娱乐、餐饮等，另一面发展办公、居住功能。一般为硬质驳岸，设有游船码头等。岸边设步行道，节点处扩大形成广场。

美国的波士顿海港、巴尔的摩内港和匹兹堡的中央区都是各具特色的中心区模式。巴尔的摩是美国东海岸马里兰州最大的城市，巴尔的摩港是美国主要的工业港口之一，港口贸易非常繁荣。巴尔的摩市中心布局就是沿主要港口周围展开的。巴尔的摩内港区的开发主要以商业、旅游业为主，吸引游客和本地市民，在商业中心周围布置住宅、旅馆和办公楼。其中，商业、休憩的绿地和旅游设施最接近水面。高层住宅布置在离市中心较远的水岸，配套设置私人游艇码头、水上俱乐部等，成为吸引中产阶级的"高尚住宅区"，从20世纪50年代至今，巴尔的摩内港区的改建工程仍在继续。

5. 水乡

当城市中水网密布，城市的一切空间布局都以水为中心，船成为主要的交通工具，那么这个城市就是别有情趣的"水乡"。如中国江南的周庄、意大利的威尼斯、美国的福特·朗岱尔等。水乡城市，河道一般比较狭窄，驳岸通常是人工化的硬质驳岸。建筑多为低层，码头较多，桥多，每家几乎都有小埠头，街道以步行为主。在桥头、水陆交汇处或公共码头处，往往形成集市、休闲广场等公共活动场所，整个城市的空间亲切宜人、丰富多彩。

福特·朗岱尔位于美国的东南角，面临大西洋，城市的大部分建立在密如蛛网的运河系统上，是一个极富特色的水上城市。城市的一切围绕"水"展开：全市有296km长的"水街"，公共汽船、出租汽船和私人游艇是主要的交通工具；水上活动多姿多彩；水上餐厅别有情调。它的河滨步行道将餐厅、博物馆、美术馆和特色商店串联起来，被誉为"佛罗里达最美丽的一条街"。

我国江南的周庄，也是著名的水乡，旧时民居，临水建造，河道纵横，空间曲折，层次丰富，变化无穷。小桥流水、粉墙黛瓦，"路从门前过，船在家中游"，其独特的空间布局吸引着国内外游人前来游览观光。

2.4 主题性景观空间规划设计

2.4.1 大学校园规划设计

随着改革开放的不断深入，我国的高等教育事业也得到了空前的发展。一大批新学校、新校区在不断建立。

校园规划设计并不复杂，但这里孕育着莘莘学子的希望和梦想，这种蕴涵校园氛围的设计，较理想的做法是将城市设计的方法引入校园设计。在此过程中，重点并非是规划与设计的具体形态，而是一整套游戏规则，这里包含对环境和单体建筑控制要素以及执行方法，提倡公众参与，建立一套可以不断完善的机制。尤其是其主体使用的人群——师生们的意见应当受到重视。老校区的整合，应使建筑在功能上的不足得到弥补，整合建筑内外环境，并使不同年代的建筑生动地融合在一起。除了功能和形式，更应该注重精神和文化内涵。

2.4.1.1 大学校园规划设计理念

1. 功能分区

随着高等教育理念的变化，学校规模的发展，严格强调高校内各大功能分区事实上已不能满足学生、老师的使用要求。而要使各功能区域之间相互交融、渗透，就必须体现"以人为本"的理念。

2. 校园特色

在新校区规划设计中传承大学文化、地域特色，营造反映各学校人文精神和特色的校园环境。

3. 生态环境

随着校园的大规模建设，规划设计中应充分利用自然条件，保护和构建校园的生态系统，创造生态化、园林化的校园环境。

4. 可持续发展

校园规划应充分考虑到未来的发展，使规划结构多样、协调、富有弹性，适应未来变化，满足可持续发展。

5. 校园整体设计的注意事项

（1）建筑单体之间应相互协调、相互对话和有机关联，以形成道路立面和外部空间的整体连续性。

（2）从校园整体风格出发，建筑物或景观应该具有有机秩序并成为系统整体中的一个单元。

（3）外部空间和建筑空间的设计是不可分的，规划建筑景观设计，应成为校园建设发展中的一项重要工作。

2.4.1.2 大学校园规划设计原则

1. 校园整体设计普遍性原则

普遍性原则就是把大学校园抽象为一个多功能、相当规模的人居环境进行研究。

（1）宏观层次——以整体空间环境营造为对象。设计师要以整体用地空间环境营造为设计对象和最终目标，应关注校园区的整个生活空间、人文环境。

1）明晰整体设计的重要出发点。每一个园区的整体设计中，要分析基地、教学理念等，找出设计的切入点。明晰整体设计的重要出发点有利于在设计中把握重要矛盾、突出主体特点、明确主从关系，并提出各个要素联系的内在逻辑和方式，从而明确各个设计要素应遵循和突出的重点规则，保证整体统一的方向。

2）相互制约的循环思维过程。校园整体设计的思维过程是多向循环的综合过程，即从建筑设计出发考虑规划，从外部空间结构考虑规划，再反过来从规划要求考虑建筑、景观和外部空间。在整体设计中这四个部分应该是相互制约的，在每一个设计阶段都要兼顾其他设计阶段。

（2）中观层次——优化群体建筑外部环境。在校园整体设计中，应使群体建筑外部环境与其周边达到整体性的效果。优化外部空间的形式有以下两种：

1）外部环境主体化在群体建筑设计中，应当时常将建筑作为配角，将外部空间作为主体，根据建筑和图底的关系，着重分析外部空间围合的形态和联系，以及连续性。

2）外部环境宜人化将人的活动和外部空间结合起来，强调外部空间的参与性，应根据园区的格调与生活氛围人为地策划出一些功能空间，既对人们的生活方式产生影响，又有益于提高外部空间的地位，使内外空间相结合共同贡献于整体环境。

（3）微观层次——重构灰空间和构筑空间。

"灰空间"一方面指色彩，另一方面指介于室内外的过渡空间，它的存在却在一定程度上抹去了建筑内外部的界限，使两者成为一个有机整体。空间的连贯和设计的统一创造出内外一致的建筑，消除了内外空间的隔阂，给人一种自然的有机的整体感觉。

对于整体的设计而言，过渡性空间的考虑与设计显得十分突出，通过灰空间对建筑物的虚化处理，如用联廊、平台、立面的洞、室外楼梯、步行桥等增加空间和层次。所谓"构筑"空间是相对于建筑空间而言，定义为在建筑设计任务书中要求的必要的功能空间之外的，为集结场所而形成的空间，如墙体的延伸、立柱、框架、标志、塔等。构筑空间为非建筑空间，虽不能有直接功能作用，但它们常常为建筑的延伸以及室内外交融的部分，对人的知觉体验连续性和场所感的形成具有重要意义。

2. 校园整体设计适应性建构原则

（1）校园功能时代化。

1）持文化氛围，又要走向开放化。一方面，后勤市场社会化管理为校园建筑带来问题；另一方面，校园文化、体育资源向社会开放，对规划布局和交通管理带来影响。

2）知识经济使对人才知识的要求发生了转变。一是终身再教育成为社会的要求，成人教育学院作为大学附属功能应运而生；二是产学研一体化，科研成果服务于社会。

3）"共建、调整、合并、联合"是新时期教育改革的八字方针，其目的在于资源优势互补及多学科的综合为大学向更高层次发展提供良好的机会。因而校园设计将有必要加强教学中心区的集中布局，改革各系封闭独立环境的布置，以利于资源共享和学科交流。个体独立、大体集中的布局模式达到高效，形成便捷的智能性教学环境。

4）高等教育的内涵由传统的教师对学生的单向灌输向以学生为主体的、以人的发展和素质培养为中心的开放式教育转化，这一趋势要求在校园设计中强调"以人为本"的思想，强调步行空间、人的尺度，以及人与自然、人与人的交流，不仅强调主要的教学空间，整个校园的学生生活空间都应作为一个整体受到重视。

（2）校园中心整体凝聚力的形成。早期校园的主要特点是建筑群围绕一个中心广场形成严整的轴线关系，四周柱廊相连，图书馆或其他主导建筑位于轴线一端。中心广场与广场尽端标志性主导建筑成为校园主广场及大型交往公共空间，并强化了校园特色上的认知性，由于一体或整体相对分散、零乱，所以中心感的形成有利于整体感的形成（图2-4-1）。

图2-4-1 哈尔滨工程大学

现代校园强调人性化空间，因而可以摒弃早期校园中心广场规划布局中严谨的轴线关系、冷漠感和非人的尺度，在保持与阳光绿化接触的开阔空间的同时，以软硬铺地相结合，宜人尺度的室外、家具、灌木台阶以及非对称布局围合的交往空间，使之成为不仅仅供大型集会，且供平时休闲读书的富有凝聚力的校园中心（图2-4-2）。此外单体建筑还应反映大学校园建筑的特征，使其统一和谐。

图2-4-2 广东工业大学正门

（3）校园规划的历时整体性。指校园设计不仅仅在首期、近期、远期的发展上均有完整性，同时对校园未来在扩展的整体性上具有约束力。

1）创造使用灵活、扩展方便的弹性生长型校园结构，各功能区均留有一定比例的远期用地和弹性用地，并可依据原有构图制约而保持整体统一性。

2）设计中应考虑周围用地可能发展的方向，可采用趋势性极强的线性布局或发散型及完型构图方式。

（4）校园内外部空间整体化——环境景观的园林化。内外部空间的交融，强调空间的交往性。大学校园不仅是传授知识职能的教育场所，也是陶冶性情、全面发展的生活环境。其外部空间设计可学用"建筑融于园景"。使外部空间成为建筑空间的延伸，在内部空间设计可学用"园林融入建筑"，使人身在室内犹在室外园景中，随时可以享受绿化生态环境。

此外还可以融入西方现代园林景观设计手法，如：

1）大型开放空间：中心花坛、下沉广场、露天剧场、台地、院落等。

2）中型开放空间：滨水空间、室外平台、屋顶花园、架空层等。

3）小型开放空间：廊道、花架、室外家具、绿化围合、建筑灰空间等。

4）多层次开放空间。

5）校园文化格调整体化。

一个大学校园应有其统一的文化格调。有其特别的文化格调和人文精神，在设计中必须考虑，也必须体现其个性特征。

大学校园建筑形象不同于其他文化性、商业性建筑，商业性建筑大多要求标新立异、自我突出、注重时尚。给人们第一时间上的视觉冲击力，而大学建筑则承载着大学的人文历史，是学生接受知识的场所，典雅、庄重、朴素、自然应该是其本质特征。其形象性标志以回归绿色设计和纯净形式为优，以功能和空间环境的营造为主，屏弃虚假、造作的形式，追求自然清新。而现在有些设计过分强调造型，体现过分夸张，装饰过分豪华，违背了教育建筑的本质。校园建筑形象在个体之间可以不必追求统一风格，不同历史时期的建筑，不同使用功能可以通过不同的建筑处理手法，诠释对大学校园精神的理解，从而反映大学校园文化的多元性、自由性、兼容并蓄，记载不同历史时期校园发展的历程。

3. 建筑设计与规划中情感空间塑造的整体性

（1）情感建筑与校园文化。一所理想的大学校园应当由美好的物质环境组成，应使其结合得相得益彰，富有整体和统一性。所谓"情感空间"，是与物质空间相对立的，情感空间一定由物质空间组成，而物质空间不一定是情感空间，情感空间强调感受力量，这类空间被关怀的人才是真正的主角，而建筑与环境只有具备了情感空间之后才真正有了灵魂，其完整性和统一性才能得到体现。

一个吸引人的、有感染力的、能够潜移默化地教育改造人的大学校园，一定具有典型丰富的情感空间，与物质空间组成大学校园的全部。正是这各种情感空间的组合，构成并决定了我们对一所大学校园环境与校园文化的总体印象，这也是校园文化的重要组成部分。缺少情感空间的大学校园是一个不完整的校园，校园的整体性受到破坏。

（2）情景设计与校园活动。人们常说"建筑是凝固的音乐"，因此，人们的习惯思维中建筑设计是静态的。体量、尺度、比例、色彩、空间成为建筑师最常用的词语，表现图成为建筑设计时表达意向最常用的手段，但如果我们暂时把关注的静止的建筑转变为建筑中场所的情景及场所中活动的人们与人们的活动，关注人们和建筑的整体性，校园将更具有完整性和统一性。

2.4.2 城市中的 CBD

随着可持续发展思想的兴起和对人本主义的关注，CBD 的环境问题引起了越来越多的重视。CBD 的环境质量和生存质量成为了 CBD 可持续发展的关键指标之一，也直接影响到 CBD 经济功能的强弱和延续。基于此，作为可持续发展中重要一环的 CBD 开放空间

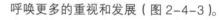

呼唤更多的重视和发展（图 2-4-3）。

2.4.2.1 CBD 开放空间的内涵

CBD 开放空间是属于公共价值领域的 CBD 空间，是担负生态、文化、景观、保护等多重目的而存在的 CBD 公共外部空间，是真正为 CBD 提供各种公共活动、社会生活服务的外部空间场所。CBD 开放空间主要包含以下内容。

1. CBD 开放空间是 CBD 空间系统中的连续子系统

CBD 开放空间是 CBD 空间系统中的一个子系统，也是一个有层次、有结构的有机连续的网

图 2-4-3 广州 CBD 新中心——珠江新城（拍摄：刘婷婷）

络系统。开放空间中的景观道路系统体现了一种线性的连续，开放空间中的大型景观场地、公园、广场、中心绿地等构成了 CBD 空间系统中的面状系统，而大量综合性建筑外部场地、交通岛、小型散置绿地形成了 CBD 空间系统中的点状系统，它们有机地构成了 CBD 空间中的连续子系统，共同完成开放空间所赋有的景观、文化、生态等多重功能（图 2-4-4）。

图 2-4-4　广州珠江新城 CBD 鸟瞰图

2. CBD 开放空间是具备承载使用活动功能的物质空间

CBD 开放空间首先是开放空间，是物质空间，其基本功能是承载 CBD 的各类公共活动，如道路交通及休闲漫步、集会游憩、观光摄影、文化考察等。由于 CBD 承载使用活动功能，必须要求开放空间要满足各类人群的需求，也就是要求 CBD 开放空间必须要有较高的人性化水准，即良好的空间生理适应性（图 2-4-5）。

3. CBD 开放空间是体验和感受 CBD 的主要领域

CBD 开放空间是 CBD 内最具有城市魅力和吸引力的空间，表现出强烈的异乎城市其他地域的 CBD 特色，绿色环绕的空间氛围、历史文化气息和现代科技文明激荡的景观火花，都让人心动地去感受它、触摸它，洋溢在体验它的快乐之中（图 2-4-6）。

图 2-4-5　广州番禺 CBD——居住中心

图 2-4-6　孟买 CBD——领域空间

4. CBD 开放空间是稀缺型 CBD 公共资源

"城市土地资源的根本属性是稀缺性"。城市空间资源的稀缺性是特大城市中心城区面临的无法回避的问题，CBD 由于其自身特点，寸地寸金，开放空间尤其显得珍贵和稀缺。正因如此，不管是万米的广场还是零散小绿地，都要求精心设计、巧致安排（图 2-4-7）。

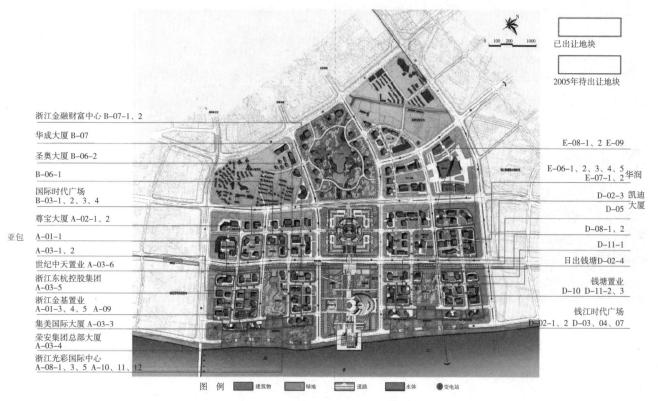

图 2-4-7　杭州 CBD 示意——资源的充分利用

2.4.2.2　CBD 开放空间的属性

1. 公共开放性

CBD 开放空间是提供给全体使用者的，"人人平等，人人有份"，既对本市市民公众开放，也对外来游客开放，具有使用对象上的普遍性。同时，在具体使用上，应当没有特殊的附加条件或任何限制，即"可接近性"，容易进入。对于某些特殊的 CBD 开放空间类型，往往还是以极为欢迎的姿态迎接游人的进入，如 CBD 开放空间中的商业步行街，由于人流的汇聚，"人"也成为了一道道风景，"人看人"成为 CBD 开放空间中闲适的活动。

2. 社会功能性

CBD 开放空间是担负生态、文化、景观、保护等多重目的而存在的 CBD 公共外部空间，是真正为 CBD 提供各种公共活动、社会生活服务的外部空间场所；是具备承载使用活动功能的物质空间。所以，CBD 开放空间必须满足城市社会生活需要，适应时代背景，满足人对室外环境、对大自然的需求，满足人在其中开展各种活动的需求。

3. 系统性、多样性、生态、景观、文化等

CBD 开放空间是 CBD 空间系统中的一个子系统，也是一个有层次、有结构的有机连续的网络系统，体现了 CBD 开放空间的系统性。同时，CBD 开放空间需要适应不同功能需求、适应不同人群使用而存在，体现其多样性。再者，CBD 开放空间无疑也是一个生态、景观、文化融为一体的积极空间，让人置身其中，或感受车水马龙、人声鼎沸的都市

气氛，或体验"大象无形、大音希声"的大自然情怀，或品位"垂贤吊古、远观沧海"的历史神韵。

当然，如果横向分析，CBD 开放空间还具有地域性、气候性等特点。每个城市的 CBD 都具有其自身的特点，同样，CBD 开放空间亦应结合 CBD 的特点来思考、规划和设计。如山城重庆在建设 CBD 开放空间的时候，其基地界面变化也是其自身属性。

2.4.2.3　CBD 开放空间的类型

1. 不同存在方式的 CBD 开放空间

空间用地的产权属性可以分为公共产权用地与非公共产权用地，据此，CBD 开放空间有两类存在方式：相对独立完整的开放空间和附属开发地块的开放空间。前者称为公共产权用地空间，如 CBD 广场、公共绿地、城市道路及绿地、大型市政设施中的开放空间，后者属于非公共产权用地空间，主要指依附于大型建筑或者建筑后退红线形成的小广场、绿地等空间，这里称为"附属开放空间"，但是性质上都是对任何人绝对开放的。

需要说明的是，依附于大型建筑的绿地空间中也有只对在该建筑服务的人群开放的绿地，顶多属于半开放空间，鉴于此限制，并且由于后面要探讨的规划设计手法和真正的开放空间也有很多的不一致，所以本论文不将其纳入开放空间的范围进行探讨。

2. 不同使用方式的 CBD 开放空间

根据是否使用以汽车为主的交通工具，CBD 开放空间可以分为车行开放空间和步行开放空间两大类。车行开放空间主要以街道空间为主。步行开放空间包括 CBD 道路中的人行道部分、广场、公共绿地，以及附属各类功能用地的道路、广场、集中绿地。步行是人们使用开放空间的最主要和最理想的方式，满足不同使用者步行时的多方位、多层次需要是创造理想 CBD 开放空间的基本条件。

2.4.2.4　CBD 开放空间的组成

CBD 开放空间可以从不同角度，以不同的原则，按照 CBD 开放空间环境的组成和结构关系，将它划分为一系列的层次。根据空间的使用活动功能特征可将 CBD 开放空间分为 CBD 街道开放空间、CBD 广场空间、CBD 公园绿地、CBD 滨水空间、CBD 附属开放空间、CBD 景观绿地六大类。

1. CBD 街道开放空间

吸取国外早期 CBD 失败的教训，现代 CBD 常常是集现代商务、商贸、休闲于一体的综合形式。如上海 CBD 基本以黄浦江为中心，浦西外滩以商贸为主，形成外滩商业中心，浦东陆家嘴以商务为主；重庆更是具有得天独厚的长江与嘉陵江两江汇聚的自然环境，CBD 的规划发展也以两江交汇处为中心，江北城以发展商务为主，解放碑、朝天门片区以发展现代商贸为主，形成解放碑商业中心。CBD 三大功能区根据自身特色，以发展经济为目的，各自形成自身街道特色，即 CBD 商业步行街、CBD 商务及休闲街、CBD 特色文化街。CBD 街道的首要功能是交通，包括车行交通、步行交通和步行活动。CBD 街道根据道路功能和其服务地块的功能分为交通性道路、商业性街道、生活性街道、商务及文化性街道和综合性街道。所以，CBD 街道开放空间主要包括 CBD 景观道路空间、CBD 商业步行街开放空间、CBD 商务及休闲街开放空间、CBD 特色文化街开放空间四大类，后二者为 CBD 特色街道开放空间。

2. CBD 广场空间

CBD 广场是 CBD 以及一个城市的历史文化、商务、休闲、交通的融合，是自然美和艺术美空间体现的场所。CBD 广场的规划建设不仅调整了整个 CBD 建筑布局，加大休闲空间、改善 CBD 环境的质量，也让 CBD 迈上更健康、更文明、更讲究生活素质和文化的台阶。

广场空间以其多功能、综合性为特点，常常构成城市公共活动中心和城市空间体系中的重要节点。由于 CBD 的主体经济性功能和辐射性特点，在 CBD 内，政治性广场一般比较少见，即使是重庆 CBD 的大都会广场虽以历史见证物"解放碑"为标志，但由于商业氛围的包围渲染，"解放碑"的政治意味减淡，而主要是以历史文化的形象而出现，那么大都会广场在定性上也就是"具有浓郁商业氛围的文化休闲型广场"。

因此从性质上，CBD 广场主要包括 CBD 商业广场、CBD 文化广场、CBD 交通集散广场及 CBD 综合广场。从环境位置上，包括建筑广场、街头广场、公共设施周边广场等。如上海地铁广场。

同时，CBD 广场和城市广场相比较有几大差异，表现在以下方面。

（1）性质及功能。城市广场一般性质比较明确，主体功能比较专一，而 CBD 广场性质近乎综合性，一般都包含有文化性、商业性和集散性，功能比较多样。如城市市政广场一般都属于城市的脸面部分，气派、宏大，常常是大面积硬地和开阔草坪，用以突显市政大厦或主体雕塑；城市交通集散广场一般都位于车站、码头等人流密集之处，广场用以分解人流等。

（2）面积及主题。城市广场一般面积较大、主题明确，从广场氛围营造到具体设计都必须围绕主题考虑，特别是市政广场或文化广场，如重庆的三峡广场，广场空间布局呈线形如蜿蜒三峡，景观设计无不围绕"三峡"展开；而 CBD 广场受 CBD 用地限制，一般都精打细算，用地面积较小，为了和丰富的周边环境协调，主题设置也较灵活，甚至可以采取化整为零的手法来实现广场的主体功能，如上海陆家嘴地铁广场，广场主导功能是满足交通集散，但广场景观设计却紧紧围绕周边重要可视景观设施如东方明珠电视塔、金贸大厦来展开，以 CBD 大主题为背景进行布置。

（3）设计手法。城市广场设计常用的手法是用或虚或实的广场轴线来统一，而 CBD 广场由于用地原因，场地可能极不规则，关键在通过比较、变换手法，多强调其内在特质的相通性、相关性，可以更加灵活，既有服务功能又和周边统一，同时也产生了广场的内在一致性。

3. CBD 公园绿地

CBD 公园绿地具有支持休闲、游乐等闲暇活动的使用功能，提升 CBD 景观品质等景观、生态功能。主要包括 CBD 公园（或中心绿地）以及商务休闲小公园。

（1）CBD 中心绿地。CBD 中心绿地指的是出于满足生态、景观及大量人群的室外活动的要求，在 CBD 内部辟出面积较大用作公园绿地的场地。中心绿地往往是被 CBD 主干道路切割的"建筑孤岛"、被大量高层建筑包围的"城市天井"，同时，中心绿地往往是 CBD 内公共活动强度最高的地方，也是 CBD 中心最受欢迎的室外休息、漫步场所，具有较强的公共性和流动性，可以较好地调动公众参与性。

（2）CBD商务休闲小公园。CBD商务休闲小公园是紧邻CBD街道但比CBD中心绿地规模小得多的公园绿地类型，类似城市绿于系统中的街道小游园。CBD商务休闲小公园一般设置在人流量大的商业商务街区，既有利于疏散高峰时的人流，又便于人们平时就近使用。

4. CBD滨水空间

滨水区经过较长历史时期的发展演变和建设积淀，形成了丰富综合的资源，不仅具有丰富的自然资源，而且也是城市人文资源的集中地。这些资源是滨水城市的宝贵财富，体现城市的文脉。刚性的人工建筑结合丰富变化的植物以及柔性有趣的自然水体将使城市更具魅力和活力，提升其综合价值。所以，CBD选址常常靠近江河，或人为地尽可能将自然水体引入CBD内部，结合城市街道、广场、小游园等，形成高度活跃的滨水空间。如上海CBD基本形成以黄浦江为中心，重庆CBD规划发展也以两江交汇处为中心。

CBD滨水空间指CBD中海、河、江、湖等水体与CBD人工环境共同形成的空间区域。绿地景观形式常表现为滨水林荫休闲步道、滨水文化休闲广场、滨水观景空间、儿童戏水空间、水上运动区、水生植物景区等，点线面结合，组织城市多样化活动。

以"江"、"河"、"人"、"园"、"林"描绘滨水环境，人、江水、生态、音乐将成为这个滨水空间特色创作的关键性元素。滨水景观既是都市繁华水景又是生态自然水景，更是历史人文水景。CBD滨水空间为人们提供游憩空间和接近大都市自然环境的理想场所，也为观赏CBD整体景观提供了适宜的观赏距离，因此容易成为观赏CBD景观以及两岸互望的最佳区域。

5. CBD附属开放空间

CBD附属开放空间指依附于大型建筑及市政设施或者建筑后退红线形成的小广场、绿地等空间，也包括建筑所属的周边零星土地以及城市密集的建筑街区内狭窄、闲置的小空间，但是性质上都是对任何人绝对开放的空间类型。与专用绿地不同的是，专用绿地一般只对单位成员或其家属完全开放。CBD附属开放空间零星分布，与CBD环境紧密结合，也是与人最亲密接触的开放空间形式，包括CBD街头附属开放空间、CBD建筑及广场等。

CBD附属开放空间往往呈点状分布于CBD环境内，空间之间位置相对独立，功能比较单一，表达一定范围的空间意义，可能是一个注目交点，也可能是一个节点形成一定范围的室外活动中心，分布广泛，是与人们生活最为接近的小空间。

街头附属开放空间规划的宗旨就是改变这些小块土地的孤立单调现状，将其变成美丽而具有生气的生态空间。其基本设计方法就是在保持所属地段基调统一的基础上，从特色化和精细化入手。借助一定的景观媒体，通过适宜的植物配置，创造动人的点状城市小景；也可以根据相邻小块绿地之间的关系，综合造景、引人思考，成为以点串珠状的"曲线景观"；做到"小有巧致"、"小有借取"及"小有意蕴"。

6. CBD景观绿地

CBD是一个不断发展的概念，CBD的建设也是一个不断摸索的过程。由于传统CBD单一的商务功能，CBD产生了一系列问题，如白天人流密集夜晚却成了"万人空巷"的"死城"，为了形成更健康更全面发展的CBD，国内很多城市都进行了有益的探索。重庆

CBD 基本模式是集商务、现代商贸及休闲娱乐于一体的多核结构，而国际国内更普遍的方式是 CBD 内引入 RBD。

RBD 即"休闲商务区"（Recreation Business District），是当今国际中心城市推出的与其商务中心功能相呼应的新兴产业区，它将休闲娱乐、科普博览、主题旅游、精品购物等各类项目加以整合，形成与商务相结合的休闲产业，从而创造现代都市新亮点，如文化街。"休闲商务区"已成为中央商务区的有机补充。

CBD 内的 RBD 最主要的组成部分是特色购物步行街，还包括集中或分散设置的高档咖啡馆、酒廊和特色餐厅。设计巧妙的购物步行街，从功能上讲，本身就是一种游憩设施，具备集购物、旅游、文化、休闲于一体的特征，满足了人们娱乐休闲与购物的需要。特色购物步行街能作为 RBD，是因为它与传统购物中心之间存在区别：首先它在整体设计上讲求主题一致；其次其营造的休闲环境不仅吸引购物者，休闲者、旅游者也常常在此驻足停留；其卖点是"精心营造的环境、文化独特的氛围"，并集中了许多平常不容易在同一地点买到的稀有商品。

根据资料显示，上海 CBD 中的陆家嘴 RBD 将主要集中在沿江区域与世纪大道两侧。同时，重庆也已圈定将与重庆 CBD 金三角的解放碑、江北城隔江相望的南滨路发展成为 RBD。南滨路 RBD 位于重庆 CBD 南部区域，南滨路历史文化资源厚重，被誉为"步步传奇，一路传说"。

因为 RBD 的特殊地位和功能，RBD 容易成为 CBD 内部表达地方文化、传达本土精神和展现当地民俗风情的最佳观光休闲娱乐场所。也由于 RBD 的这一特点，所以将其所属开放空间单独归类为 RBD 景观绿地。

RBD 景观绿地指的是 RBD 内部综合绿地，一般包括 RBD 主题绿地、RBD 特色步行街绿化、RBD 设施附属绿地。RBD 景观绿地具有衔接 RBD 与 CBD 其他功能区景观风貌的重要作用，同时与 RBD 内其他建筑构筑物、园林小品等共同构成 RBD 特有景观，共同合成 RBD 精神环境，通过对当地自然景观的表现或暗示进一步构建地方特色。

2.4.2.5 CBD 开放空间的空间知觉

人们对 CBD 开放空间的空间知觉主要包括对物体的大小、形状、颜色和方位等的判断，这种知觉包括视觉、听觉、嗅觉、触觉等方面，其中，视觉起到决定性的作用。

1. 色彩光影

色彩是影响视觉认知的基本因素。色彩牵涉的学问很多，包含美学、光学、心理学和民俗学等。心理学家提出许多关于色彩与人类心理关系的理论。他们指出每一种色彩都具有象征意义，当视觉接触到某种颜色，大脑神经便会接收色彩发放的讯号，即时产生联想，例如红色象征热情，于是看见红色便令人兴奋；蓝色象征理智，看见蓝色便使人冷静下来。经验丰富的设计师，往往能借助色彩的运用，勾起一般人心理上的联想，从而达到设计的目的。对于 CBD 开放空间色彩而言，最重要的是整体色彩。因此，开放空间中的一切实体要素，尤其是人工实体要素的色彩选择，应结合环境选择适当的主导色，营造整体和谐、个体引人观瞻的视觉效果。

光影也是 CBD 环境中的重要视觉要素。然而，CBD 环境由于有众多摩天大楼的原因，阳光下强烈的镜面反光是开放空间规划设计中难以回避的新问题，所以，开放空间的设计要做到既让人安享大都市的现代科技文明，又有效防止视觉污染。

2. 空间界面

心理学的研究表明，边界是人认知空间的核心要素。实体围合形成 CBD 空间实质是由实体表面界定了 CBD 空间的边界。这个界定 CBD 空间边界的物质实体表面和范围即是 CBD 开放空间的空间界面。

CBD 开放空间的空间界面主要包括顶部、中部、街墙和基底四个部分。塑造 CBD 开放空间的空间形态，主要就是通过分析和控制设计合适、美观的空间界面，使人们在认知 CBD 开放空间时获得舒适的视觉享受。

3. 环境认知模式

人们观光旅游或者选择游憩方式的活动过程总是首先通过视觉信息处理，即对视觉环境中的空间关系进行分析、总结的过程，从而形成视觉对空间环境的完整认知，建立对环境"好"与"坏"的自我评价。人们在建立这种评价之后，才决定对这个空间是否采取行动和如何采取行动，如"以人为本"开放空间的规划设计强调调动人的积极性去使用空间，同时关注人在空间中的行为。根据这个基本模式，刘滨谊教授把人们在空间中的行为分为三种类型，即必要性活动、选择性活动和社交性活动。环境认知模式也要求在 CBD 开放空间规划设计中特别关注开放空间的空间场所与意义，强调使用者的社会文化价值、视觉感受以及每个人对贴身公共环境的控制感。

2.4.2.6 CBD 开放空间的功能

CBD 开放空间的功能是 CBD 开放空间的特性以及与环境相互联系的内在反映。而 CBD 开放空间功能的实现又取决于 CBD 开放空间的结构。CBD 开放空间具有开放性和公共性的基本特性，即不被或很少被建筑物覆盖或围合，可供公众使用，任何人均可用以活动，这是 CBD 开放空间与建筑实体的根本区别。CBD 开放空间的基本特征表明了其在推进城市环境、经济和社会三者的和谐发展，满足人类更高层次的需求等方面将发挥重要的功能作用。

1. 生态功能

CBD 开放空间包容了 CBD 中大部分的自然环境要素，例如绿地、水体。这些自然要素是 CBD 生态系统最富有生命力的部分。CBD 是高度人工化的城市生态系统，CBD 开放空间的生态功能是 CBD 生态系统达到平衡的重要保障，对实现 CBD 的可持续发展极为重要。

2. 文化功能

CBD 开放空间是 CBD 中最基本的社会文化宣传平台，几乎可以涵盖 CBD 中的所有社会文化要素。例如：街道、广场、公园是人们进行社会交往、游憩和文娱活动的重要场所，也是文化宣传、科普教育、营造文化氛围的理想场所。而且，人文 CBD 是人们对 CBD 未来形象和内涵的向往与期望，CBD 开放空间的社会文化功能将需要更大的挖掘，才能得到更大的发挥和利用。

3. 景观功能

CBD 开放空间的质量和水平直接影响着 CBD 的面貌，CBD 开放空间有利于构造 CBD 景观特性。绿地各要素的重要作用是其他人工设施所无法取代的。正如著名的城市景观学家哈尔普因（L.HalPrin）所说："我们对城市的整体意象主要是对开放空间的景观而言的，那些空间如街道、弄巷、林荫道、市场、广场、步行街、停车场、回廊、公园、游乐场、山丘、河谷以及高速公路等编织而成城市。在我们想象的城市中，是这些城市的开放空间而不是那些建筑才是我们记忆里的。"

2.5 历史遗产地的保护与设计

历史文化遗产地的保护和设计是人类文明史发展的内在需求，是人类传承历史文化的重要研究课题。不同的保护方法与措施适用于不同的遗址类型。

2.5.1 工业废弃地的保护与设计

我国正处于新型工业化和城市化加速发展时期，伴随产业结构的调整和资源渐趋枯竭，工业废弃地和衰败工业区迅速增加，人们普遍认为，工业时代留下的东西是丑陋的、污染的，因此对工业遗产不够重视，许多珍贵的工业遗产被破坏。其实，这些工业遗产本身蕴涵了丰富的历史文化、艺术景观价值，是值得我们去保护和再利用的，加之城市普遍缺失的公共绿地和文化娱乐设施，在政府提出振兴老工业基地政策和科学发展观的背景下，综合运用生态与景观设计的策略和方法推进工业废弃地的景观更新和工业遗产资源的保护与再利用成为我国目前亟待解决的现实问题。

2.5.1.1 相关概念

1. 工业废弃地

工业废弃地是指曾为工业生产用地和与工业生产相关的交通、运输、仓储用地，后来废置不用的地段，如废弃的矿山、采石场、工厂、铁路站场、码头、工业废料倾倒场等。工业废弃地受到工业生产过程的影响，往往遗留下一些工业设施，在人类社会的发展历史中，这些工业设施的作用功不可没，它们见证了一个城市和地区的经济发展和历史进程。

工业废弃场地具有以下三方面的特征。

（1）景观特征。工业生产的历史给废弃地留下了大量的视觉景观特征。首先是场所遗留下来的工业设施和构筑物，如厂房、车间、仓库，以及废置的机械构架、人工砌筑、人工水道、平整的场地、切削的山体和一切为了工业用途而人工开凿和改变的自然痕迹。

（2）生态特征。在生态环保问题上，工业废弃地几乎都对环境造成了不同程度的破坏，改变了原始的环境。可以说，人类大规模移山填海改造自然的方式集中体现在这些工业废弃地上，工业活动产生的废弃物残留在当地环境中。场地中的土壤、水体和空气都不同程度地受到污染，自然植被都减少和退化。

（3）文化特征。工业生产集中代表了人类改造自然的力量。人类在早期工业化阶段严重破坏了生态环境。但是另一方面，工业历史本身也记载了人类技术进步的历程、工业文明的脚步。尽管今天我们用生态环保的眼光去审视工业化时期片面追求经济效益、忽视生态平衡的生产方式时，更多地怀着贬斥的态度，但是工业化进程仍然是人类现代文明的摇篮，今日的文明正是建立在工业化的基础之上的。因此，工业废弃地具有特殊的文化价值，特别是一些代表技术革新、具有里程碑意义的工业遗存，是人类文化遗产的一部分。

2. 后工业景观设计

后工业景观设计是秉承工业景观、传达历史信息的工业之后的景观设计，是为工业废弃地的改造提供新方法的新的景观形式。

后工业景观包含广义和狭义两个层面的内涵。广义后工业景观的外延包括许多领域：后工业城市再生景观、工业历史遗产保护、后工业建筑改造、后工业公共艺术等，涉及到包括城市规划、城市设计、遗产保护、建筑设计、景观设计、环境艺术等在内的许多专业。狭义后工业景观是指在废弃工业场地的基础上，通过对自然要素和工业元素的改造、重组和再生，形成的具有全新功能和含义的环境景观。主要包括城市后工业公园、城市后工业广场、郊野废弃地公园和矿区后工业公园等。

2.5.1.2 工业废弃地保护与设计的现状分析

1. 我国工业废弃地保护与设计的现状分析

中国城市的发展呈现出区域和层次上的不平衡。在我国东南部发达城市特别是大城市，传统制造业比重逐渐下降，以高科技信息产业、金融、商业、旅游为代表的第三产业迅速崛起，第三产业占城市国民生产总值的比重已经开始超过第二产业，经济发展已初步出现后工业化的端倪。

20 世纪 90 年代末，我国出现了后工业景观设计的实践，众所周知的有中山歧江公园、广州芳村花卉公园、上海徐家汇公园、天津万科水晶城社区公园、天津耳闸公园等。

尽管工业遗产保护已经有了初步的发展，但目前受法律保护的工业遗产项目仅占应纳入保护内容中的很小一部分。我国目前拥有全国重点文物保护单位 1271 处；省级重点文物保护单位近 7000 处；市、县级重点文物保护单位 6 万处；国家历史文化名城 102 座；历史文化名镇 44 处，历史文化名村 36 处。只有 11 处全国重点文物保护单位与工业遗产有关。

2. 国外后工业景观对我国工业废弃地保护与设计的借鉴

在发达国家，后工业景观设计兴起于 20 世纪六七十年代，90 年代获得了迅速发展，在工业遗产再利用、景观更新实践方面积累了宝贵的经验。借鉴发达国家后工业景观设计的先进思想方法，对于解决我国工业废弃地改造问题有一定的现实意义。

（1）美国西雅图煤气厂公园。西雅图煤气厂公园由景观设计师理查德·哈克设计，建于 1946 年的西雅图煤气厂开始主要生产天然气，后来为炼油厂。1956 年工厂废弃，20 世纪 70 年代开始规划设计公园，占地面积约 8hm^2。

当时顺理成章的做法是将原有的工厂设备全部拆除，把受污染的泥土挖去并运来干净的土壤，种上树林、草地，建成如画的自然式公园，但这将花费巨大。哈克却决定尊重基地已有的东西，从现有条件出发来设计公园，而不是把它从记忆中彻底抹去。这样做不仅降低了造价，而且创造了全新的公园景观，这在当时的景观界引起轰动，成为后工业景观设计的先例（图 2-5-1、图 2-5-2）。

设计师将东部的一些机器刷上了红、黄、蓝、紫等鲜艳的颜色，有的笼罩在简单的坡屋顶之下，成为游戏室内的器械。这些工业设施和厂房被改建成餐饮、休息、儿童游戏等公园设施，原先被大多数人认为是丑陋的工厂保持了其历史、美学和实用价值。

图 2-5-1　西雅图煤气厂公园原状（出自《西方现代景观设计的理论与实践》）

图 2-5-2　西雅图煤气厂公园现状（出自《西方现代景观设计的理论与实践》）

　　对被污染土壤的处理是整个设计的关键所在，表层污染严重的土壤虽被清除，但深层的石油精和二甲苯的污染却很难除去。哈克建议通过分析土壤中的污染物，引进能消化石油的酵素和其他有机物质，通过生物和化学的作用逐渐清除污染。于是土壤中添加了下水道中沉淀的淤泥、草坪修剪下来的草末和其他可以做肥料的废物，它们最重要的作用是促进泥土里的细菌去消化半个多世纪积累的化学污染物。由于土质的关系，公园中基本上是草地，而且凹凸不平，夏天会变得枯黄。哈克认为，万物轮回、叶枯叶荣是自然规律，应当遵循，没有必要用花费昂贵的常年灌溉来阻止这一现象。因而，公园不仅建造预算极低，而且维护管理的费用也很少。

　　西雅图煤气厂公园的景观形式体现了对工业废弃景观部分保留、部分更新的处理手法。选择性地保留了工业景观，即保留了具有纪念意义和里程碑价值的工业纪念物、工业建筑和设施，拆除了破败的、污染严重的构筑物和废弃物，改建了部分建筑设施，并新建了部分自然景观，新的景观形式同保留的工业遗迹在某种层面上取得联系，达到新旧交融的效果。这种对部分工业遗留设施加以再利用，而对其余部分采用彻底更新的方式，是将工业废弃地改造成后工业公园的一种手段。

　　西雅图煤气厂公园开创了城市后工业景观设计的先河，在工业废弃物美与丑的问题上确立了新的价值观，但是煤气厂公园对于工业设施的再利用仅是初步尝试，再利用的方式是有限的。工业遗迹更多的是采取一种古迹陈列式的保留，工业景观作为地段的历史记忆，更多的是一种工业雕塑式的展现。公园对废弃工业景观部分更新，其余大部分区域则是完全按照奥姆斯特德的景观模式处理的开敞的自然风景为主体。这反映了在当时的历史条件下，景观学界对于废弃工业地改造的主流仍倾向于传统的设计手法。

　　（2）法国巴黎雪铁龙公园。雪铁龙公园是由景观设计师克莱芒、普洛沃斯和建筑师博格、维吉尔、乔迪一起负责设计的。公园原址是雪铁龙汽车厂的厂房，20 世纪 70 年代工厂迁至巴黎市郊，1985 年市政府组织建造公园。

　　设计师将原汽车厂工业遗迹全部替代，用现代的设计手法重新组合景观要素，在形式、材料和尺度上寻找同工业景观相似的气氛，重新塑造出全新的景观形式。雪铁龙公园的设计体现了严谨与变化、几何与自然的结合。公园以三组建筑来组织空间，这三组建筑相互间有严谨的几何对位关系，它们共同限定了公园中心部分的空间，同时又构成了一些小的系列主题花园。第一组建筑是位于中心南部的 7 个混凝土立方体，设计者称之为"岩洞"，它们等距地沿水渠布置（图 2-5-3）。
与这些岩洞相对应的是在公园北部，中心草坪的另一
侧则是一个轻盈的、方形玻璃小温室，它们是公园中
的第二组建筑，在雨天也可以成为游人避雨的场所。
岩洞与小温室一实一虚，相互对应。第三组建筑是公
园东部的两个形象一致的玻璃大温室，尽管它们体量
高大，但是材料轻盈通透、比例优雅，所以并不显得特
别突出。公园中主要的游览路是对角线方向的轴线，它
把园子分为两个部分，又把园中各个主要景点，如黑色
园、中心草坪、喷泉广场、系列园中的蓝色园、运动园
等联系起来。这条游览路虽然是笔直的，但是在高差和
空间上却变化多端，所以并不感觉单调（图 2-5-4）。

图 2-5-3　第一组建筑——岩洞（出自《西方现代景观设计的理论与实践》）

两个大温室作为公园中的主体建筑，如同法国巴洛克园林中的宫殿；温室前下倾的大草
坪又似巴洛克园林中宫殿前下沉式大花坛的简化；大草坪与塞纳河之间的关系让人联
想起巴黎塞纳河边很多传统园林的处理手法；大水渠边的 L 型小建筑是文艺复兴和巴
洛克园林中岩洞的抽象；系列园的跌水如同意大利文艺复兴园林中的水链；林荫路与大
水渠更是直接引用了巴洛克园林造园的要素（图 2-5-5）；运动园体现了英国风景园的
精神；而黑色园则明显地受到日本枯山水园林的影响；6 个系列花园面积一致，均为长
方形。每个小园都通过一定的设计手法及植物材料的选择来体现一种金属和它的象征性
的对应物：一颗行星、一周中的某一天、一种色彩、一种特定的水的状态和一种感觉器
官。新景观以全新的工业气息对场地工业痕迹进行改造和美化，体现了典型的后现代主
义设计思想。

图 2-5-4　玻璃大温室和下倾的大草坪（出自《西方现代景观设计的理论与实践》）

图 2-5-5　公园中笔直但变化多端的园路（出自《西方现代景观设计的理论与实践》）

雪铁龙公园对工业遗迹全新替代的手法，是后工业景观设计的另一种手段。场地改
造的过程中，不再保留工厂原有的任何设施，但在公园的形式、材料、尺度上营造同工业
景观类似的氛围，并在对场地工业痕迹进行改造和美化时，秉承法国巴洛克园林的传统手
法，对其进行现代的演绎，将法国传统造园同现代后工业景观的创造完美地结合起来，这
一全新思路值得学习借鉴。

（3）德国北杜伊斯堡公园。北杜伊斯堡公园是德国景观设计师彼得·拉兹的代表作之一，坐落在具有百年历史的泰森钢铁厂旧址上。1985年钢铁厂关闭，1989年政府决定将工厂改造为公园。

北杜伊斯堡公园融合建筑设计、大地艺术等多学科领域的理念和手法，形成了一种复杂综合的景观艺术形式。它整体保留工厂的结构，在旧的工业场地基础上，通过新的设计语言和抽象的景观系统，将工业景观统一整合，新的景观元素完全镶嵌在旧有的工业结构背景之中。设计师保留了大量规模巨大、体量庞大，具有较高使用价值、历史价值和美学价值的建筑物和构筑物，将这些具有典型场地特征的工业景观作为公园建造的基础，并转变其使用功能以再利用，设计渗透了浓厚的生态思想。原储料仓改造成孩子们的游戏场、攀援墙，储料仓上面的悬空铁路改造成参观步道（图2-5-6）；蓄水池改造为潜水俱乐部，铸造车间改成了电影剧场，场地上的工业废料被循环使用，废置的铁板铺设了金属广场，矿渣用来铺设林荫广场（图2-5-7），原有的仓料库变成不同主题的小花园（图2-5-8）。

图2-5-6　由高架铁路改造的步行系统（出自《西方现代景观设计的理论与实践》）

图2-5-7　炉渣铺成的林荫广场（出自《西方现代景观设计的理论与实践》）

图2-5-8　由仓料库变成的不同主题的花园（出自《西方现代景观设计的理论与实践》）

北杜伊斯堡公园作为当代后工业城市公园的代表作，通过对工业景观进行重新阐释、更新和改造，将破碎的工业景观统一整合，实现了功能的转换，融合了建筑设计、大地艺术等学科领域的理念和手法，依靠生态技术的新发展，成功地将废弃的工业结构转变为具有全新文化含义和多种功能的新景观，被学术界称为"21世纪模式公园"，这种设计形式标志着西方国家后工业公园的设计已经逐渐趋于成熟。

（4）韩国仙游岛公园。大约300年前，韩国一位擅长真景山水画的画家叫郑敾，这位画家的作品中多以表现韩国的汉江以及汉江周边的美丽景色为主。著有名为《砚京郊名胜帖》的画册，这部画册里大约收藏了韩国25个美丽景点的写真图，其中就包括了海拔40m的仙游峰，此地周边环境也极其优美。1925年洪水爆发以后，日帝侵占时期，为建设金浦机场，这里变成了采石场，1978年又变成引进汉江水生产自来水的净水场，该岛开始失去本来面貌，逐渐被首尔市民忘却。2000年因净水场设施老旧，用了2年的时间对其进行改造，现已建成了一座优美的生态公园。

该公园不是用推土机推掉陈旧荒废的工厂，而是仍旧保存过去岁月的痕迹，使人联想起生态公园之意。位于公园入口的访问者咨询处利用了净水场设施中的急速过滤池，只拆除墙体和屋脊，把整个地下层用作露天停车场。位于咨询处对面的水质净化庭院"时间庭院"和温室以及环境水游乐场原来是药品沉淀池，空出5m高的水槽后，阶梯式种植水生植物、安排自然素材，成为了孩子们的水上游乐场（图2-5-9）。其他过滤池变成水生动植物园，

图2-5-9 孩子们的水上游乐场（出自《西方现代景观设计的理论与实践》）

抽水水泵场变成"咖啡馆"，浓缩槽和调整槽变成4个圆形空间，分别变成了圆形剧场（图2-5-10）、环境游乐场、环境教室、卫生间。三层规模的送水水泵室变成汉江展览馆，地下净水池变成绿色柱子的庭院（图2-5-11）。曾经的58座旧净水场建筑中12座变成了休息和教育场所。

图2-5-10 圆形剧场（出自《西方现代景观设计的理论与实践》）

图2-5-11 绿色柱子庭院（出自《西方现代景观设计的理论与实践》）

仙游岛生态公园的设计尊重了原有工业场地的功能，并在设计中适当添加了能够回忆其原有功能作用的设施，用实物创作的方式带人们进入场景的感悟当中，这种设计思路有一定的借鉴意义。

2.5.1.3 工业废弃地保护与设计的基本原理和设计原则

1. 基本原理

20世纪90年代，曾经是德国最重要工业基地的鲁尔区，进行了一项对欧洲乃至世界都产生重大影响的项目——国际建筑展埃姆舍公园。它的最大特色是巧妙地将旧有的工业区改建成公众休闲、娱乐的场所，并且尽可能地保留了原有的工业设施，同时又创造了独特的工业景观。这项环境与生态的整治工程，解决了这一地区由于产业衰落带来的就业、居住和经济发展等诸多方面的难题，从而赋予旧的工业基地以新的生机，这一意义深远的实践，为世界上其他旧工业区的改造树立了典范。

借鉴发达国家后工业景观设计的思想与方法，可以总结出我国工业废弃地的保护与设计的基本原理。

（1）保护原理。在东西方文化中，都有保护资源的优秀传统值得借鉴，在大规模的城市建设中，尊重场所的自然发展过程，将带有场所特征的自然因素结合在设计之中，可以很好地维护场所的健康。生态设计也告诉我们，新的设计形式仍然应以场所的自然过程为依据，依据场所中的阳光、地形、水、土壤、植被及能量等元素进行再处理以满足现代人的需要。

（2）节约原理。地球上的自然资源分为可再生资源（如水、动物等）和不可再生资源（如森林、石油、煤等）。要实现人类生存环境的可持续，必须对资源采用保本取息的方式。在废弃地改造过程中，对当地材料，特别是对原有植物和建材的使用，是设计生态化的一个重要方面。乡土物种最适宜于在当地生长，管理和维护成本最低，并因为物种的消失已成为当代最主要的环境问题之一。

（3）减量原理。尽可能减少包括能源、土地、水、生物资源的使用，利用废弃的土地、原料，包括植被、土壤、砖石等，服务于新的功能，可以大大节约资源和能源，提高使用效率。例如在改造20世纪五六十年代的粤东造船厂的过程中，利用现有的榕树、厂房和机器，设计出一个开放的市民休闲场所，最大限度地减少了能源的使用。

2. 设计原则

人类社会发展到一特定时期，即整体人类生态系统的时代背景下，人类发展与资源环境的可持续性成为景观设计的评价标准。基于可持续论的理论指导，并结合我国传统造园理念对后工业景观设计的借鉴意义，总结出工业废弃地保护与设计的基本原则如下。

（1）尊重场地本体特征的原则。在进行后工业景观设计时，首先要转变思想认识，把工业景观看作是人类历史中工业文明的承载，改造过程中要更多地考虑文脉的传承、工业景观主题的表达，将工业之美、技术之美看作是人类文明史的见证，融入新时代多元化的审美观，真正实现人、自然、社会的和谐发展。

（2）综合平衡的改造原则。工业废弃地包含有废弃的矿山、采石场、工厂、铁路站场、码头、工业废料倾倒场等内容，从这一定义我们不难看出，工业废弃地原本存在的环境，应该是具有一定要求的特殊环境，那么在改造过程中，在既符合原有场地特点又满足现有需求的条件下，进行综合平衡处理，充分发掘场地特征，进行改造设计。

（3）绿色生态、可持续发展原则。在消除城市工业废弃地环境有害因素的前提下，对场地进行最小的干预，最大限度地提高能源与材料的利用率，减少建设与使用过程中的环境污染，同时要做到改善和维护地段周边地区的生态平衡，保障自然环境及生态系统的和谐稳定，在设计中体现可持续发展的设计思路。

（4）形式与新功能匹配原则。一般而言，工业废弃地由于其特殊性，注定与其他设计场所相比，有其独特的形式特点，同时也会有与众不同的设计元素。然而，既然是改造，也就是说要给它赋予新的内容，满足现代人的功能要求和审美要求。因此，在设计过程中，如何保留原有的主题同时又赋予新的设计内容是设计的关键。

城市后工业景观的建设最终是为广大市民和公众服务的，因此，在可持续发展与生态理论的指导下，后工业公园的设计还要注重本着人本主义思想，坚持以人为本，把人的行为模式作为环境设计的重要依据，从人的心理欲望和行为习惯出发，满足物质和精神两大层面需求的人性化景观设计。

将工业废弃地改造为后工业景观，不仅是简单的改头换面，改变一块土地的贫瘠与荒凉，改造的最终目的是为工业衰退所带来的社会与环境问题寻找出路。

2.5.1.4 工业废弃地的保护与设计方法

工业废弃地的保护与设计是运用景观设计的手法实现工业废弃地功能转变的产物。后工业景观设计与其他类型景观设计的最人差别在丁，它是基于工业废弃地的特殊场地环境进行的更新改造，而对工业废弃地进行景观更新设计，最关键的是要解决遗留的废弃物的保留、改造、再利用的问题。如何处理场地上废弃的建筑物、构筑物等硬质要素是我们首先要探讨的。

1. 对场地废弃的硬质要素的再利用

根据《美国建筑设计工程与施工百科全书》的定义，建筑再利用是指在建筑领域中借助创造一种新的使用机能或者是借助重新组构一幢建筑，使其得以满足一种新需求，重新延续一幢建筑或构造物的行为，也被称作建筑适应性。旧建筑再利用可以使我们捕捉建筑历史的价值，并将其转化成将来的新活力，建筑功能置换是旧建筑再利用的核心。

目前，在我国进行大规模城市产业结构和用地结构调整之际，面临着大量工业废弃建筑的改造再利用问题。在未来的一二十年内，我国的建筑业发展将会由"建设时代"开始向"重建时代"过渡，以建筑功能置换为主要特点的"适应性再利用"将成为工作的重点。工业废弃建筑作为城市细胞的一部分，是非传统的城市景观，是城市的一种特殊语言。对这些建筑的改造再利用，不仅要考虑其经济效益，更要考虑其历史文化和生态价值。由于再利用是基于既成建筑的开发，具有工期短、投资少、效益高的优点；通过对旧有建筑适应性的再利用可以将人类的历史以活的面貌展现在今日（图2-5-12）。旧建筑再利用是对地球自然资源行之有效的利用，对环境破坏行为减少，是一种积极的可持续发展的行为。

图2-5-12 上海辰山植物园矿坑花园中的旧建筑利用

我国工业废弃建筑的功能置换，有以下的特点：工业建筑内部结构形式一般是钢筋混凝土框架结构，为其内部空间的重新组合与外部形象的重新塑造创造了良好的条件。我们可以本着节约资源、节省建设资金的原则，依据新功能的要求，通过创造性的设计，使原来呆板的工业建筑变为具有动人空间与形象的城市新建筑。依据工业废弃建筑内部空间形态特征的不同，对工业废弃建筑有不同的再利用方式。

（1）"普通型"的多层框架结构建筑的空间灵活度相对较大，因此，在改造过程中可以根据柱网的变化，局部增减楼板，在建筑内部营建出中庭空间，打破原有的空间形态；同时，由于框架结构的特性使建筑立面和屋顶的改造灵活性很大，可以形成独特的建筑形象。皮阿诺将汽车制造中心五层的框架结构厂房改造为一个多功能的文化商业综合性建筑即是其中一例。

（2）具有高大内部空间的"大跨度"建筑，其空间因素对改造设计的制约性最小，既可以保留原有的开敞的空间形态，也可以采取化整为零的手法，根据不同的要求在水平或垂直方向上变更建筑内部空间形态，形成丰富变化的空间组合（图2-5-13）。1997年伦敦蓝鸟汽车修理厂改建为一个时尚的餐饮与商业综合体即是一个著名的例子。

图2-5-13 岐江公园中旧厂房改造的美术馆（拍摄：朱凯）

（3）一些"特异型"的建筑物、构筑物，如煤气储藏仓、储粮仓、冷却塔等，功能的特殊性造成了空间形态的特异，这种特异性为建筑的改造创作提供了新的机遇。如前面提到的北杜伊斯堡公园中由仓料库变成的各种主题的小花园。

以上所述的是对工业废弃建筑物、构筑物予以整体保留再利用的方式，除此之外，也可以对建筑进行部分保留，使其成为公园的标志性景观。一般来讲，保留一些构件，如墙、基础、框架等，保留的片断原功能消失，作为一种工业符号重新组合成工业景观雕塑，代表原工厂的性格特征，具有典型的意义。这些景观雕塑归属于特定的场所本身，体现了历史文脉，如中山岐江公园，在对旧的构筑物再利用的过程中，拆除墙体，保留框架与吊车梁作为主题区的景观小品，隐喻旧有造船厂的场所特点。

在对建筑本身进行合理的改造再利用之余，对建筑外部环境的重组与优化也是很必要的。一般来说，旧的工业、仓储业建筑原有的外部环境，如道路、设施场地等的设计是以运输、储藏、生产组织为中心进行的，对人的活动考虑较少，其外部空间单调乏味、缺少特征，因此对这类建筑进行功能置换时，要以人为本，积极创建促进人与人交往的外部开放空间。如北杜伊斯堡公园中由高架铁路改造的步行系统。

还有就是室外公共设施的再设计。室外公共设施，又称街道小品，它包括座椅、踏步、护栏、路灯、邮箱、指示牌、垃圾箱等。室外公共设施的设计是建筑外部空间设计的重要内容，对城市景观具有重要的视觉影响，同时也关系到能否形成一个方便、舒适、具有吸引力的外部环境形象。

在对场地废弃的硬质要素再利用的过程中，还有一点至关重要，就是在对工业废弃建筑改造再利用时，前期工作需要与结构专业人员密切配合，要充分了解建筑的使用年限、原有的设计负荷、现有的实际可承受负荷、结构损坏情况、地基承载力及工业建筑基础设施状况等，进行必要的扩充改善以便后期改造设计的展开。

2. 对场地工业废弃材料的再利用

工业生产的千差万别导致工业废弃材料的污染性存在很大差异，污染问题是后工业景观设计必须考虑并予以解决的问题。

工业废弃材料包括废置不用的工业材料、残砖瓦砾和不再使用的生产原料以及工业产生的废渣。废弃材料的再利用，在某种意义上来说是一种资源的再利用，体现了生态原则。

工业废弃材料的处理分三种情况：

（1）一部分废弃材料对环境没有污染，有的材料可以就地使用，实现这些材料的循环利用，北杜伊斯堡风景公园用矿渣铺成的林荫广场和用废弃的正方形钢板铺的"金属广场"都是很好的例子；有的要经过二次加工后成为独特的景观设计材料加以再利用，利用后看不到废料的原形，如钢板熔化后铸造成其他设施、砖或石头磨碎后当作混凝土骨料、建筑拆后的瓦砾当作场地的填充材料等。

（2）一部分废弃材料是污染环境的，这样的废料要经过技术处理，清理污染后再利用。

（3）还有一部分废弃材料污染严重，要对污染源进行清理，污染物外运，不得加以再利用。

3. 场地其他因素分析

后工业景观基于工业废弃地进行的改造设计，除上述内容外，还涉及以下几方面。

采掘活动留下的工业废弃地，地表痕迹斑斑，如何使之转变是必须面对的问题。我们不应隐藏掩盖，而应把其看作是有价值的文化景观有选择地加以保留，并适当进行加工改造，通过艺术创作的手法提升景观价值。这一类的典型代表是大地艺术家哈维·菲特在采石场上创作的雕塑景观。当然在后工业景观设计中，我们更多的是提倡人体尺度的景观设计，满足人们的日常使用。

工业机械设备、运输仓储等工业设施同样记载了场地的历史，表现了工业景观本身的特征，在它们的取舍问题上，对于代表工业性格特征的典型片断，一般改造性地予以保留和再利用。如西雅图煤气厂公园中的高炉，中山歧江公园中的龙门吊、铁轨、变压器等。

在工业废弃地更新过程中，积极将工业元素转变为新的景观兴奋点，创造出富有文化特色的景观也是其特殊意义所在。工业景观是人类历史上遗留的文化景观，是人类工业文明的见证，这些工业遗迹作为一种工业活动的结果饱含着技术之美，将其改建成后工业景观，要把握其特殊的地段性格，把握隐含的工业气息，将场地不同的历史层面加以发掘、整合、再现，使人们更好地解读城市空间的变迁，警示人们珍惜、保护自然；要将后工业景观作为技术展廊，满足人们对工业机械、技术知识的好奇，发挥潜在的文化教育功能；要通过保留工业遗迹，加工和再利用工业景观要素，传承工业文化传统，延续场所文脉，丰富景观设计内容。

还需要提到的是，在改造设计的过程中，要注意对原有场地基础设施的再利用，包括水网体系、电网路线、交通路网等方面。

4. 后工业景观的植物景观创造

由于工业废弃地场地环境的特殊性，后工业景观场地的植物景观创造必须充分考虑基地的土壤地质情况，结合实际情况创造出与常规园林不同的景观特征。

（1）在废弃地的场地上，按照自然界"优胜劣汰"的原则，有些靠竞争取胜生存下来的野生植物，这些植物的自然再生过程是物种竞争、适应环境的结果。对此，我们应当持尊重保留的态度，保护场地上的野生植物，在场地上重新建立起生态平衡，创造出与众不同的景观特征。

（2）在植物王国中，有些特殊植物可以适应特殊生态因子，如受到工业污染的土壤、含重金属离子的土壤或矿渣矿石等介质，这些植物还可以吸收污水或土壤中的有害物质，在一定程度上治理污染问题，所以更应科学引入，广泛推广种植。

（3）当工业废弃地的环境条件极端恶劣，其受损生态系统不可逆时，对土壤进行全面技术处理、改良土壤性能以恢复植物生长是必需的。工业废弃地的共同特点是由于废弃沉积物、矿物渗出物、污染物和其他干扰物的存在，使土壤中缺少自然土中的营养物质。植被重建是工业废弃地基质改良的有效措施，因为植被重建除了本身起着构建退化生态系统的初始植物群落的作用外，还能促进土壤的结构与肥力以及土壤微生物与动物的恢复，从而促进整个生态系统结构与功能的恢复与重建，以更好地创造植物景观特征。

2.5.2　历史文化名城的保护与设计

我国是一个历史悠久的文明古国，许多历史文化名城是我国古代政治、经济、文化的中心，或者是近代革命运动和发生重大历史事件的重要城市。在这些历史文化名城的地上和地下，保存了大量历史文物与革命文物，体现了中华民族的悠久历史、光荣的革命传统与光辉灿烂的文化。做好这些历史文化名城的保护和设计工作，对建设社会主义精神文明和发展我国的旅游事业都起着重要的作用。

但就目前来看，我国的文化环境保护远远落后于生态环境保护。有的城市只看近期利益、只考虑政绩工程，对具有珍贵历史文化价值的街区任意拆毁，使历史文化名城保护事业面对严峻局面。在建设新城与保护旧城，以及文物保护与合理利用的关系问题上存在诸多问题，部分历史文化名城的个性和特色正在流失。

国务院自1982年2月8日颁布国家第一批历史文化名城名单的24座城市后，先后别分批准了100座城市为历史文化名城，包括北京、杭州、成都、大理、丽江、乐山、武汉、天津等各地。之所以颁布这些名城，是因为这些城市文物古迹丰富，具有某一历史时期的传统风貌、民族地方特色的街区、建筑群、村镇等历史文化环境的重要组成部分。城市是人类最伟大的文化创造，其文化价值是其得以延续、发展的决定性因素。突出历史文化名城的特色，充分、合理地利用文化资源，有利于现在及今后城市的综合发展（图2-5-14 ~ 图2-5-16）。

2.5.2.1　中国历史文化名城的特点

中国历史悠久、源远流长，历史古城镇遍及全国，约有2000多个，数量之多、传统特色之丰富举世闻名。这些名城、古城、古镇拥有优美的自然环境、名胜古迹和各具特色的乡土建筑，它们体现了中华民族灿烂的历史文化。

中国地域辽阔、幅员广大、民族众多、地理和人文环境差别很大，因而中国的城市类型众多、各具特色、风格迥异。

图 2-5-14　广东开平古城（拍摄：刘婷婷）

图 2-5-15　云南束河古城（拍摄：刘婷婷）

图 2-5-16　云南大理古城（拍摄：刘婷婷）

中国的名城、古城大多是按规划建造的，据科学考古和史料证实，从春秋战国一直到明、清时代，古代的都城和地区统治中心，以及一些重要的边防城市都是事先有周密的规划，然后先做地下供水排水设施，后做地面建筑，而这些古城规划基本上遵循了中国儒家传统思想，因而一脉相承、具有特色。

中国的历史名城、古城具有重要的文化职能，无论是政治类还是经济类城市，都建有宗教寺观、学宫坛庙，形成城市中最突出的建筑物，也是今天主要的名胜古迹地。

中国的历史城市从未出现过衰落，不像欧洲的古城出现过几次城市衰落。中国的古代社会长期处于统一的大帝国，中国古代文化长久不衰，经济发展又较缓慢，因而城市历史延续绵长，历史从未间断。古城中留下很多不同时代的历史建筑和文化古迹。

2.5.2.2　保护与开发历史文化名城的意义

历史文化名城的保护与开发旨在保护祖国的优秀历史文化遗产，保护地方历史文化的特征和多样性；历史文化名城的保护与开发能明确指出历史文化在中国城市建设史上的重要地位。

我国历史悠久，历史文化名城众多。世界上许多历史文化名城之所以能经久不衰地延续下来并受到人们的推崇，一个内在的要素就是这些城市始终代表着本民族的传统文化，并将其最富有生命力的部分留传给后代。中华民族五千年的悠久历史，造就了许多闻名退迩的历史文化名城,是我国古代城市规划的结晶,是我国各族人民智慧的杰作,具有重大的历史意义和现实意义。作为人类文明的一个重要组成部分,它们不仅属于中华民族,也属于世界。保护好这些城市,使之在现代社会演进的过程中继续保持历史风貌和文化特色,给子孙后代留下珍贵的城市记忆,是我们这代人不可推卸的历史责任。城市是一个不断发展更新的有机整体,城市的现代化过程是建立在其自身发展的历史基础上的。继承和保护城市的文化传统与历史遗产,不仅是城市现代化建设的基本内容及文明进步的标志,而且是彰显城市魅力与个性的重要手段。

历史文化名城的保护与开发能有效地指导城市历史文化保护和城市建设的协调发展,加强城市的内涵和吸引力,充分体现城市的历史文化价值。

历史文化的保护与开发和城市经济完全可以协调发展,并最终实现双赢。城市历史文化保护得好,不仅不会成为经济社会发展的负担,而且可以形成新的经济增长点。因此,对历史文化名城的保护与开发,应站在城市长远发展的战略高度,真正处理好传承历史与发展现实、遗产保护与开发利用的关系。历史文化名城作为城市历史和传统文化的见证与载体,在城市建设和发展过程中,既要注意保护和维持现有的历史风貌和传统格局,又要顺应时代发展和人民生产生活的现实需要,使历史氛围和现代气息交相辉映,从而不断提升城市的形象和品位。同时,要积极探索把历史文化资源的开发、经营和管理放在构筑21世纪文化产业发展的战略框架中来考虑,既要守护好我们民族历史文化的根基,使其在与时代文明的碰撞融合过程中不断发扬光大,又要使其与城市现代化建设融为一体。按照"国际化、市场化、人文化、生态化"的发展理念,保护历史文化名城既是实现这一目标的应有之举,也是城市加快现代化建设最现实的战略选择。

2.5.2.3 历史文化名城保护与开发的原则与目标

1. 原则

(1)保护原则。保护具有历史价值的城市的区域空间格局、传统风貌特色、历史地段、历史建筑形态、历史空间形态、重要的景观线和街道对景、传统景观色彩及传统绿化方式种类等历史文化构成要素,延续城市的历史文化环境,体现城市的历史文化内涵。

(2)发展原则。贯彻历史城市的可持续发展战略,发挥传统的历史文化环境在现阶段的现实积极意义。充分利用历史城市的物质和人文资源,发展文化和旅游事业,实现社会、环境、经济和文化效益的统一发展。

应统筹考虑旧城保护和新城的发展,合理确定旧城的功能和容量,鼓励发展适合旧城空间传统特色的旅游产业与文化事业;应综合考虑古城人口结构,提升古城就业人口和人口文化素质;积极探索适合古城保护和发展的古建改造模式,控制建设总量和开发强度;在保持古城传统街道肌理和尺度的前提下,建立和完善适合古城保护和复兴的综合交通体系。

2. 目标

目标一:建立整体性保护的框架,科学指导城市保护与发展。完善古城域、古城历史文化资源和自然景观资源的关系,坚持对古城的整体性保护。

目标二:探索历史环境保护的有效途径。探索积极保护与合理再利用的适当方式。发展地区的文化产业和旅游业,走可持续发展的道路。合理调整古城功能,防止片面强调古城经济发展目标，强化文化职能，增强发展活力，促进文化复兴，推动古城的可持续发展。

目标三：坚持"以人为本"的原则，改善历史城区的环境设施，提升城市环境品质。探索有效的方法，处理古城人民生活改善与景观风貌保护的关系，防止片面性解决带来的"建设性破坏"。统筹保护古城历史文化资源，重塑古城独特的空间秩序。

2.5.2.4　历史文化名城保护与开发的研究内容

1. 社会文化研究

人是有文化的动物，这是众所周知的，可是"文化"的定义是什么？就众说纷纭了。有的说："文化是复杂的现象，包括人类的知识、信仰、艺术、道德、法律、风俗，以及创造人类社会的能力和习惯。"也有人简括地说："文化是人类由生活经验所获得的智慧。"人类的文化活动，大致可分为语言文字、宗教信仰、物质文明、社会组织和生活方式。以上的各种文化活动，性质不同，演进的方式也不一样。语言文字的传播和学习，并不十分困难，欧洲不少国家的人民会说几种语言，也会用两三种文字。宗教信仰也可更改变换。物质文明的衣食住行更是日新月异。其中最不易改变的，要算是社会组织和生活方式了。

人类的文明史，开始于文字的发明，在时间上不过七八千年，这几千年只占人类史的 1% 而已。首先，人类文化的发展不是突然的，而是人类在生存竞争中学到许多经验，逐渐积累而流传下来的。换句话说，有史时代的许多文化都源于史前时代的人类活动。举例来说，中国的历史有 5000 年，可是我们知道中国史前时代就有许多不同的民族，散居各地，如北京人、蓝田人，他们的年代距今约有四五十万年。中国有史时代的文化与史前人类活动是分不开的。其次，各种人类的文化，因为环境的变迁，时代的更换，进退不一。史前有许多强盛的民族，早已灭亡，人类史上没有独霸一方的民族。人文学家公认人类的身体、智力和道德根本上是相同的，如果有理想的环境，任何民族都可逐步推进，创造高尚的文化。第三，人类有共同进取的合作力量。城市的发展过程，并不只是建筑物的增加以及居民的聚集，而是城市内部产生各具功能的区域，如商业区、住宅区、工业区，同时各个功能区之间存在着有机的联系，构成城市的整体。城市结构一方面受城市内部自然环境的约束，另一方面也受到历史发展、文化宗教和城市规划的影响。

2. 历史研究

迄今，我国政府已将 100 座城市列为中国历史文化名城，并对它们进行了重点保护。这些城市，有的曾被各朝帝王选作都城，如南京市、北京市；有的曾是当时的政治、经济重镇，如武汉市、上海市；有的曾是重大历史事件的发生地，如都江堰市、襄樊市；有的因拥有珍贵的文物遗迹而享有盛名，如承德市；有的则因出产精美的工艺品而著称于世，如景德镇市。它们的留存，为今天的人们回顾中国历史打开了一个窗口。对其历史的研究，能让我们深入了解其历史文化的沿革及对古城独特空间格局的形成所起到的作用。

3. 风貌研究

社会经济在不断发展，城市亦随之以前所未有的速度在向前发展，而我们的城市，在这种迅猛发展的过程中，正逐渐丧失其个性和特色，趋向雷同。我们区别一个又一个的城市，特别是一些大中型城市，越来越多地只能借助于城市中的地名牌、标志性建筑物以及为数不多的历史遗迹了。其实，城市的景观风貌特征和地方特色需要我们在城市建设过程中不断进行创造。所幸的是，保护城市风貌、创造地方特色，已成为了许多人的共识。城市是一个生产、居住、交通、商业、文化等在空间上的有机统一体，又是人们赖以生存的物质、经济、文化、社会等有机联系的环境。城市作为有机生活的环境是以其自然景观（山、川、河、湖等）、建筑景观（建构筑物、街道、绿化和各种设施等）和人文景观（人在各种生产生活和文化等活动中形成的特定习俗）来反映它的风貌形态和个性特征的。城市景观风貌特色的创造，综合来说就是需要我们延续城市的人文景观，保护城市的自然景观，创造适应城市人文景观和自然景观的城市建筑景观。每一个城市由于它们特定的地理位置和历史文化，一般来说，都会形成有别于其他城市的一些特点。

（1）自然地理环境。自然环境是人类赖以生存的自然界，包括作为生产资料和劳动对象的各种自然条件的总和，是人类生活、社会生存和发展的自然基础，对社会发展无决定性作用，但可加速或延缓其进程。而社会也影响和改变着自然地理环境，并随着社会生产力的发展，其影响日益广泛和深刻。自然地理环境是一个相对的概念，由于人类科学技术的进步和自然界与人类社会间相互作用的新形式的出现，它会扩及自然界新的方面。在空间上它可大可小，依据所研究问题的范围，可包括整个地理圈，也可指一个较小的地段。其厚度随所处的海拔高度和纬度不同而异。

自然地理环境中一切自然地理过程的发生和发展，所有物质的迁移和循环，各自然要素的动态变化，自然历史的演进，都是地球内力和外力综合作用的结果。

（2）城镇格局。城镇体系既是区域经济运行的结果，又是区域经济进一步发展的依托、基础和制约因素，也是区域问题产生的根源之一。在区域经济发展的过程中，一个合理的城镇体系可以实现单个城市无法实现的规模经济和聚集效益，使区域经济发展的资源配置效益最大化，反之亦然。因此，通过有组织的城镇体系规划，最佳、最有效地配置区域社会经济发展的各项资源，已成为各国政府的主要职责之一，也是对区域社会、经济、环境发展进行调控，提高区域经济竞争力的基本手段之一。城市空间构架是一个城市特色中最基本的要素，它直接关系到城市的发展方向和城市的风貌特色。优秀的环境格局应帮助人们识别地区和方位，通过中心区、道路、节点，用鲜明的特征标志赋予人们以场所感，引发对环境的亲切感和归属感，同时表现出形式美和方位识别性。在城市景观构架中，空间秩序由中心、道路网络、节点及其位势强度（形式信息强度）共同体现，是三维度的笛卡尔空间坐标系统，第三维度是由各个景观所反映的景观位势强度来综合衡量的。在此基础上，通过观赏者在这种秩序系统内运动、观景从而感知空间秩序，形成了动态变化的第四维度——时间维，使得景观构架秩序系统表现为四维度的"时—空"坐标系。作为感知主体，人们需要通过占据视点、展开视线、形成视野，完成对景观构架秩序的视觉感知，经信息处理和反馈，获得心理印象，表现为观景过程。由此可见，城市格局是形成城市景观特色风貌的基础。

丽江古城城市格局就非常独特，这里曲折有致的古老街巷，高低错落的民居建筑是典型的四合五天井、三坊一照壁。丽江古城曾经是西南丝绸之路和滇藏茶马古道上的重要商品集散地，也是丽江地区的政治、经济、文化中心。始建于宋末元初的丽江古城，到明初已具相当规模。经过长期的发展丽江古城形成了以四方街为中心，三条河流为魂魄，四条街道为骨架的城市结构。四方街自古为滇西北商贸中心，它的形成在国内实为罕见。现存完好的四方街，仍以其商贸中心的地位、古朴的风姿喜迎八方来客（图2-5-17）。

图2-5-17 云南丽江古城

（3）街道与巷道。街道与巷道是最直接反映城市外貌形象的，也是构成城市景观风貌的基础之一。街道除具有良好的建筑景观外，还可形成多样的特色。如上海南京路的商业街、北京琉璃厂的文化街、武昌卓到泉的科技街。在一个城市中，不但可以解决街道景观雷同的问题，还可将城市功能分区细化，使街道更具有可识别性和可记忆性，丰富城市的景观风貌。城市街道是人们最熟悉不过的，这类空间是线性的交通功能结合点状和面状的逗留、汇聚功能，形成一个城市中人们户外活动的物化场所，它不是由特定边界的设计围合而成，而是经由生长的减法原则，在整个城市四维体量被建筑物切削后剩余的部分，所以，这一空间类型在被赋予最多人类生活内涵和多样化情感要素的同时，其自身的细节和语言却最易被设计者和使用者忽略。从另一个方面来说，街道属于负空间的范畴，它最伟大的意义即在于它的非定义性，在于它从一个相对虚空而无限的范畴（如城市）中，通过其他事物（如建筑）的生长而被体验，这种过程往往决定了街道人文主义因素的与生俱来和不可或缺。

作为北京街巷概称与代表的"胡同"，不仅构成了北京城的交通网络，关系到北京的城市格局，而且是北京城市生活的依托，北京居民生息活动的场所，并从而成为北京历史文化发展演化的重要舞台。时代变迁、政局更替、世事沧桑、人情冷暖、风风雨雨、恩恩怨怨……既在这个舞台上不停顿地上演，又在这个舞台上留下了不同程度的印记。街景特色是维护历史的延续性，保护街区独特的人文景观。

（4）历史建筑。建筑，被称为凝固的乐章、石头的书、艺术的载体，集建筑结构、造型、彩绘、壁画、雕塑等于一身。大凡当代最先进的物质材料、工艺技术等，莫不争相用在辉煌的建筑物之上，成了人类文明发展阶段的标志。历史建筑从传承历史文脉、记录城市生活、丰富城市景观、展现城市魅力等方面对现代城市规划和设计具有重要意义。历史建筑再利用可作为提升地方文化的最佳利器。近年来，对于历史建筑空间的再利用逐渐成为推动文化资源再生的主要目标。

对于历史建筑的保护与再生不能采用简单的两极化处理方式——要么全盘保留要么推翻重来，而应在古城改建中可有拆、留、改、建等多种模式。在风貌保护区中又有核心保护、协调性保护与开发性保护等不同层次。上海新天地广场就是其中之一。香港瑞安集团提出了改造这一地区的理念：保留石库门建筑原有的贴近人情与中西合璧的人文与文化特色，改变原先的居住功能，赋予它新的商业经营价值，把百年的石库门旧城区改造成一片新天地。但由于旧屋大都是危房，几乎均要大兴土木与脱胎换骨才能更新使用，除了外墙之外，里面的基础、上下水道到屋顶全部是重新建造的。新天地这个项目给后人保留了美丽的历史人文意象，给自身维持提供了资金来源方式，给社会提供了娱乐休闲的场所，不失为一个有活力的成功的历史建筑保护与再生项目。这也说明了近代建筑只有被活化才能得以新生，保留旧建筑更有利于新建筑的创作（图2-5-18）。

（5）传统民居。传统民居是指那些乡村的、非官方的、民间的、一代又一代延续下来的、以居住类型为主的"没有建筑师的建筑"，它是我国建筑大家族的重要组成部分、特有的建筑形式，其产生和发展是社会、经济、文化、自然等因素影响的综合反映（图2-5-19）。

图2-5-18　新天地弄堂一隅

图2-5-19　福建土楼

中国传统民居是中国传统建筑的重要类型之一，我国不同地区、不同民族，因其自然条件、风俗习惯及文化传统的差异，使得各地的民居出现多姿多彩的形象。中国传统民居的历史非常悠久，从先秦发展到21世纪初，其基本特点始终是以木构架为结构主体，以单体建筑为构成单元。尽管随着历史的推移，在不同的朝代，不同的地区具有不同的风格特点，但总体而言，中国传统民居有着明确的流线，完整的格局，明显的主体建筑、建筑组合体和渐进的层次，形成不同于西方传统住宅的独特体系。传统民居具有浓厚的中国传统文化特色，显露出中国的思想内涵。

四合院是北京人传统的住宅，顾名思义，四合院就是东南西北建房，合围出个院子。院子的外墙除大门外，没有窗户或通道与胡同相连，关上门就是一个安全、宁静、封闭的小天地。院里坐北朝南的房子叫正房，东西两边厢房，坐南朝北的称倒座。谁住哪间房也有规矩——正房高大、光亮、通风好，是家长住处；子女晚辈住厢房；倒座多用作客厅或书房。院门一般都开在东南角，而不开在中间。据说是按八卦方位，即所谓的"坎宅翼门"。"坎"为正北，在"五行"中主水，房子建在水位上，可以避免火灾；"翼"即东南，在"五行"中为风，进出顺利，门开在这里图个吉利。北京故宫平缓开阔的四合院，约有800年以上的历史，到今天仍为人所用，是当地最有生命力的一种住宅，是不朽的民族文化。

在新的历史条件下，应不断地从老祖宗给我们留下来的非常宝贵的传统民居遗产中，发掘它对今天发展的积极一面，并且把中国传统文化中的精华部分作为今天设计的源泉，只有这样才能走出一条有特色的设计道路。在继承优秀建筑文化传统时必须了解和研究传统文化的内涵，只有这样，才能使幸存的"勉强"空间得到根本的改善，使历史的文脉得以继续发展。笔者认为要想让传统民居走可持续发展的道路，必须强调地域性、生态性、景观性、伦理性。传统民居的精神和文化应当被继承和发展，也应赋予传统民居以生气使之富有生命力，使其真正成为安全舒适、适应环境及使用方便的各类建筑空间环境。建筑文化不是封闭的，而是继承、创造、延续的产物，我们在建筑创作上应该借鉴民族的传统文化，汲取外来的精华。对于新的住宅建筑，也不能在各地统一使用一种固定的标准设计，应结合当地的固有经验，继承民族的、传统的、乡土的做法。

（6）园林景观。我国是世界上园林发展最早的国家之一，从殷商时代已经有了园林的雏形"囿"，到现在已经有3000多年的历史。自然写意式的传统园林在世界上享有很高的声誉，特别是到了清朝，传统园林发展到了鼎盛时期。园林与建筑不同，在大多情景下，建筑强调形式追随功能，功能空间之于建筑非常重要，而园林则不一样，大多情况下是形式重于功能、形式表达意义，没有用于观赏的良好的形式，其意义有时很难表达。因此，理解园林，必须首先从园林空间、园林特征和时间几个方面入手。空间是园林元素的三维布局，特征是园林的整体氛围，而时间则是园林在历史中的位置。中国人历来对景观讲究"天人合一"。在古代观念中，自然界的树木、河流、山石等都是上天赐予的，众民是天生下来的。在历史的长河中，人类从自身的需求出发，把自然景观视作崇拜的对象、实用的对象、审美的对象。这种自然生命的生长和循环与人类生存密不可分，使人们在长期实践中，与自然结成了各种对象性"共生"关系。随着人类的进步，远古的原始村庄日益演化为城市，并逐渐与自然分离。在城市中，人们改变自然景观，重新栽花植树，再现人造第二自然，将自然景观融入人造环境中。随着城市化的进程，人类越来越盼望返璞归真、回归自然。这种自然的回归力，一直在有力地抗衡着城市与自然彼此疏离的倾向。可见，景观作为一种视觉形象，既是一种自然景观，又是一种生态景象和文化景象。景观是人类自然环境中一切视觉事物和视觉事件的总和。

中国园林曾经在世界园林艺术史上留下辉煌的功绩，对西方园林的发展起到了巨大的推动作用。如果说17世纪在欧洲形成的中国热还是受追求异国情调的洛可可风格影响的话，那么，18世纪英国风景式园林的出现，无论在设计思想还是在设计手法上，都可以看到中国园林的巨大影响。一些中国园林典型的设计手法，如采用环形游览线路的布局方式、散点式景点布局和视点的移动转换等，已完全融入西方园林的设计手法之中，以至于人们常常忽略其出处了。近一个半世纪以来，中国园林的发展虽然有了长足的进步，但始终未能形成具有中国地域文化特色的现代园林文化。除了社会经济因素之外，另一个重要原因在于我们片面照搬西方园林的内容和手法，而忽视了中国本土自然景观资源和地域文化的特征，中国园林的营造成为无源之水。由此可见，中国现代风景园林要取得进步，必须通过对传统园林的深入研究，提炼中国园林文化的本土特征，抛弃传统园林的历史局限，把握传统观念的现实意义，融入现代生活的环境需求。这是中国现代风景园林真正的发展方向。

1）模山范水的景观类型。地形地貌、水文地质、乡土植物等自然资源构成的乡土景观类型，是中国传统园林的空间主体和构成要素，也是中国传统园林的主要特色之一。乡土材料的精工细作、园林景观的意境表现，是中国园林强调的"虽由人做、宛自天开"，就是要"源于自然而高于自然"，强调人对自然的认识与感受。

2）适宜人居的理想环境。追求理想的人居环境，营造健康舒适、清新宜人的小气候条件，是园林的物质生活基础。由于生活环境相对恶劣，中国传统城市与园林都十分注重小气候条件的改善，营造更加舒适宜人的生活环境，如山水的布局、植物的种植、亭廊的构建等，无不以光影、气流、温度、湿度等人体舒适性的影响因子为依据，形成适宜居住的理想环境。

3）巧于因借的视域边界。不拘泥于庭园范围，通过借景扩大空间视觉边界，使园林景观与城市景观、自然景观相联系、相呼应，营造整体性园林景观，无论动观或静观，都能看到美丽的景致。许多现代园林设计师都把视域空间作为设计范围，把地平线作为空间参照，这与传统园林追求的无限外延的空间视觉效果是殊途同归的。

4）循序渐进的空间组织。动静结合、虚实对比、承上启下、循序渐进、引人入胜、渐入佳境的空间组织手法和空间的曲折变化，园中园式的空间布局原则，常常将园林整体分隔成许多不同形状、不同尺度和不同个性的空间，并且将形成空间的诸要素糅和在一起，参差交错、互相掩映，将自然、山水、人文、景观等分割成若干片段，分别表现，人所看到的空间的局部似乎是没有尽头的。过渡、渐变、层次、隐喻等西方现代园林的表现手法，在中国传统园林中同样得到完美运用。

5）小中见大的空间效果。古代造园艺术家们抓住大自然中各种美景的典型特征，提炼剪裁，一一再现在小小的庭院中。在二维的园址上突出三维的空间效果，把峰峦沟"以有限面积，造无限空间"。将全园划分景区，水面的设置、游览路线的曲折以及楼廊的装饰等都是"小中见大"的空间表现形式。"大"和"小"是相对的，现代较大的园林空间的景观分区以及较小的园林空间中景观的浓缩，都是"小中见大"的空间表现形式和造园手法。关键是"假自然之景，创山水真趣，得园林意境"。

6）耐人寻味的园林文化。人们常常用山水诗、山水画寄情山水，表达追求超脱、与自然协调共生的思想和意境。传统园林中常常通过楹联匾额、刻石、书法艺术、文学、哲学、音乐等形式表达景观的意境，从而使园林的构成要素富于思想内涵和景观厚度。在现代景观设计中以及西方园林中，一些造园元素，如石刻、书法、文学典故、声音等，也是随处可见的。这些要素在细微之处使园林获得了生命和文化韵味，是我国园林文化的一脉相承和发扬。在这里我们对历史文化名城的环境规划与保护进行研究，就必须关注园林景观以下几个方面的内容：名胜风景区古迹、私家园林、公园、古树名木。

2.5.2.5 历史文化名城的保护与设计方法

1. 认识问题

目前，我国的世界遗产数量在全世界名列第三。但是，在联合国教科文组织的《世界遗产名录》中，大约有113个是各国的历史性城市或历史城区，而我国103座国家历史文化名城中，却只有平遥和丽江两座城市列入了该名录。造成这一现象的重要原因，就是我国许多历史性城市中的文化遗产和历史风貌在城市建设和改造中遭到破坏。与一些欧洲国家相比，我们所保护的文化遗产不是太多，而是太少。例如，伦敦市区内泰晤士河上共计有32座历史桥梁，仅市中心区就有8座桥梁受到保护；在巴黎，市区有3115座历史建筑至今受到妥善的保护；在柏林，政府规定凡 80～100 年以上的传统建筑都必须无条件地保留；在马德里，任何单位和个人均不得对市中心的历史建筑进行任何改动，并且每隔 20年必须按照原状重新进行维修和粉刷，否则将课以重罚；在罗马，斗兽场在人为和自然的破坏下已经部分坍塌，但是人们并没有对其进行恢复，而是用现代技术对断壁残垣进行科学加固，供人们考察和观赏。而在我国，"在高速城镇化进程中，由于部分城市领导盲目地崇洋媚外、喜新厌旧和贪大求洋，在这些不正确认识的作用下，不少历史文化名城惨遭毁灭性的破坏，历史风貌荡然无存，少数国家级文物保护单位也成了现代建筑海洋中的孤岛而痛失其历史原真性和环境的整体性"。

2. 民众的参与是最好的保障

"民众的参与是最好的保障"是印度文化遗产界对外宣传的一句口号，目的是号召更多的民众加入到保护文化遗产的行列。撒巴瑞玛拉寺是印度著名的朝圣地之一，当地政府希望将旅游作为地方的支柱产业，大力开发寺庙地区以造福一方，但是，却在工程动工当天遭遇了印度最著名的民间组织——"拥抱运动"。在工程区域内，每一棵可能会被砍伐的树木都被人们紧紧地抱在怀里，他们准备用自己的肉体去阻挡工程人员的刀斧。这种颇具印度特色的"拥抱运动"在印度已经有 30 多年的历史。这项"非暴力不合作"运动在印度迅速蔓延开来，吸纳了从农民到城市白领的成千上万来自印度各个社会阶层、种族、年龄和性别的拥抱者。今天，以该民间组织为首进行的极具印度传统特色的"拥抱运动"在印度随处可见，并被普遍加以应用。尽管"拥抱运动"不是专业性的文化遗产保护组织，但这种独具特色的保护家园的组织和运动，在集结并发挥其公众力量参与保护的同时，其本身也是印度传统文化的继承与发扬。

3. "单体保护"与"整体保护"

文化遗产是一座城市文化价值的重要体现，依赖于背景环境而存在，有背景环境的烘托，文化遗产才能全面彰显其历史、艺术和科学价值，才能真正成为城市文明的载体，才能更加受到社会的尊重、民众的珍爱、国家的保护。文化遗产和背景环境的保护和保留如同树木和土壤的关系一样，树木失去了土壤，就失去了生存的条件，就失去了生机，变成了枯树。同样，失去背景环境的文化遗产，就不能反映或不能全面反映其应有的价值，就会成为孤立的"盆景"。文化遗产与背景环境的关系，应该是个体与整体、局部与全局的关系。如果损毁了文化遗产的背景环境，不仅文化遗产的价值大大降低，它的延续时空也将大大压缩，甚至危及自身安全。我们常常看到一些历史文化街区，由于周围布满高楼大厦，漫步其中，犹如井底观天，难以体现原有的文化意境。一些传统建筑群，由于周围开发成繁华的商业网点或集贸市场，致使这些传统建筑的背景环境所反映的历史地位、民族风格、地理形胜以及建筑风水等损失殆尽。尽管一些文化遗产本身得到了保护和修缮，但是仍然丧失了往日的光彩，其原因就在于文化遗产周边环境被破坏，影响了文化遗产本体所依托的社会生活方式或者是文化传承基础，直接导致文化遗产本体价值的损害。

4. "政府保护"与"全民保护"

文化遗产保护需要文物工作者和文物管理部门以"守土有责"的精神承担起庄严使命，更需要广大民众的积极支持与配合。我们面对的保护对象，往往经过了数十年、上百年，甚至上千年的风雨历程而有幸留存至今，文化遗产本体往往早已满目疮痍，其原生环境也发生了天翻地覆的变化。但是我们不能忽视另一方面的变化，伴随着原有生产、生活方式的消失，一些文化遗产对于民众来说渐渐难以理解，随着时光流逝，当地民众与文化遗产之间的相互关联日渐疏远，文化情感日趋淡漠。对于前者，我们正在努力通过保护技术和工程手段竭力遏制文化遗产及周围环境的进一步破坏和恶化；而对于后者，如何避免当地民众与文化遗产之间的"关联疏远"和"情感淡漠"，却往往没有引起重视。例如当我们在村庄附近的考古现场拉起禁入线，竖起"发掘现场，请勿入内"的牌子，随后进行考古发掘的时候，是否曾想到深埋地下的文化遗存与村庄中的民众之间可能存在某种联系；当我们小心翼翼地将这些出土文物运离当地的时候，是否曾想到应该对村庄的民众进行某种方式的展示和宣传，使他们了解我们工作的意义。这不仅仅是维护他们应有的权利，更有助于使他们在今后的人生中对家乡充满敬意和自豪，让他们的后代对故乡充满敬爱。再例如当我们进入一个社区进行文物建筑修缮的时候，是否曾想到这组建筑在社区民众心目中的地位和情感关联；当我们完成修缮工程准备离开的时候，是否曾想到应该将此次对文物建筑的处置情况进行详细记录，正式出版后反馈给社区和民众，不但使他们理解我们修缮工程所遵循的理念，而且让社区的民众在今后的生活中自觉成为这组文物建筑的捍卫者和守护神。

2.5.3 风景名胜区的保护与设计

1982 年以来，国家先后公布了六批国家风景名胜区。截至目前，全国国家级风景名胜区已达 187 处，省级风景名胜区 480 处，风景名胜区总面积近 11 万 km²，约占国土面积的 1.15%。

风景名胜区不仅记录了自然的沧海桑田，也记载了人类自身的发展足迹。随着社会经济和科技文明的发展，人们的物质生活越来越丰富，然而人们发现自己逐渐为物质所包围。工业化带动了城市的发展，人们开始生活在水泥丛林当中，对已经失去的田园产生了深深的依恋，于是人类开始想方设法来领略大自然的风光和寻找心灵的归属。于是有越来越多的风景名胜区被发掘出来，这些地方从此失去了平静。同时由于人类社会经济的不断发展，人类开发利用资源的眼睛开始投向这些地区，许多风景名胜区遭到人为的破坏，再难以保持原貌。

2.5.3.1 风景名胜区的内涵及分类

1. 风景名胜区的内涵

一般而言，风景名胜区是指按照法定的条件和标准，从环境中特别划定并加以特别保护的一些具有观赏、文化或科学价值的，且自然景物、人文景物比较集中，环境优美并具有一定规模和范围，可供人们游览、休息或进行科学、文化活动的区域。大多数情况下，人们按照主要构成要素的不同将其分为天然风景名胜区和人工风景名胜区。但是无论是天然还是人工，其作为一种重要的自然资源有着相同的特点。对于风景名胜区是一种自然资源，目前理论界基本上已经达成共识，但是风景名胜区与其他自然资源相比有着极大的独特性，正是这种独特性构成了风景名胜区的内涵。

风景名胜区的价值主要指有关自然科学、自然美学和历史文化等价值。三者中前两者必居其一，后者不一定都具备。

自然科学价值，主要指从地质、地理、水文、生物、生态等科学的角度，或从生物多样性、特殊生态系统及濒危物种栖息地等角度来看，具有突出的普遍价值，其价值如是国家级的，则为国家重点风景名胜区或国家自然文化遗产，如果是世界级的，则为世界自然遗产或自然义化遗产。

同理，从自然美学的角度看，亦作类似评价。我国传统的名山大川，其美学价值较受重视，如形式美——雄、奇、险、秀、幽、奥、旷等形象，还有色彩美、动态美、音响美等。

历史文化价值，则包括从历史、考古、民族、宗教、建筑、艺术等角度评价其历史文化价值的级别。传统的名山风景建筑、构筑物，均以"尊重自然、天人合一、拢与天地精神往来"等理念而融于自然。如帝王之封禅、道家之"道法自然"、儒家之"乐山"、"乐水"，佛教之深山净土和不杀生等教义以及普遍崇信的风水观念和神秘观念等，形成中国农业文明时代朴素的生态环境观，在此理念指导下，又形成以自然为主、自然与文化融为一体的名山文化。这是极具中国特色的非常珍贵的有着自然文化双重价值的遗产。

自然科学价值是客观规律的反映，没有国界，全世界有统一的标准。自然美也是客观存在，审美主体却有主观性和民族性，但总的看来也是大同小异。把传统的山水审美与现代的科学美、生态美融为一体，不断提高审美水平，亦是必然趋势。文化是主观创造的，必然具有很强的民族性和地方性，尤其是环境文化、山水文化，应该继承和发展，保存文化的多样性、民族性和地方性正是《保护世界文化与自然遗产公约》所要求的，而不是去抄袭外地、外国的文化景观，改造、取代风景区的地方及民族文化原作。对自然文化遗产来说，照抄外来文化景观不仅没有什么新的价值，而且是破坏遗产证据。

价值是确定风景区遗产地的品位、级别及其保护利用的基础。国家风景区是国宝，是无价之宝，它不仅是珍贵的物质财富，而且更具有难以用金钱计算的精神文化价值和科学研究价值，形成多学科交叉的综合价值体系。所以风景区自然文化资源也可以说是一种物质形态的精神文化资源，是一种不可再生、不可取代、永续利用的资源。它不仅直接满足人们精神文化和科教活动需求，而且间接地产生巨大的经济、社会和环境效益。对于这样一份价值很高的遗产，如何定性、定位是极重要的。

2. 风景名胜区的分类

风景名胜区的分类方法很多，实际应用比较多的是按等级、规模、景观、结构、布局等特征划分，也可以按设施和管理特征进行划分。

（1）按等级特征分类。

主要是按风景名胜区的观赏、文化、科学价值及环境质量、规模大小、游览条件等分类，可分为三类。

1）市、县级风景名胜区。由市、县人民政府审定公布，并报省级主管部门备案。

2）省级风景名胜区。由省、自治区、直辖市人民政府审定公布，并报建设部备案。如浙江省的六洞山风景名胜区、北山双龙风景名胜区等。到2000年年底，我国已经建立省级风景名胜区510个。

3）国家重点风景名胜区。由省、自治区、直辖市人民政府提出风景资源调查评价报告，报国务院审定公布。国家重点风景名胜区应该具有全国最突出、最优美的自然风景或人文景观，那里的生态系统基本上没有受到破坏，其自然环境、动植物种类及地质地貌具有很高的观赏、教育和科学价值，国家重点风景区的面积较大，一般都在 50km² 以上。如泰山风景名胜区（图 2-5-20）、华山风景名胜区、峨眉山风景名胜区（图 2-5-21）等。到 2002 年，我国已经建立国家级风景名胜区 151 个。

图 2-5-20　泰山风景名胜区

图 2-5-21　峨眉山风景名胜区

（2）按用地规模分类。

1）小型风景名胜区，用地规模在 10km² 以下。如西湖风景区、普陀山风景区。

2）中型风景名胜区，用地规模为 21～100km²。如石林风景名胜区、衡山风景名胜区、武汉东胡风景名胜区。

3）大型风景名胜区，用地规模为 101～500km²。如峨眉山风景名胜区、恒山风景名胜区、泰山风景名胜区、九华山风景名胜区等。

4）特大型风景名胜区，用地规模在 500km² 以上。如大理风景名胜区、太湖风景名胜区、西双版纳风景名胜区、五大连池风景名胜区等。

（3）按景观特征分类。

1）山岳型风景名胜区，以各种山景为主体景观的风景名胜区。如雁荡山、黄山风景名胜区、庐山风景名胜区等。

2）峡谷风景名胜区，以各种峡谷风光为主体景观的风景区。如长江三峡、三江大峡谷等。

3）岩洞风景名胜区，以各种岩溶洞穴或岩洞为主体景观的风景区。如北京的云水洞、石花洞、肇庆的七星岩等。

4）江河风景名胜区，以各种江河溪流、瀑布为主体景观的风景区。如黄果树瀑布、壶口瀑布等。

5）湖泊型风景名胜区，以各种湖泊、水库等水体为主体景观的风景区。如大理的洱海、滇池、洞庭湖、西湖、太湖等。

6）滨海型风景名胜区，以各种滨海等海景为主体景观的风景区。如青岛滨海、三亚等。

7）森林型风景名胜区，以各种森林及生物景观为主体景观的风景区。如蜀南竹海、广西花溪、广东鼎湖山等。

8）革命纪念地，如延安、遵义、韶山等。

9）史迹型风景名胜区，以历代园景、建筑和史迹景观为主体的风景区。如承德避暑山庄、十三陵、莫高窟等。

10）综合型景观风景名胜区，以各种自然和人文景观融合成的综合性风景区。如九寨沟、大理风景名胜区、太湖风景名胜区等。

（4）按功能设施特征分类。

1）观光型风景名胜区，有限度地配备必要的旅行、游览、饮食、购物等服务设施。

2）游憩型风景名胜区，配备有较多的康体、浴场等娱乐设施，有相应规模的住宿。

3）休假型风景名胜区，配备有疗养、度假、保健等设施。如北戴河。

4）民俗型风景名胜区，保存有相当的乡土民居、遗迹遗风、节庆庙会、宗教礼仪等社会民风特点与设施。如云南元阳的梯田保护区、泸沽湖等。

5）生态型风景名胜区，配备有必要的保护监测、观察实验等科教设施，严格限制行、游、食宿等设施。

6）综合型风景名胜区，各项功能设施较多，可以定性、定量、定地段综合配置，大多数风景区有此类特征。

2.5.3.2 保护和开发风景名胜区的意义

对风景名胜区进行保护的意义也可以理解为人们保护风景名胜区的原因。

首先，风景名胜区能够带来直接的经济效益。几乎每一个风景名胜区都有其独特的出产，不论是矿产资源还是民间手工艺品或者其他土特产品，往往都与一个特定的区域有着非常紧密的联系。比如龙井茶之于西湖，徽墨之于歙县，这些出产与风景名胜区相互依傍，增加风景名胜区的内涵，同时也带来了巨大的经济效益，可以说保护风景名胜区就是保护了这些出产的源头。此外，风景名胜区吸引了大量的游人，带动了旅游业的发展，同时也间接地促进了交通、能源等行业的发展。

其次，更重要的是，对风景名胜区的保护可以满足人们的精神需要。在人类漫长的历史当中，人类对于自然从畏惧逐步到征服，人类的力量越来越强大，尤其是在工业迅速发展之后，人类的居住环境从原始森林进入了水泥丛林。虽然人类的物质生活越来越丰富，但是人类渴望与大自然亲近的天性却受到了压抑，人们越来越渴望在繁忙的生活工作之余能够享受到大自然的美景和文化的熏陶。同时，人类也意识到应当为了子孙后代留下足够的可以展现人类发展历史的证据，人们的这些想法在风景名胜区中都可以得到满足。

第三，保护风景名胜区也意味着保护生物多样性，维护生态平衡。风景名胜区一般都由较大的地区组成，其中包括许多该地区独有的动植物和独特的地理地貌。这方面的价值是无法用经济数字来衡量的，其产生的是一种多方面的综合性的影响，包括对大气、水源、土壤及生物多样性等各方面的影响。此外风景名胜区往往代表着一个国家或民族的历史，从风景名胜区当中可以深切体会到一个民族或国家的发展和历史及其风俗变迁，这不仅为进行历史研究提供了有形的第一手资料，而且也为人们提供了一处有归属感的空间，满足了人们的心理需要，同时也可以激发人们的爱国主义热情和民族自豪感。

毫无疑问，提出建立风景名胜区的理论是人类发展史上的一次重大进步。人类终于从只考虑当代人的生活到开始考虑后代的利益，从单纯的考虑经济效益开始转向对人类生活整体进行考虑，可以说，这是"今日脍炙人口的可持续发展思想的最早实践"。

2.5.3.3 我国风景名胜区保护与开发中存在的问题

近年来，中国各地编制了大量的景区旅游发展规划、区域总体旅游规划、旅游景区规划、旅游项目规划以及项自设计，对于科学指导各个空间层次的景区旅游业发展起到了非常重要的作用，风景名胜区保护与开发也成为当前备受社会关注的热点问题之一。但是综合近年来的一些关于景区发展现状报道，其中也存在着不少的问题。

（1）有的地方政府及相关地能部门、地方决策者、旅游开发商唯利是图，把风景名胜区简单地定义为旅游资源，妄加开发，在风景名胜区内大兴土木，把其建成了大型"吃喝玩乐综合体"。风景区"城市化、人工化、商业化"的现象屡见不鲜，轻者破坏环境，重者破坏当地的生态环境。

（2）一些风景名胜区由于区位独特，景区内村庄、居民点不断扩张，开山采石、毁林种地、滥用水资源等破坏风景区生态环境的行为时有发生，有的甚至大搞高档房地产。产生这些问题的原因除了规划体制不完善、实施管理力度不够之外，规划本身也存在较大的缺陷。许多风景名胜区的规划由于回避了农村居民点问题，致使居民点规模不断扩张，不仅给风景区带来后患，也使房地产开发商有机可乘，使建设项目侵占景区用地，造成对景区土地的无序利用和对风景资源的极大破坏，农村居民点已经成为一些景区规划的难题，因而成为城市近郊风景名胜区产生问题的根源。

（3）如果从生态和旅游文化内涵挖掘和展示的角度去审视大多数编制的旅游规划，会发现中国旅游规划中景名规划等相关内容严重缺失，使旅游区固有的历史文化内涵没有得到充分的挖掘和展示，最终旅游规划成为建设规划，缺少独特的灵性与个性，同时造成景区资源的破坏和浪费。

（4）规划时未能充分尊重当地自然条件，规划目标不切合实际，常常造成游客量过大，景区无法承受，且游客体验质量下降。同时许多景区的分界和相关权限不明确，使许多管理措施不能顺利实施。

（5）管理目标的多重性。是指在风景名胜区的管理过程中存在两个目标：对其进行开发利用和对其进行保护以保持其原有的风格和历史文化内涵，实现可持续利用。在我国目前的风景名胜区管理过程中，表面上看起来这两个目标区分得很清楚，似乎既重开发又没有忽略保护，但是实际上只落实了开发利用，保护成了一纸空文，甚至成为过度开发的掩护，两个目标成了一个目标，这种目标的多重性仍然只存在于想象中。

2.5.3.4 风景名胜区保护与设计的基本方法

1. 基本步骤和内容

风景名胜区总体规划分为规划纲要和总体规划两个阶段。风景名胜区规划纲要的任务是研究总体规划的重大原则问题，结合当地的国土规划、区域规划、土地利用总体规划、城市规划及其他相关规划，根据风景区的自然、历史、现状情况，确定发展战略布置。

（1）风景名胜区纲要的主要内容包括：

1）进行风景名胜资源调查与评价，明确风景资源价值等级、保存状况以及风景名胜区主要存在问题。

2）分析论证风景名胜区发展条件（优势与不足），确定发展战略。

3）拟定风景名胜区发展目标，包括资源保护目标、旅游经济目标和社会发展目标。

4）论证并原则确定风景名胜区性质、范围（包括外围保护地带）、总体布局以及资源保护利用的原则措施。

风景名胜区总体规划的任务是根据风景名胜区规划纲要，综合研究和确定风景名胜区的性质、范围、规模、容量、功能结构、风景资源保护措施，优化风景名胜区用地布局，合理配置各项基础设施，引导风景名胜区健康持续发展。

（2）风景名胜区总体规划的内容包括：

1）根据地形特征、行政区划和保护要求，划定风景名胜区规划范围，包括外围保护地带。

2）确定风景名胜区规划性质、发展目标、规模容量。

3）根据风景名胜区功能分区，确定土地利用规划，进行风景游赏组织。

4）确定风景名胜资源保护规划，明确保护措施与要求。

5）确定风景名胜区天然植被抚育和绿化规划。

6）确定风景名胜区旅游服务设施规划。

7）确定风景名胜区基础工程规划，包括道路交通、供水、排水、电力、电信、环保、环卫、能源、防灾等设施的发展要求与保障措施。

8）确定风景名胜区内居民社会调控规划、经济发展引导规划。

9）制定分期发展规划。

10）对风景名胜区的规划管理提出措施建议。

2. 规划原则

（1）保护优先原则。风景名胜区是自然和历史留给我们的宝贵而不可再生的遗产，风景名胜区的价值首先是其"存在价值"，只有在确保风景名胜资源的真实性和完整性不被破坏的基础上，才能实现风景名胜区的多种功能。因此，保护优先是风景名胜区工作的基本出发点。

（2）综合协调原则。风景名胜区规划管理的基本目标是在资源充分有效保护前提下的合理利用。虽然保护是风景名胜区工作的核心，但是并不意味着要将保护与利用割裂开来。我国风景名胜区的特殊性之一就是风景区内包含有许多社会经济问题，是一个复杂的"自然——社会复合生态系统"。所以只有将各种发展需求统筹考虑，依据资源的重要性、敏感性和适宜性，综合安排、协调发展，才能从根本上解决保护与利用的矛盾，达到资源永续利用的目的。在统一协调的基础上，避免内容雷同、设施重建等现象，突出各自的特色，互相协调，形成统一的整体。

（3）有度、有序、有节律的可持续发展原则。合理权衡景区环境、社会、经济三方面的综合效益，权衡风景区自身健全发展与社会需求之间的关系，防止景区向人工化、城市化、商业化倾向，促使景区有度、有序、有节律地可持续发展。环境承载力原则意味着任何资源的使用都是有极限的，风景名胜资源的利用也不例外。当使用强度超过某临界值时，资源环境将失去其持续利用的可能。风景名胜区开发利用必须要在其允许的环境承载力（或称环境容量）之内，这是风景名胜区可持续发展的关键。

（4）人与自然和谐发展原则。充分发挥景区的综合潜力，展现风景游览欣赏主体，配置必要的服务设施与措施，改善风景区管理机能，创造风景优美、设施方便、社会文明、生态环境良好、人与自然和谐发展的风景游憩区域。

Unit 3

第3章 景观规划设计方法与程序

3.1　景观规划设计的方法

景观设计是多项工程配合、相互协调的综合设计，就其复杂性来讲，需要考虑交通、水电、园林、市政、建筑等各个技术领域。各种法则法规都要了解掌握，才能在具体的设计中运用好各种景观设计要素，安排好项目中每一地块的用途，设计出符合土地使用性质的、满足客户需要的、比较适用的方案。景观设计中一般以建筑为硬件，绿化为软件，以水景为网，以小品为节点，采用各种专业技术手段辅助实施设计方案。从设计方法或设计阶段上讲，大概有以下几个方面。

3.1.1　设计构思

构思是景观设计最重要的部分，也是景观设计的最初阶段。从学科发展和国内外景观实践来看，景观设计的含义相差甚大。一般的观点都认为景观设计是关于如何合理安排和使用土地，解决土地、城市和土地上的一切生命的安全与健康以及可持续发展的问题。它涉及区域、新城镇、邻里和社区规划设计，公园和游憩规划，交通规划，校园规划设计，景观改造和修复，遗产保护，花园设计，疗养及其他特殊用途区域等很多的领域。同时，从目前国内很多的实践活动或学科发展来看，着重于具体项目本身的环境设计，这就是狭义上的景观设计。但是这两种观点并不相互冲突。综上所述，无论是关于土地的合理使用，还是一个狭义的景观设计方案，构思是十分重要的。

构思首先考虑的是满足其使用功能，充分为地块的使用者创造、安排出满意的空间场所，又要考虑不破坏当地的生态环境，尽量减少项目对周围生态环境的干扰。然后，采用构图以及下面将要提及的各种手法进行具体的方案设计。

3.1.2　设计构图

在构思的基础上就是构图的问题了。构思是构图的基础，构图始终要围绕着满足构思的所有功能。在这当中要把主要注意力放在人和自然的关系上。中国早在春秋战国时代就进入了和亲协调的阶段，所以在造园构景中运用多种手段来表现自然，以求得渐入佳境、小中见大、步移景异的理想境界，以取得自然、淡泊、恬静、含蓄的艺术效果。而现代的景观设计思想也在提倡人与人、人与自然的和谐，景观设计师的目标和工作就是帮助人们，使人、建筑、社区、城市同地球和谐相处。景观设计构图包括两个方面的内容，即平面构图和立体造型。

平面构图：主要是将交通道路、绿化面积、小品位置用平面图示的形式，按比例准确地表现出来。

　　立体造型：整体来讲，是地块上所有实体内容的某个角度的正立面投影；从细部来讲，主要从景物主体与背景的关系来体现，以下的设计手法可以体现这层意思。

3.1.3　设计构景

1. 对景与借景

　　景观设计的构景手段很多，比如讲究设计景观的目的、景观的起名、景观的立意、景观的布局、景观中的微观处理等，这里就一些在平时工作中使用很多的景观规划设计方法作一些介绍。景观设计的平面布置中，往往有一定的建筑轴线和道路轴线，在轴线尽端的不同地方，安排一些相对的、可以互相看到的景物，这种从甲观赏点观赏乙观赏点、从乙观赏点观赏甲观赏点的方法（或构景方法），就叫对景。对景往往是平面构图和立体造型的视觉中心，对整个景观设计起着主导作用。对景可以分为直接对景和间接对景。直接对景是视觉最容易发现的景，如道路尽端的亭台、花架等，一目了然；间接对景不一定在道路的轴线上或行走的路线上，其布置的位置往往有所隐蔽或偏移，给人以惊异或若隐若现之感（图3-1-1）。

图 3-1-1　圣爵菲斯园林（拍摄：朱凯）

　　借景也是景观设计常用的手法。通过建筑的空间组合或建筑本身的设计手法，将远处的景致借用过来。大到皇家园林，小至街头小品，空间都是有限的。在横向或纵向上要让人扩展视觉和联想，才可以小见大，最重要的办法便是借景。所以古人计成在《园冶》中指出，"园林巧于因借"。借景有远借、邻借、仰借、俯借、应时而借之分。借远方的山，叫远借；借邻近的大树叫邻借；借空中的飞鸟，叫仰借；借池塘中的鱼，叫俯借；借四季的花或其他自然景象，叫应时而借。如苏州拙政园，可以从多个角度看到几百米以外的北寺塔，这种借景的手法可以丰富景观的空间层次，给人极目远眺、身心放松的感觉。

2. 添景与障景

　　当一个景观在远方，或自然的山，或人为的建筑，如没有其他景观在中间、近处作过渡，就会显得虚空而没有层次；如果在中间或近处有小品、乔木作过渡景，景色显得有层次美，这中间的小品和近处的乔木便称为添景。如当人们站在北京颐和园昆明湖南岸的垂柳下观赏万寿山远景时，万寿山因为有倒挂的柳丝作为装饰而生动起来（图3-1-2）。

　　"佳则收之，俗则屏之"是我国古代造园的手

图 3-1-2　北京颐和园昆明湖

图 3-1-3 中山岐江公园（拍摄：刘婷婷）

法之一，在现代景观设计中也常常采用这样的思路和手法。隔景是将好的景致收入到景观中，将乱、差的地方用树木、墙体遮挡起来。障景是直接采取截断行进路线或逼迫其改变方向的办法用实体来完成。

3. 轴线

轴线是以最庄严的入口路径强加于建筑或其他规划的特征。观察者的走动、注意力及兴趣都受到轴线结构的控制（图 3-1-3）。给人深刻印象的形式主义设计中，轴线意味着权威、武力、国民、宗教、皇室、古典和不朽。

轴线一旦被引入规划，通常会成为占主导地位的景观特征，以至于一切其他要素都必须直接或间接地与其发生联系。轴线具有方向性，是有秩序的，占统治地位，又是单调的。轴线是一条动态的规划线，在同一空间里结合了起始、中间和终端的空间。轴线对景观要素的影响有时是积极的，有时是消极的。具有震撼力的轴线需要有适当的终点，同样，具震撼力的设计也要有轴线型入口路径，它们可以处于轴线的交点处，或者通过其他次要轴线的直接联系而获得。

4. 引导与示意

引导的手法是多种多样的。采用的材质有水体、铺地等很多元素。如公园的水体，水流时大时小、时宽时窄，将人引导到公园的中心。示意的手法包括明示和暗示。明示指采用文字说明的形式，如路标、指示牌等小品的形式（图 3-1-4）。暗示可以通过地面铺装、树木的有规律布置等形式指引方向和去处，给人以身随景移"柳暗花明又一村"的感觉（图 3-1-5）。

图 3-1-4 西湖游览指示牌（拍摄：刘婷婷）　　　图 3-1-5 广州自在城市花园（拍摄：刘婷婷）

5. 渗透和延伸

在景观设计中，景区之间并没有十分明显的界限，而是你中有我、我中有你、渐而变之，使景物融为一体。景观的延伸常引起视觉的扩展，如用铺地的方法将墙体的材料使用到地面上，将室内的材料使用到室外，互为延伸，产生连续不断的效果。草坪、铺地等的延伸和渗透起到连接空间的作用，给人在不知不觉中景物已发生变化的感觉。在心理感受上不会"戛然而止"，给人良好的空间体验（图3-1-6、图3-1-7）。

图 3-1-6 广州自在城市花园小径（拍摄：刘婷婷）

图 3-1-7 广州自在城市花园路（拍摄：刘婷婷）

6. 尺度与比例

景观设计主要尺度依据在于人们在建筑外部空间的行为，人们的空间行为是确定空间尺度的主要依据。如学校教学楼前的广场或开阔空地，尺度不宜太大，也不宜过于局促。太大了，学生或教师使用、停留会感觉过于空旷，没有氛围；过于局促会使得人们在其中觉得过于拥挤，失去一定的私密性，这也是人们所不会认同的。因此，无论是广场、花园或绿地，都应该依据其功能和使用对象确定其尺度和比例。合适的尺度和比例会给人以美的感受，不合适的尺度和比例则会让人感觉不协调。以人的活动为目的，确定尺度和比例才能让人感到舒适、亲切（图3-1-8）。

具体的尺度、比例，许多书籍资料都有描述，但最好是从实践中把握感受。

图 3-1-8 景观中协调的比例

如果不在实践中体会，在亲自运用的过程中加以把握，那么无论如何也不能真正掌握合适的比例和尺度。比例有两个度向，一是人与空间的比例，二是物与空间的比例。在其中一个庭院空间中安放点景山石，多大的比例合适呢？应该照顾到人对山石的视觉，把握距离以及空间与山石体量的比值。太小，不足以成为视点；太大，又变成累赘。总之，尺度和比例的控制，单从图画方面去考虑是不够的，综合分析、现场感觉才是最佳的方法。

7. 质感与肌理

景观设计的质感与肌理主要体现在植被和铺地方面。不同的材质通过不同的手法可以表现出不同的质感与肌理效果。如花岗石的坚硬和粗糙，大理石的纹理和细腻，草坪的柔软，树木的挺拔，水体的轻盈。这些不同材料加以运用，有条理地加以变化，将使景观富有更深的内涵和趣味（图3-1-9）。

图3-1-9 不同材质体现不同质感

8. 平衡与对比

中国自古以来有着传统的平衡艺术，例如中国国画及书法中常用到的在非平衡构图中追求平衡的美，这一美的原则古今中外无一例外。只是落实到景观设计时，许多设计师容易忘却这一原则。平衡设计包含形体平衡和色彩平衡。在设计时应从不同角度观察是否有失平衡，初学者可用手比划个方框，透过它来审视每一个角度。平衡点往往是精彩的点睛之笔，有人称之为视觉焦点，不可没有，但决不可过多。平衡的原则直接左右着整体布局，决定着每一件家具和饰品的安排。

图3-1-10 玻璃与石材，虚实的对比（出自《时代楼盘》）

对比法主要有以下四类：虚实对比——虚的空间与实的墙体或者家具之对比；色彩对比——互补色之对比；质感对比——玻璃与砖块、金属与木材、麻布与皮革之对比（图3-1-10）；形体对比——方形与圆形、直线与曲线之对比。在应用时，注意不同材质的接触、过渡要把握得恰到好处；尽量不要在同一平面上硬碰硬；不要让不同金属材质直接接触；要避免同等尺度的对比。在统一的前提下，善于制造和利用对比，是评判一位设计师水平的标准之一。

9. 节奏与韵律

节奏与韵律是景观设计中常用的手法。在景观处理上的节奏包括：铺地中材料有规律的变化，灯具、树木排列中以相同间隔的安排，花坛座椅的均匀分布等（图3-1-11）。韵律是节奏的深化。如临水栏杆设计成波浪式一起一伏很有韵律，整个台地都用弧线来装饰，不同弧线产生了向心的韵律，获得了人们的赞同。

图3-1-11 广州云台花园中节奏感很强的琴键台阶（拍摄·朱凯）

10. 留白和点缀

留白，中国国画及书法中最常见到的艺术手法之一，但现在中国景观设计中已较难见到了。熟练掌握留白技艺是评判一位优秀景观设计师的标准之一，具体应用时说来简单做来难。在设计时，在满足功能的前提下，尽量不要做得太满，要留有余地和空白，该省略的地方就要大胆地省略，该简化的地方就要勇敢地简化，将一个清静的空间还给使用者。有时候，未经修饰的、裸露的建筑构件本身就是一种美。不施胭脂自然白，留白是一种高级的意境美，一个优秀的室内设计师必须时刻牢记在心。

点缀，指的是点到为止、见好就收。许多顾客会有这样那样的个人艺术爱好，如喜好明式家具或偏爱民间艺术。最常见的手法是满屋子都是明式家具或民间艺术，让人恍如回到了古代或乡间。好的设计师应该了解室内设计与主题公园、公共室内与家庭室内的概念区分。一位优秀室内设计师应以现代风格为基调，将明式家具或民间艺术作为点缀，因为我们毕竟不是生活在明代或乡间。具体如何做到恰到好处，在于设计师的个人艺术修养，其目的不外乎起到画龙点睛的作用（图3-1-12）。景观设计师掌握的词汇自然是越多越好，但过多的词汇堆砌乃室内设计的大忌之一。

图3-1-12 贝聿铭作品日本MIHO博物馆恰到好处地表达了点缀的作用

11. 色彩

色彩作为自然界最敏感的设计元素，通常来讲都是变幻莫测和难以控制的，却又是那样容易让人感到它的存在。在设计过程中，正是由于色彩的多样性，促使我们不断地对它进行探索与研究，尽最大可能发挥其内在魅力。其实，在设计过程中，不必尝试去创造什么新花样，最直接和最有效的方法是注重个人艺术品位的修养，可以多看国外精彩的时装秀，是一堂很好的色彩课，既可以了解当今的流行色彩，又可以提高个人品位；多观摩国外优秀的景观设计作品；在做设计时，大胆采用个人喜欢的国外优秀作品中的色彩选择、应用、搭配和组合，可以起到事半功倍的效果。好的色彩选择、应用、搭配和组合,可以给景观设计加分,反之则减分(图3-1-13)。

图3-1-13 广州云台花园中的园林一角(拍摄·朱凯)

12. 风格

作品不一定是原创,但每一件作品应该有设计师自己独特的风格或标签。培养丰富的想象力非一朝一夕之功所能达成。每个人都有与生俱来、独一无二的性格与特点,那就是风格。具体到室内设计,除了要突出表现自己的风格外,还要注意简洁干净,不要拖泥带水;该省则省,需添则添;能够用一根线条解决的,决不用两根;千万不可盲目追随别人的老套路,也不可轻信市场上一些似是而非的言论,更不要忘却我们所处时代的面貌、特点以及精神。体现设计师的独特风格是一件优秀作品必须具有的品质;设计师应牢记:设计风格与时代保持一致是一条永恒的原则(图3-1-14)。

13. 室内景观

室内景观在国内属于较易被忽略的室内设计元素。室内景观是指室内绿化与室内家具及艺术品(包括绘画、摄影、雕塑以及工艺品)的搭配;室内绿化则包括室内空间与阳台的绿化处理。转换阳台的角色,将阳台设计成一个多功能的过渡空间,使

图3-1-14 贝聿铭作品日本MIHO博物馆完美体现了自然风景似的创作风格

室内外空间连成一体。室内绿化不是简单地放几盆植物而已，而是填补和点缀空白的设计元素；同时花草的色彩应与室内色彩相互协调，植物的形状及花盆的选择都应与室内设计相互一致。可以设计独创的花盆式样，让室内绿化与家具和艺术品一起来激活室内空间。室内景观设计需要更高的艺术修养，它是提升室内设计水平的有效工具。

以上是景观设计中常采用的一些手法，它们是相互联系综合运用的，并不能截然分开。只有了解了这些方法，加上更多的专业设计实践，才能很好地将这些设计手法熟记于胸，灵活运用于方案之中（图3-1-15）。

图3-1-15 广州地中海国际酒店（拍摄：刘婷婷）

3.2 景观规划设计的程序

景观设计的程序是指在从事一个景观设计项目时，设计者从策划、选址、实地考察、和甲方进行交流、设计、施工到投入运行这一系列工作的程序。景观建筑师在这中间起到了负责整体协调的作用。

当前，景观设计呈现出多元化的趋势，很多景观项目都具有自己的特殊性和个别性。因此，对项目进行明智可行的规划是很重要的。首先我们应该理解项目的特点，其次要编制一个全面的计划，然后通过研究和调查，咨询相关人员，拟定出准确详细的设计要求清单和设计内容，最好从历史上寻找一些相似的适用案例，取长补短，并结合现代的新技术、新材料和新的规划理念，创造出新的符合时代特征的景观。

为了避免项目的运行结果与规划的用途、理念不相符，应该在项目策划初期就进行周密严格的构思与设想，再以理性的、科学的、严谨的设计程序作为指导。

3.2.1 设计委托

委托是客户方和设计方的初次会晤，说明客户的需求，确定服务的内容以及双方的协议。通常口头协议就可，但对于大型、复杂或长期的项目，须拟定详细合法的协议文件。

3.2.2 综合考察

1.资料数据的分析

资料数据有各种各样的形式，包括图纸、文本、表格等，数量庞大，必须进行一定的取舍和分析。根据规划设计的目标和内容，可以在收集数据之前先制作一个资料收集表格，有针对性地进行收集，可以大大提高效率。另外，可以根据规划设计要求，对外部条件进行概要性分析以后，再着手收集基地内部资料。对资料数据进行收集和取舍后，就进入了分析阶段。分析的目的是发现自然、社会、人文、历史方面的规律，为制定规划设计方针和要点做准备，并且进一步修正、完善原来的规划目标和内容。主要的分析方法有叠加分析、定性分析、定量分析。

在对资料数据进行充分分析的基础上，明确设计的任务，要求掌握所要解决的问题和目标。例如，设计创造出的景观建筑的使用性质、功能特点、设计规模、总造价、等级标准、设计期限以及所创造出的景观空间环境的文化氛围和艺术风格等。进一步明确规划设计的基本目标，并确定方针和要点。

基本目标是规划设计的核心，是方案思想的集中体现，是设计实施后希望达到的最佳效果。目标的制定应该符合现实状况，突出重点。规划设计方针是实现目标的根本策略和原则，是规范景观建设的指南。它的制定应该服务于规划设计基本目标，简明扼要。规划设计要点是具有决定意义的设计思路，关系到方案是否成功，其设计要点必须符合目标。

2. 调查研究、现场体验

首先，需要对即将规划设计的场地进行初步测量，收集数据，或直接从政府部门得到数据、地图等。然后，做一些访问调查，会见一些潜在用户，综合考虑人与场地景观之间的关系和需求，这些信息将成为设计时的重要依据。最后，是现场体验。测量图纸及汇集其他相关数据固然是重要的，但现场的调查工作却是不容忽视的，最好是多次反复地进行调查，可以带着图纸，现场勾画，以补充图纸上难以表达出来的信息和因素，这样才能掌握场地的状况。必要时可以拍摄照片，并与位置图相对应，这样有助于设计时回忆场地的特征（图3-2-1）。如果对场地进行更透彻的解释，我们应该关心场地的扩展部分，即场地边界周围环境以及远处的天际线等。西蒙兹教授认为"沿着道路一线所看到的都是场地的扩展部分，从场地中所能看到的（或将可能会看到的）是场地的构成部分，所有我们在场地上能听到的、嗅到的以及感觉到的都是场地的一部分"。如植被、地形地貌、水体以及任何自然的或人工的可以利用的地方和需要保留或保护的特征等。当然，一些不雅的景致，如与该场地尺度极不协调的建筑物或是一些破旧没有规划好的构筑物等，在影响到景观时，应该摈弃或者遮盖这些不雅的因素。这时，可以在图纸上把这些不良因素注明，为设计提供全面的信息。总之，想做好设计，就必须去实地，用眼睛去观察、用耳朵去聆听、用心去体验这块场地的特征和品质。

日本的景观设计师也均铭非常注重体验，他认为：精神与人性化的设计，必须把现场及使用的素材作为能够对话的对象。他创造的作品具有很强的感染力，因为他的"对话"对象甚至包括一草一木。

3.2.3 设计分析

设计分析工作包括场地分析，政府条例的分析，记载下一些限制因素，比如，土地利用密度限制、生态敏感区、危险区、不良地形等情况，分析规划的可能性以及如何进行策划。其工作的步骤如下：

1. 场地分析

（1）区域影响分析。场地分析的程序通常从对项目场地在地区图上定位、在周边地区

设计分析　　　　　　　　　　　　　　　　　　　　　　　　　　　　　　　　　现状分析

现场石材围合成水井，水质较好。　　岩石边坡，山谷角狭长。　　岩石边坡，山谷面积较大，为一轻质砖厂。　　取土形成大面积土质边坡，山体破坏大。

雨水汇聚集成溪流。

土质切方边坡。

北段有池塘一处，整体环境较好。

土质切方边坡。

岩石边坡纹理清晰、层次丰富，顶部有巨石两处，装门面效果较好。　　土质边坡为主，恢复难度较小。

图例：
原有建筑　草地
土质边坡　原有水体
岩石边坡　原有道路

现状分析
　　项目为中山市大坑顶山地北段朝博爱路一侧，自西向东约1.36km，分布四处采石场及取土场地，形成多处石质边坡及土质边坡，坡度较大。其中东部山体开挖面积较大，以土质边坡为主，中部石质边坡肌理清晰，层次较丰富，其下部谷地有溪流湿地、池塘水体资源，可加以利用。山体植被以松树、大叶相思为主，缺少色叶树种，颜色较单一。

中山市博爱路大坑顶景观生态恢复项目概念性设计
Conceptional programming schemes for DaKenDing

图 3-2-1　某方案前期现状分析（出自广州喆美园林景观设计有限公司）

图上定位以及对周边地区、邻近地区规划因素的粗略调查开始。从资料中寻找一些有用的东西，如周围地形特征、土地利用情况、道路和交通网络、休闲资源以及商贸和文化中心等，构成与项目相关的外围背景，从而确定项目功能的侧重点。

（2）自然环境分析。自然环境的差异对景观的格局、构建方式影响较大，包括对地形、气候、植被等进行分析。

（3）人文精神分析。景观的人文精神分析主要包括人们对物质功能、精神内涵的需求以及各种社会文化背景等。不同的景观在精神层面上都能给人一定的感受或启迪，借助景观建筑的造型、材料、机理、空间及色彩以表达某种精神内涵，渲染一定的气氛。如积极向上的精神、宗教气氛的渲染、民俗文化的表现、历史文化感等。因此，要设计某个区域的景观，就要了解该景观所针对的人群的精神需求，了解他们的喜好、追求与信仰等，然后有针对性地加以设计。

（4）群体的社会文化背景分析。一般而言，社会在本质上是社会关系的总和，具体是指处于特定区域和时期、享有共同文化并以物质生产活动为基础的人类生活的共同体。社会文化内涵极其广泛，包括知识、信仰、宗教、艺术、民俗、生活习惯、地域、道德、法律等。不同文化背景的群体之间在景观审美偏好方面存在显著的差异。现代景观建筑作为一个客观实体，体现了一定的社会文化，具有该社会的文化属性。文化具有民族性、区域性和时代性。因此，在设计一定社会文化下的景观构造物时，一定要深入分析该区域的社会文化特色、人口构成特征，使景观建筑与该区域的社会文化很好地融合在一起。

（5）社会历史分析。人类社会历史悠久、源远流长。虽然不同的历史时期有不同的人和事物，也有不同的文化背景，但社会历史是连续的、相融的。现代景观建筑设计也应与社会历史相一致、相融合，决不能偏离历史、背道而驰。

2. 地形测量

地形测量是收集资料和调查研究阶段的重要内容，基础的地形测量常规上应该由注册测量师提供，并提供测量说明书。

3. 场地分析图

对场地进行深刻评价和分析，客观收集和记录基地的实际资料。比如场地及周围建筑物的尺度、栽植、土壤排水情况、视野以及其他相关因素。通常情况下，图面只表达景观面貌概况，无需太精确（图3-2-2）。

除了这些现场的信息，调研中收集到的其他一些数据也包含在测量文件中，如邻接地块的所有权，邻近道路的交通量，进入场地的道路现状，车行道、步行道的格局等。

4. 确定设计方案的总体基调

在对景观设计所属地域综合考察与分析之后，就要确定设计什么样的景观，分析其可行性及建造此景观的有利和不利因素，以明确设计方案的总体基调，如休闲娱乐、教育、环保景观建筑等（图3-2-3）。

设计内容 | 方案—总平面图

N

0 10 20 30 40 50m

↘ 景点说明
① 蝶舞广场　⑬ 溪流
② 聚香廊　　⑭ 瀑布
③ 曲桥　　　⑮ 观瀑台
④ 观景平台　⑯ 木樨香馆（接待楼）
⑤ 观花台　　⑰ 微型高尔夫场
⑥ 醉红坡　　⑱ 停车场
⑦ 景廊　　　⑲ 休息平台
⑧ 阳光草坡　⑳ 曲方池
⑨ 观景平台
⑩ 聚芳亭
⑪ 问溪台
⑫ 登山步道

张花高速公路监控分中心景观规划设计
landscape architecture of monitor center of ZHANGHUA expressway

图3-2-2 某方案总平面图（出自中南林业科技大学设计咨询研究院）

3-2-3 某方案展板（出自广东工业大学学生叶秀华、余雪艳、朱洋银毕业设计）

3.3 景观规划设计的步骤

各种项目设计都要经过由浅入深、从粗到细、不断完善的过程，景观设计也不例外。设计者应先进行基地调查，熟悉物质环境、社会文化环境和视觉环境，然后对所有与设计有关的内容进行概括和分析，最后拿出合理的方案，完成设计。这种先调查再分析，最后综合的设计过程可划分为三个阶段。即：

（1）任务书阶段。

（2）基地调查和分析阶段。

（3）设计阶段。

每个阶段都有不同的内容，需解决不同的问题，并且对图面也有不同的要求。

3.3.1 任务书阶段

景观规划设计的项目包括公共空间项目和非公共空间项目。一般来说，如果工程的投资规模大，对社会公众的影响比较大，则需要举行招投标。在招投标中胜出才能够取得规划设计委托的机会。招投标主要是根据各个方案的性价比进行筛选，也就是说方案要思路好、功能安排合理、利于实施，同时造价要尽可能地低。因此，招投标的实质是择优。但是，由于规划设计的特殊性，招投标的法律规定并不是非常适合于选择最佳方案和进一步优化，有的城市以竞赛的方式征集方案。除了竞赛、招投标以外，大部分的项目是以直接委托的形式进行。无论采取哪一种投标方式，首先都要明确项目的基本内容，根据自己的情况决定是否接受规划设计任务。

在任务书阶段，设计人员应充分了解设计委托方的具体要求，有哪些愿望，对设计所要求的造价和时间期限等内容。这些内容往往是整个设计的根本依据，从中可以确定哪些值得深入细致地调查和分析，哪些只要作一般的了解。在任务书阶段很少用到图面，常用以文字说明为主的文件。

3.3.2 基地调查和分析阶段

3.3.2.1 基地分析

调查是手段，分析才是目的。基地分析是在客观调查和主观评价的基础上，对基地及其环境的各种因素作出综合性的分析与评价，使基地的潜力得到充分发挥。

基地分析在整个设计过程中占有很重要的地位，深入细致地进行基地分析有助于用地的规划和各项内容的详细设计，并且在分析过程中产生的一些设想也很有利用价值。基地分析包括在地形资料的基础上进行坡级分析、排水类型分析，在土壤资料的基础上进行土壤承载分析，在气象资料的基础上进行日照分析、小气候分析等。由于各分项的调查或分析是分别进行的，因此可做得较细致、较深入，但在综合分析图上应该着重表示各项的主要和关键内容。基地综合分析图的图纸宜用描图纸，各分项内容可用不同的颜色加以区别。基地分析主要由以下几个方面构成。

1. 地形

基地地形图是最基本的地形资料，在此基础上结合实地调查可进一步掌握现有地形的起伏与分布、地形的自然排水类型。其中地形的陡缓程度和分布应用坡度分析图来表示。地形陡缓程度的分析很重要，它能帮助我们确定建筑物、道路、停车场地以及不同坡度要求的活动内容是否适合建于某一地形上。如将地形按坡度大小用 4 种坡级（<1%，1% ~ 4%，4% ~ 10%，>10%）表示，并在坡度分析图上用由淡到深的单色表示坡度由小变大。因此，坡度分析对如何经济合理地安排用地，对分析植被、排水类型和工壤等内容都有一定的作用。

2. 土壤

土壤调查的内容有：土壤的类型、结构，土壤的 pH 值，有机物的含量的含水量，透水性，土壤的承载力、抗剪切强度、安息角，土壤冻土层深度期的长短，土壤受侵蚀状况。

一般来说，较大的工程项目需要由专业人员提供有关土壤情况的综合报告，较小规模的工程则只需了解主要的土壤特征，如 pH 值、土壤承载极限、土壤类型等。在土壤调查中有时还可以通过观察当地植物群落中某些能指示土壤类型、肥沃程度及含水量等的指示性植物和土壤的颜色来协助调查。

每种土壤都有一定的承载力，通常潮湿、富含有机物的土壤承载力很低。如果荷载超过该土壤的承载力极限就需要采取一些工程措施，如打桩、增加接触面积或铺垫水平混凝土条等，进行加固。

3. 水体

水体现状调查和分析的内容有：

（1）现有水面的位置、范围、平均水深，常水位、最低和最高水位、洪涝水面的范围和水位。

（2）水面岸带情况，包括岸带的形式受破坏的程度、岸带边的植物、现有驳岸的稳定性。

（3）地下水位波动范围，地下常水位，地下水及现有水面的水质、污染源的位置及污染物成分。

（4）现有水面与基地外水系的关系，包括流向与落差、各种水工设施（如水闸、水坝等）的使用情况。

（5）结合地形划分出汇水区，标明汇水点或排水体、主要汇水线。地形中的脊线通常称为分水线，是划分汇水区的界线；山谷线常称为汇水线，是地表水汇集线。

4. 植被

基地现状植被调查的内容有：现状植被的种类、数量、分布以及可利用程度。在基地范围小、种类不复杂的情况下可直接进行实地调查和测量定位。对规模较大、组成复杂的林地应利用林业部门的调查结果，或将林地划分成格网状，抽样调查一些单位格网林地中占主导的、丰富的、常见的、偶尔可见的和稀少的植物种类，最后作出标有林地范围、植物组成、水平与垂直分布、郁闭度、林龄、林内环境等内容的调查图。

在风景区景观规划设计中，与基地有关的自然植物群落是进行种植设计的依据之一。若这种植物景观现已消失，则可以通过历史记载或对与该地有相似自然气候条件的自然植被进行了解和分析获得。进行现有植物生长情况的分析对种植种类的选择有一定的参考价值；进行现状乔灌木、常绿落叶树、针叶树、阔叶树所占比例的统计与分析对树种的选择和调配、季相植物景观的创造十分有用，并且现有的一些具有较高观赏价值的乔灌木或树群等还能充分得到利用，因此应重视这些分析。

3.3.2.2　气象资料

气象资料包括基地所在地区或城市常年积累的气象资料和基地范围内的小气候资料。

1. 日照条件

不同纬度的地区的太阳高度角不同。在同一地区，一年中夏至的太阳高度角和日照时数最大，冬至的最小。根据太阳高度角和方位角可以分析日照状况，确定阴坡和永久无日照区。通常，将儿童游戏场、花园等尽量设在永久日照区内。同时为种植设计提供设计依据。

2. 温度、风、湿度和降雨

关于温度、风和降雨通常需要了解下列内容：

（1）年平均温度，一年中的最低和最高温度。

（2）年平均湿度，一年中的最低和最高湿度。

（3）持续低温或高温阶段的历年天数。

（4）月最低、最高温度和平均温度。

（5）各月的风向和强度、夏季及冬季主导风风向。

（6）年平均降雨量、降雨天数、阴晴天数。

（7）最大暴雨的强度、历时、重现期。

3. 小气候

较准确的基地小气候数据要通过多年的观测积累才能获得。通常在了解了当地气候条件之后，随同有关专家进行实地观察，合理地评价和分析基地地形起伏、坡向、植被、地表状况、人工设施等对基地日照、温度、风和湿度条件的影响。小气候资料对大规模园林用地规划和小规模的景观设计都很有价值。

3.3.3　设计阶段 ❶

综合考虑任务书所要求的内容和基地及环境条件，提出一些方案构思和设想，权衡利弊，确定一个较好的方案或几个方案构思所拼合成的综合方案，最后加以完善，完成初步设计。这一阶段的工作主要包括进行功能分区，结合基地条件、空间及视觉构图确定各种使用区的平面位置（包括交通的布置和分级、广场和停车场地的安排、建筑及入口的确定等内容）。常用的图面有功能关系图、功能分析图、方案构思图和各类规划及总平面图。

方案设计完成后应与委托方共同商议，然后根据商讨结果对方案进行修改和调整，本阶段为初步设计阶段。一旦初步方案定下来后，就要全面地对整个方案进行详细的设计，包括确定准确的形状、尺寸、色彩和材料，完成各局部详细的平立剖面图、详图、园景的透视图、表现整体设计的鸟瞰图。

3.3.3.1　方案构思

在设计中，方案构思往往占有举足轻重的地位，方案构思的优劣能决定整个设计的成败。好的设计在构思立意方面多有独到巧妙之处。

直接从大自然中汲取养分、获得设计素材和灵感是提高方案构思能力、创造新的景观境界的方法之一。除此之外，还应善于发掘与设计有关的体裁或素材，并用联想、类比、隐喻等手法加以艺术地表现。总之，提高设计构思的能力需要设计者在自身修养上多下工夫，除了本专业领域的知识外，还应注意诸如文学、美术、音乐等方面知识的积累，它们会潜移默化地对设计者的艺术观和审美观的形成起作用。另外，平时要善于观察和思考，学会评价和分析好的设计，从中汲取有益的东西。

1. 图解法

当设计内容较多、功能关系复杂时应借助图解法进行分析。图解法主要有框图、区块图、矩阵和网络 4 种方法，其中框图法（又称为泡泡图解法）最常用。

框图法能帮助快速记录构思，解决平面内容的位置、大小、属性、关系和序列等问题，不失为园林规划设计中一种十分有用的方法。在框图法中常用区块表示各使用区，用

---

❶ 本节图片来自湖北博克景观艺术设计工程有限责任公司设计作品。

线表示其间的关系，用点来修饰区块之间的关系。用图解法作构思图时，图形不必拘泥，可随意一点，即使性质和大小不同的使用区也宜用圆形矩形等没有太大差别的图形表示，不应一开始就考虑使用区的平面形状和大小，可采用图解法来构思，在图解法中若再借助不同强度的联系符号或线条的数目表示出使用区之间关系的强弱则更清晰明了。另外，当内容较多时也可用图的方式表示，即先将各项内容排列在圆周上，然后用线的粗细表示其关系的强弱，从图中可以发现关系强的内容自然形成了相应的分组。

　　明确了各项内容之间的关系及其强弱程度之后就可进行用地规划、布置平面。在规划用地时应抓住主要内容，根据它们的重要程度依次解决，其顺序可用图示的方法确定，图中的点代表需解决的问题，箭头表示其属性。在布置平面时可先从理想的分区出发，然后结合具体的条件定出分区；也可从使用区着手，找出其间的逻辑关系，综合考虑后定出分区。

　　2. 概念设计草图法

　　设计概念草图对于设计师自身起着分析思考问题的作用，对于观者是设计意图的表达方式，宗旨在于交流。设计概念草图是将专业知识与视觉图形作交织性的表达，为深刻了解项目中的实质问题提供分析、思考、讨论、沟通的图面，并具有极为简明的视觉图形和文字说明。它的作用在于项目设计最初阶段的预设计和估量设计，同时又是创造性思维的发散方式和对问题产生系统的构想并使之形象化，是快捷表达设计意图的交流媒介。设计概念的构想是用视觉图形进行思考的过程。思维需要意象，意象中又包含着思维，把看不见的变成看得见的，思考、眼看、手画、表达、交流，在这种摸索的行为中产生创造的火花，有可能将进行很多的轮回。这历程艰辛、兴奋、模糊、奥妙。很多人试图探求一条有规律的艺术创作之路，结果发现那比艺术创作本身更为艰难。项目设计中好的概念形成是设计进程中最重要的一步，必须先行。一般来说前面有两条摸索的路，其一用理性方法的逻辑思维排列出与项目有关的因素，运用图形演变系统分类、分析推理来获得理想的"好概念"。另一路径是靠灵性的感悟获得好的构想。总之，只有靠思考与动手，并进行反复交流表达才会产生结果。

　　在内容上，设计概念草图所表达的是按项目本身问题的特征划分的。针对项目中反映的各种不同问题相应产生不同内容草图，旨在将设计方向明确化。具体内容如下（图 3-3-1 ~ 图 3-3-22 ）。

　　（1）反映功能方面的设计概念草图。景观设计是对场地的深化设计，很多项目是针对因原有场地使用性质的改变所产生的功能方面的问题，因此项目设计即是通过适宜的形式和技术手段来解决这些问题。应用设计概念草图手段将围绕着使用功能的中心问题展开思考。其中有关场地内的功能分区、交通流线、空间使用方式、人数容量、布局特点等诸方面的问题进行研究。这一类概念草图的表达多采用较为抽象的设计符号集合在图面上，并配合文字数据、口述等综合形式。

　　（2）反映空间方面的设计概念草图。景观的空间设计属于限定设计。应结合原有场地的现状进行空间界面的思考，要求设计师理解场地的空间构成现状，结合使用要求，采用因地制宜的方式，并尽可能地克服原场地缺陷，用不利的场地形式创改出独特的艺术效果。空间创意是景观设计最主要的组成部分，它即涵盖功能因素又具有艺术表现力。设计概念草图易于表现空间创意并可形成引人注目的画面，其表达方法非常丰富。表现原则要求明确概括、有尺度感、直观可读、平剖面分析与文字说明相结合。

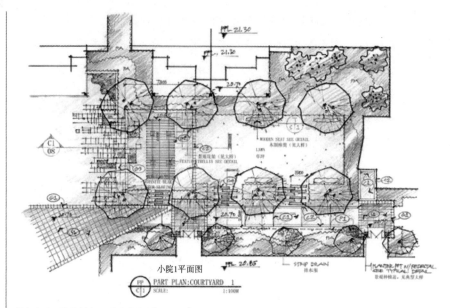

小院1平面图

图 3-3-1　平面分析——小院平面设计

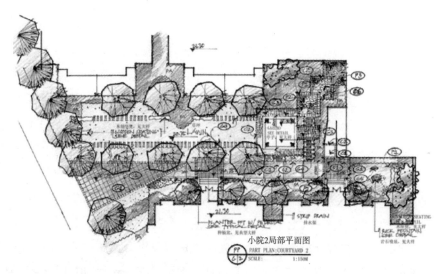

小院2局部平面图

图 3-3-2　平面分析——小院平面局部示意之一

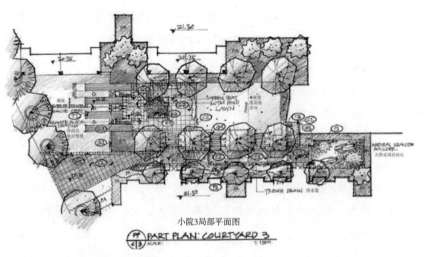

小院3局部平面图

图 3-3-3　平面分析——小院平面局部示意之二

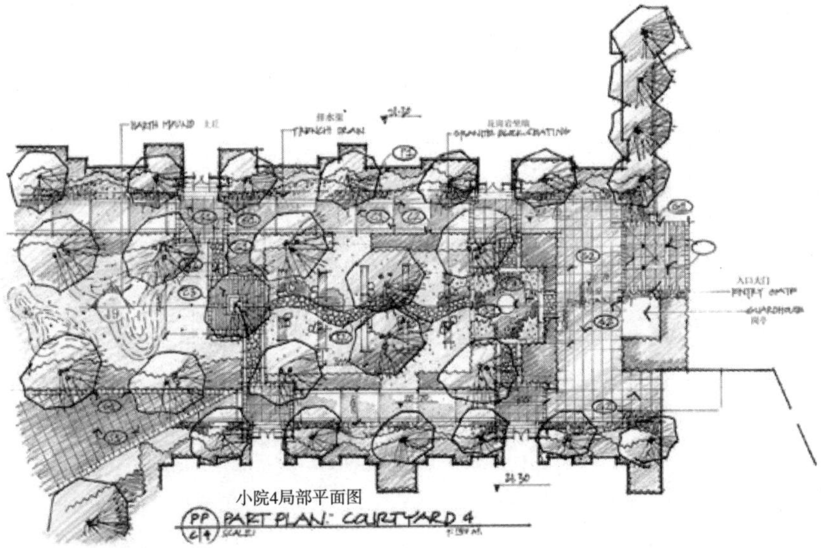

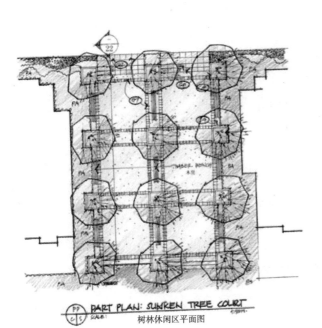

图 3-3-4　平面分析——小院平面局部示意之三

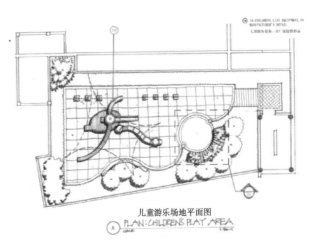

图 3-3-5　平面分析——休闲区平面分析

图 3-3-6　平面分析——儿童乐园平面分析

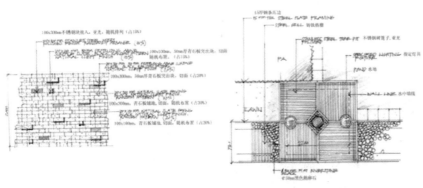

图 3-3-7　平面大样示意

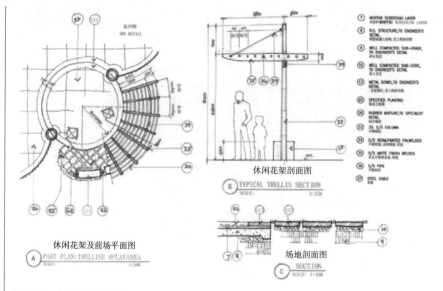

图 3-3-8 景观建筑设计分析之一

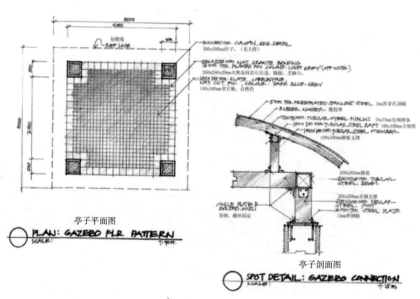

图 3-3-9 景观建筑设计分析之二

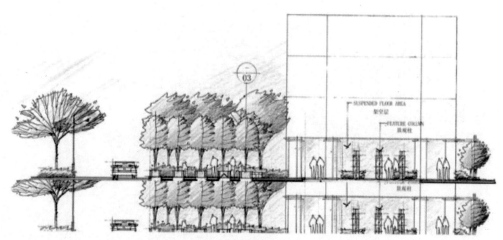

图 3-3-10 某方案剖面分析图

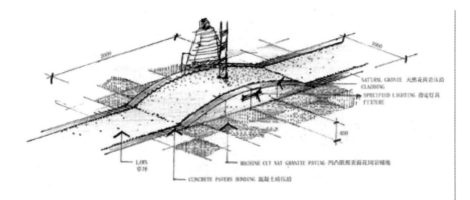

图 3-3-11 剖面示意之一——花岗岩座墙

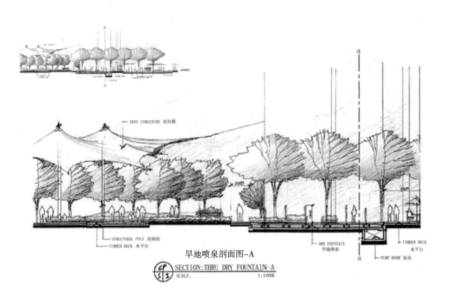

图 3-3-12 剖面示意之二——旱地喷泉设计

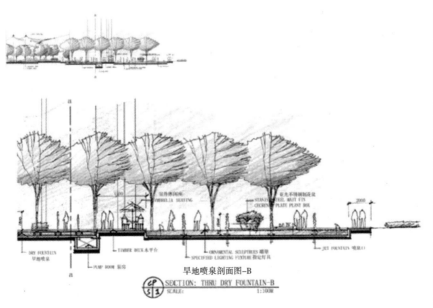

图 3-3-13 剖面示意之三——旱地喷泉设计

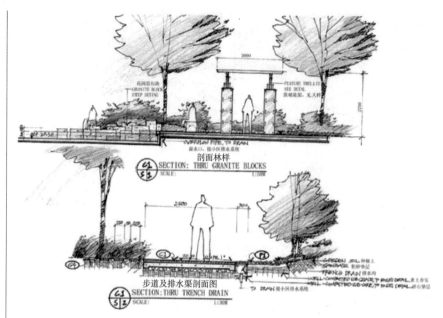

剖面林样
SECTION: THRU GRANITE BLOCKS
SCALE: 1:30M

步道及排水渠剖面图
SECTION: THRU TRENCH DRAIN
SCALE: 1:30M

图 3-3-14 剖面大样示意之一——步道及排水

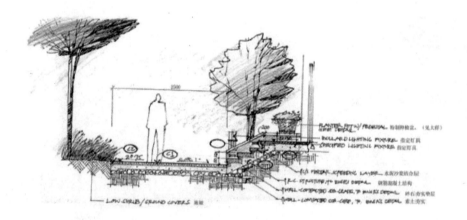

小院2剖面图
SECTION: COURTYARD 2
SCALE: 1:30 M.

图 3-3-15 剖面大样示意之二——小院

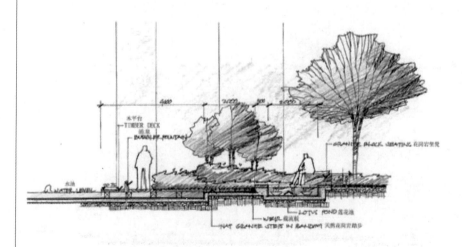

莲花池剖面图
SECTION: THRU LOTUS POND
SCALE: 1:30 M.

图 3-3-16 剖面大样示意之三——莲花池

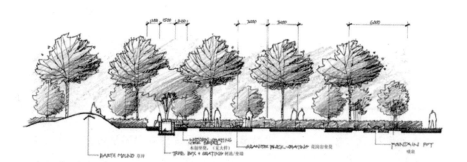

北入口步道剖面图

图 3-3-17 某场所入口剖面

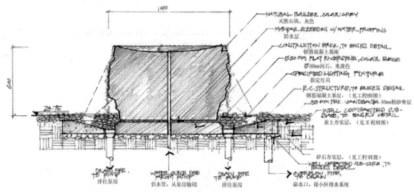

天然岩石喷泉剖面图

图 3-3-18 岩石喷泉剖面

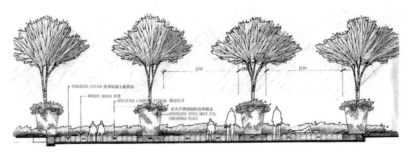

下沉广场剖面大样

图 3-3-19 下沉式广场剖面

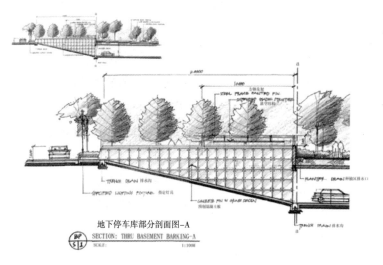

地下停车库部分剖面图-A

图 3-3-20 地下停车场剖面之一

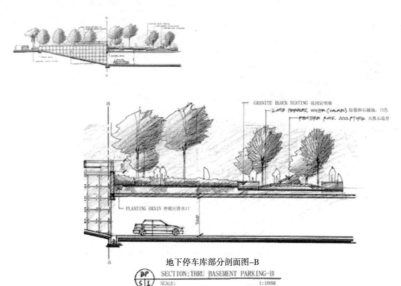

地下停车库部分剖面图-B
SECTION:THRU BASEMENT PARKING-B
SCALE: 1:100米

图 3-3-21 地下停车场剖面之二

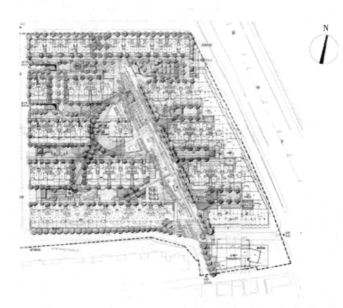

图 3-3-22 某方案整体平面示意

（3）反映形式方面的设计概念草图。场地的风格样式是视觉艺术的语言，这包含着设计师与业主审美观交流的中心议题，因此要求设计概念草图表达具有准确的写实性和说服力，必要时辅以成形的实物场景照片、背景文字说明，最主要还是依赖设计师自身具备的想象力与描绘能力，特别要注意对设计深度的把握。

（4）反映技术方面的设计概念草图。目前艺术与科学同步进入了人类生活的方方面面，景观设计日益趋向科学的智能化、工业化、绿色生态化。这意味着设计师要不断地学习，了解相关门类的科学概念，努力将其转化到本专业中来。要提高行业的先进程度必须提高设计的技术含量。景观设计是为了提高人的生活质量，景观环境反映着人的文明生活的程度，因此把技术因素升华为美学元素和文化因素，设计师要具有把握双重概念结合的能力。技术方面的设计概念草图表达既包含正确的技术依据，又具有艺术形式的美感。

概念设计的阶段是探讨初期的设计构想和功能关系的阶段。此阶段的图面有时称为功能示意图、计划概念图、纲要计划图，他们大多是速写或类似速写的图面。对小的个案来说，它们通常只是利用设计者自我交谈，是一个形成进一步设计构想基础的记录；对较大或较复杂的个案，图面就可能提供与其他设计者或业主交流沟通的依据，作初期回馈之用。这些图通常可以引出更多的图。

3.3.3.2 方案设计

方案设计是在概念设计确定的基础上进行深化设计的重要阶段。方案设计是用系统的方法，更为具体、详实地表达设计思想。本节将重点阐述方案设计的阶段性深度问题。

项目设计方案阶段，通常是向业主汇报设计成果，并由业主报有关政府规划部门审批。为此就要解决以下两个问题。

一是将业主与设计师交流的成果用图文并茂的形式展现，这就需要用各类分析图纸、场地模型、漫游动画等多角度说明，帮助业主来理解，达到业主的要求与专业设计师的专业创意相一致。在解决这个问题的过程中，可能会遇到与业主意见有相悖之处，往往是艺术追求与投资经费之间的矛盾。作为设计师而言，在遵循节约原则的同时要用自己的专业知识说服业主接受设计方案。

二是要将方案成果报规划部门审批通过，方可进行下一阶段工作。其中最应注意的就是要遵循相应的国家及地方规范，设计师要合理利用规范，依照设计依据，用最为经济的方法来表达艺术价值，同时还要关注相应法规的变化趋势。虽然规范在大体上不会有什么变动，但每年政府部门都会发布局部变化的相关内容。特别是对节能、环保，近几年有了更为详尽的规范要求，这在方案设计阶段都必须考虑到。

方案设计文件的表述重点为设计的基本构思及其独创性。因此，设计文件以建筑和总平面设计图纸为主，辅以各专业的简要设计说明和投资估算。与初步设计和施工图设计文件相比，其图形文件的内容和表现手法要灵活得多，可以有分析图、总平面图及单体建筑图、透视图，还可以增加模型、电脑动画、幻灯片等。目的只有一个——充分展示设计意图、特征和创新之处。

（1）方案设计文件的内容与编排。一般由设计说明书、设计图纸、投资估算、透视图4部分组成。前三者的编排顺序为：

1）封面。方案名称、编制单位、编制年月。

2）扉页。可为数页。写明方案编制单位的行政和技术负责人、设计总负责人、方案设计人（以上人员均可加注技术职称），必要时附透视图和模型照片。

3）方案设计文件目录。

4）设计说明书。由总说明和各专业设计说明组成。

5）投资估算。包括编制说明、投资估算及三材估用量。简单的项目可将投资估算纳入设计说明书内，独立成节即可。

6）设计图纸。主要由总平面图和建筑专业图纸组成，必要时可增加各类分析图。

大型或重要的建设项目，可根据需要增加模型、电脑动画等。参加设计招标（方案竞选）的工程，其方案设计文件的编制应按招标的规定和要求执行。

（2）方案文本的编制深度控制。

1）设计说明。

a.列出与工程设计有关的依据性文件的名称和文号，包括选址及环境评估报告、地形图、项目的可行性研究报告、政府有关主管部门对立项报告的批文、设计任务书或协议书等。

b.设计所采用的主要法规和标准。

c.设计基础资料，如气象、地形地貌、水文地质、抗震设防要求、区域位置等。

d.简述建设方和政府有关主管部门对项目设计的要求，如总平面布置、建筑立面造型等。当城市规划对建筑高度有限制时，应说明建筑、构筑物的控制高度（包括最高和最低高度限值）。

e.委托设计的内容和范围，包括功能项目和设备设施的配套情况。

f.工程规模（如总建筑面积、总投资、容纳人数等）和设计标准（包括工程等级、结构的设计使用年限、耐火等级、装修标准等）。

g.列出主要技术经济指标，如总用地面积、总建筑面积及各分项建筑面积（还要分别列出地上部分和地下部分建筑面积）、建筑基底总面积、绿地总面积、容积率、建筑密度、绿地率、停车泊位数（分室内外和地上地下），以及主要建筑或核心建筑的层数、层高和总高度等项指标。当工程项目（如城市居住区规划）另有相应的设计规范或标准时，技术经济指标还应按其规定执行。

h. 总平面设计说明。

i. 概述场地现状特点和周边环境情况，详尽阐述总体方案的构思意图和布局特点，以及在竖向设计、交通组织、景观绿化、环境保护等方面所采取的具体措施。

j. 关于一次规划、分期建设以及原有建筑和古树名木保留、利用、改造（改建）方面的总体设想。

2）设计图纸。

a. 场地的区域位置。

b. 场地的范围（用地和建筑物各角点的坐标或定位尺寸、道路红线）。

c. 场地内及四邻环境的反映（四邻原有及规划的城市道路和建筑物、场地内需保留的建筑物、古树名木、历史文化遗物、现有地形与标高、水体、不良地质情况等）。

d. 场地内拟建道路、停车场、广场、绿地及建筑物的布置，并表示出主要建筑物与用地界线（或道路红线、建筑红线）及相邻建筑物之间的距离。

e. 拟建主要建筑物的名称、出入口位置、层数与设计标高以及地形复杂时主要道路、广场的控制标高。

f. 指北针或风玫瑰图、比例。

g. 根据需要绘制下列反映方案特性的分析图：功能分区、空间组合及景观分析、交通分析（人流及车流的组织、停车场的布置及停车泊位数量等）、地形分析、绿地布置、日照分析、分期建设等。

3）投资估算。

a. 投资估算编制说明资料。

b. 编制依据。

c. 编制方法。

d. 编制范围（包括和不包括的工程项目与费用）。

e. 主要技术经济指标。

f. 其他有必要说明的问题。

4）投资估算表。投资估算表应以一个单项工程为编制单元，由土建、给排水、电气、暖通、空调、动力等单位工程的投资估算和土石方、道路、广场、围墙、大门、室外管线、绿化等室外工程的投资估算两大部分内容组成。

在建设单位有可能提供工程建设其他费用时，可将工程建设其他费用和按适当费率取定的预备费列入投资估算表，汇总成建设项目的总投资。

3.3.3.3　施工图设计

施工图阶段是将设计与施工连接起来的环节。根据所设计的方案，结合各工种的要求分别绘制出能具体、准确地指导施工的各种图面，这些图面应能清楚、准确地表示出各项设计内容的尺寸、位置、形状、材料、种类、数量、色彩以及构造和结构，完成施工平面图、地形设计图、种植平面图、景观建筑施工图等。

图是设计的最终"技术产品"，是进行建筑施工的依据，对建设项目建成后的质量及效果有相应的技术与法律责任。因此，常说"必须按图施工"，未经原设计单位的同意，个人和部门不得擅自修改施工图纸，经协商或要求后，同意修改的也应由原设计补充设计文件，如变更通知单、变更图、修改图等，与原施工图一起形成完整的设计文件，并应归档备查。

作为项目设计最后阶段的施工图设计，是从事相对微观、定量和实施性的设计。如果初步设计的重心在于确定想做什么，那么施工图设计的重心则在于如何做。因图设计犹如先在纸上盖房子，必须件件有交代、处处有依据。

所设计的方案，结合各工种的要求分别绘制出能具体、准确地指导施工的各种图。图面应能清楚、准确地表示出各项设计内容的尺寸、位置、形状、材料、种类、色彩以及构造和结构，施工图设计要完成施工平面图、地形设计图、种植平面图、园林建筑施工图等。

1. 施工图文本的构成

施工图设计文件包括：

（1）合同要求所涉及的所有专业的设计图纸以及图纸总封面。

（2）合同要求的工程预算书。对于方案设计后直接进入施工图设计的项目，若合同未要求编制工程预算书时，施工图设计文件应包括工程概算书。

（3）封面应标明以下内容：

1）项目名称。

2）编制单位名称。

3）项目设计编号。

4）设计阶段。

5）编制单位法定代表人、技术总负责人和项目总负责人的姓名及其签字或授权盖章。

6）编制年月（即出图年月）。

（4）在施工图设计阶段，总平面专业设计文件应包括图纸目录、设计说明、设计图纸、计算书。

（5）图纸目录。应先列新绘制的图纸，后列选用的标准图和重复利用图。

2. 施工图图纸的深度控制

（1）设计说明。一般工程分别编制在有关的图纸上，如重复利用某工程的施工图图纸及其说明时，应详细注明其编制单位、工程名称、设计编号和编制日期，并列出主要技术经济指标表。

（2）设计图纸。

1）总平面图。

2）保留的地形和地物。

3）总体测量坐标网、坐标值。

4）场地四界的测量坐标（或定位尺寸），道路红线和建筑红线或用地界线的位置。

5）场地四邻原有及规划的道路的位置（主要坐标值或定位尺寸）以及主要建筑物和构筑物的位置、名称、层数。

6）建筑物、构筑物（人防工程、地下车库、油库、储水池等隐蔽工程以虚线表示）的名称或编号、层数、定位（坐标或相互关系尺寸）。

7）广场、停车场、运动场地、道路、无障碍设施、排水沟、挡土墙、护坡的定位（坐标或相互关系）尺寸。

8）指北针或风玫瑰图。

9）建筑物、构筑物名称使用编号时，应列出"建筑物和构筑物名称编号表"。

10）注明施工图设计的依据、尺寸单位、比例、坐标及高程系统（如为场地建筑坐标网时，应注明与测量坐标网的相互关系）、补充图例等。

（3）竖向布置图。

1）场地测量坐标网、坐标值。

2）场地四邻的道路、水面、地面的关键性标高。

3）建筑物、构筑物名称或编号，室内外地面设计标高。

4）广场、停车场、运动场地的设计标高。

5）道路和排水沟的起点、变坡点、转折点和终点的设计标高（路面中心和排水沟顶及沟底）、纵坡度、纵坡距、关键性坐标，道路标明双面坡或单面坡，必要时标明道路平曲线及竖曲线要素。

6）挡土墙、护坡或土坎顶部和底部的主要设计标高及护坡坡度。

7）用坡向箭头表明地面坡向，当对场地平整要求严格或地形起伏较大时，可用设计等高线表示。

8）指北针或风玫瑰图。

9）注明尺寸单位、比例。

（4）管道综合图。

1）总平面布置。

2）场地四界的施工坐标（或注尺寸）、道路红线及建筑红线或用地界线的位置。

3）各管线的平面布置，注明各管线与建筑物、构筑物的距离和管线间距。

4）场外管线接入点的位置。

5）管线密集的地段宜适当增加断面图，表明管线与建筑物、绿化之间及管线之间的距离，并注明主要交叉点上下管线的标高或间距。

6）指北针。

（5）绿化及建筑小品布置图。

1）总平面绿化布置图。

2）绿地（含水面）、人行步道及硬质铺地的定位。

3）建筑小品的位置（坐标或定位尺寸）、设计标高。

4）指北针。

5）注明尺寸、单位、比例、图例、施工要求等。

6）详图包括道路横断面、路面结构、挡土墙、护坡、排水沟、池壁、广场、运动场地、活动场地、停车场地面详图等。

（6）设计图纸的增减。

1）当工程设计内容简单时，竖向布置图与总平面图合并。

2）当路网复杂时，可增绘道路平面图。

3）土方图和管线综合图可根据设计需要确定是否出图。

4）当绿化或景观环境另行委托设计时，可根据需要绘制绿化及建筑小品的示意性和控制性布置图。

（7）计算书（供内部使用）。设计依据、简图、计算公式、计算过程及成果资料均作为技术文件归档。

第4章　景观规划设计案例分析

4.1 居住区景观空间案例

4.1.1 居住区景观规划设计原则

1. 生态原则

人居环境最根本的要求是生态结构健全，适宜于人类的生存和可持续发展。小区景观的规划设计，应首先着眼于满足生态平衡的要求，为营造良好的小区生态系统服务。品评小区景观优劣应把握的尺度，按其重要性可依次排序为：生态尺度、舒适尺度、美观尺度。其中，生态尺度是品评小区景观水平的根本尺度。而舒适、美观则是与小区的档次相匹配的。不同档次的小区可以有不同的舒适尺度和美观尺度。但是，各个档次的小区都无例外地要求具有良好的生态环境，在满足生态要求的基础上求舒适、求美观。生态结构健全的人居环境，都会给人一种生机蓬勃的外在美感，即"生态美"。美化人居环境可以有各种不同的美学手段和审美取向，但应将"生态美"作为最高境界，作为首要的和主要的美学取向。

2. 经济原则

居住小区景观的经济性，就是既要顾及造园工程近期的建造成本——这关系到售价和开发利润，更要顾及长期的养护成本——这关系到物业管理费用。坚持经济原则是非常重要的。国外住宅小区的景观设计大都崇尚朴素、经济实惠，很少有不必要的铺张设施。这一点很值得我们借鉴。

3. 文化艺术原则

居住小区景观绝非是草树花石、亭台楼阁的简单杂乱堆砌。虽无定式，但有其艺术法则。目前，各地造园水平参差不齐，既涌现了不少精品，也出现了一些不能称为成功的作品。后者大致有两类：第一类是艺术水平较差；第二类是艺术水平虽高，但有些铺张过分了，过犹不及，也不能算是成功。而对第一类来说，就迫切需要在提高造园艺术水平上下工夫。当前，要十分注意防止一种倾向，即在小区景观、绿化美化上做足了文章，却没有切实地在营造住宅内部生态环境上下工夫。外表看看很漂亮，但室内环境却不尽如人意，甚至很差。例如日照、通风、使用功能、结构布局、户内活动线，以及私密性等的设计方面，不符合生态和实用、舒适的要求，其中也包括了渗、漏、裂等建筑质量通病。

4.1.2 居住区景观规划设计理念

人的生活离不开建筑，建筑组成居住小区，居住小区构成了我们的环境。因此，在居住区规划设计中一般主要考虑人与自然之间的和谐关系，坚持以人为本的设计理念。设计中以生态环境优先为原则，充分体现对人的关怀，大处着眼，整体设计。在规划的同时，辅以景观设计，最大限度地体现居住区本身的底蕴，设计中尽量保留居住区原有的积极元素，加上和谐亲切的人工造景，使居民乐居其中。继承传统文化中"天人合一"的建筑规划理念，尽可能地解决和完善人们观赏、娱乐、休闲、集会、居住、健康、工作、交流等之间的关系，从而达到"人与自然和谐统一"这一永恒的主题。

居住环境是人类最为重要的生存空间。居住与人类之间的密切关系世人皆知。在居住区规划设计中应该注意与周边环境的协调，在内部环境中强调生活、文化、景观间的连接，以达到美化环境、方便生活之目的。因此，处理好"自然—住宅—人"的关系，就是小区规划着重需要解决的问题。

4.1.3　居住区景观规划设计实例 [1]

4.1.3.1　东翔彩虹城景观方案深化设计说明

1. 设计定位

东翔彩虹城位于襄樊市东翔人民路南，有很好的区位优势，本小区力求打造襄樊高档精品楼盘，因此在景观设计上追求酒店式景观的设计风格，达到简约、现代、厚重、尊贵、精致的景观效果。

2. 中心景观区（体现生态、自然）

小区中心景观区主要以石材喷水雕塑、对景跌水景墙以及宽阔的草坪来营造一个大气、自然、尊贵且富有情趣的酒店式景观环境。

材料选择上以自然厚重的石材为主，石材大象雕像局部运用高档光面石材以显现大气精致的景观效果。

植物设计上，充分运用对景、借景等造园手法，在视觉空间上达到隔而不绝，在空间上起相互渗透的作用。

3. 架空层景观（体现生活、历史人文）

架空层中对于墙面柱面采用酒店式处理手法，墙面主要以花岗岩拉条来分隔立面空间，重要景观墙用砂岩浮雕装饰（以植物造型为主），隔断墙运用镂空栅格窗达到借景效果，墙脚柱脚放置石材人物雕像，装饰陶罐，局部用白色卵石与射灯点缀，展现尊贵精致的酒店式景观空间。

柱面主要以石材包裹精致的踢脚为主，邻里交往空间设置石材主题雕塑健身器材、休闲木平台以加强交流。

顶面装饰以简约为主，保留原有的层高并简单装饰，局部采用吊顶降低空间尺度来丰富空间层次，休闲平台吊顶以易亲近的木格栅吊顶为主，增添休闲氛围。

植物上，将室外植物引入架空层，主要以低矮的耐阴植物为主，来装饰柱脚墙脚。

4. 商业街景观区（体现商业气氛）

材料上，以暖色材料为主，比如黄锈石、罗源红、西行等花岗岩。

植物上，以姿态优美的树形如广玉兰、悬铃木等为主。

4.1.3.2　东翔彩虹城景观方案展示

东翔彩虹城景观方案如图 4-1-1 ～图 4-1-20 所示。

---

❶ 本案例由湖北博克景观艺术设计工程有限责任公司提供。

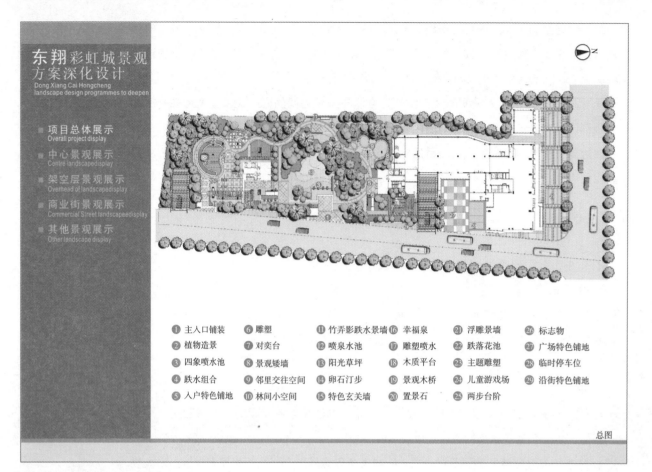

东翔**彩虹城**景观
方案深化设计
Dong Xiang Cai Hongcheng
landscape design programmes to deepen

■ 项目总体展示
Overall project display

■ 中心景观展示
Centre landscapedisplay

■ 架空层景观展示
Overhead of landscapedisplay

■ 商业街景观展示
Commercial Street landscapeedisplay

■ 其他景观展示
Other landscape display

① 主入口铺装　⑥ 雕塑　⑪ 竹弄影跌水景墙　⑯ 幸福泉　㉑ 浮雕景墙　㉖ 标志物
② 植物造景　⑦ 对奕台　⑫ 喷泉水池　⑰ 雕塑喷水　㉒ 跌落花池　㉗ 广场特色铺地
③ 四象喷水池　⑧ 景观矮墙　⑬ 阳光草坪　⑱ 木质平台　㉓ 主题雕塑　㉘ 临时停车位
④ 跌水组合　⑨ 邻里交往空间　⑭ 卵石汀步　⑲ 景观木桥　㉔ 儿童游戏场　㉙ 沿街特色铺地
⑤ 入户特色铺地　⑩ 林间小空间　⑮ 特色玄关墙　⑳ 置景石　㉕ 两步台阶

总图

图 4-1-1　东翔彩虹城项目总平面图

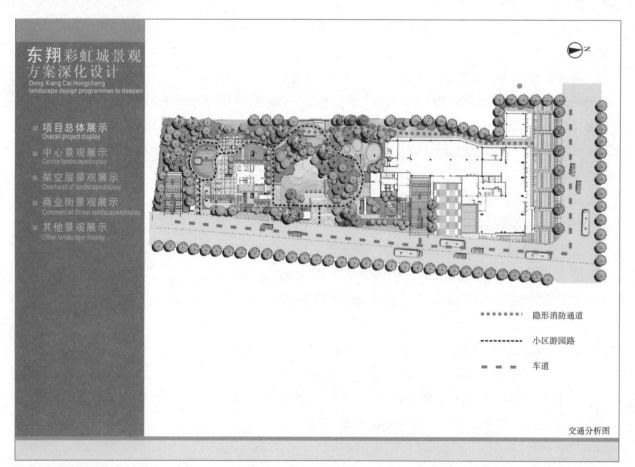

东翔**彩虹城**景观
方案深化设计
Dong Xiang Cai Hongcheng
landscape design programmes to deepen

■ 项目总体展示
Overall project display

■ 中心景观展示
Centre landscapedisplay

■ 架空层景观展示
Overhead of landscapedisplay

■ 商业街景观展示
Commercial Street landscapeedisplay

■ 其他景观展示
Other landscape display

∙∙∙∙∙∙∙∙∙　隐形消防通道

----------　小区游园路

━ ━ ━　车道

交通分析图

图 4-1-2　东翔彩虹城项目交通分析图

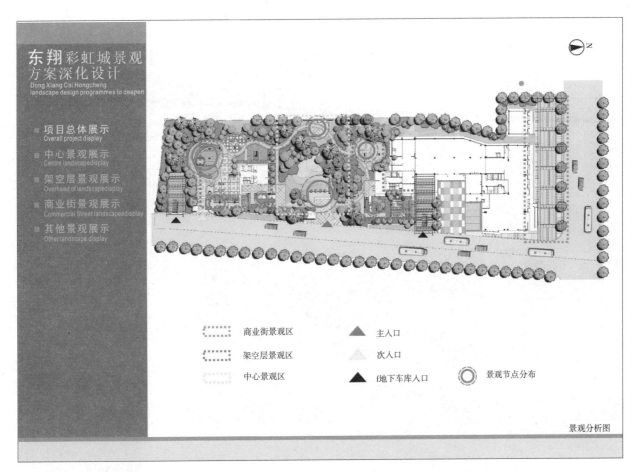

图 4-1-3 东翔彩虹城项目景观分析图

图 4-1-4 东翔彩虹城项目中心景区透视图一

图 4-1-5　东翔彩虹城项目中心景区透视图二

图 4-1-6　东翔彩虹城项目架空层景区透视图一

图 4-1-7 东翔彩虹城项目架空层景区透视图二

图 4-1-8 东翔彩虹城项目架空层景区透视图三

图 4-1-9　东翔彩虹城项目架空层景区透视图四

图 4-1-10　东翔彩虹城项目架空层景区透视图五

图 4-1-11 东翔彩虹城项目架空层景区透视图六

图 4-1-12 东翔彩虹城项目架空层景区透视图七

图 4-1-13 东翔彩虹城项目架空层景区透视图八

图 4-1-14 东翔彩虹城项目架空层景区透视图九

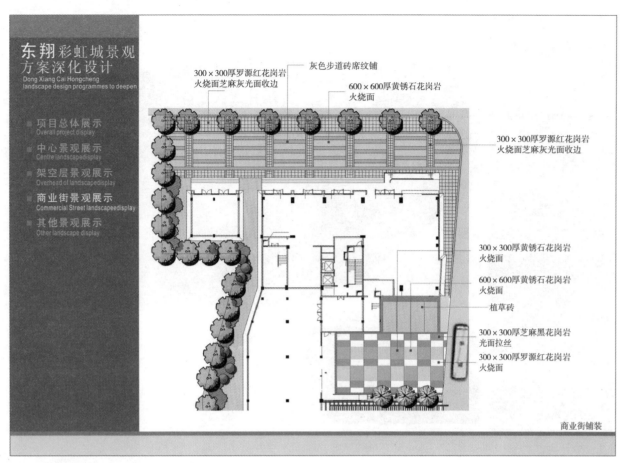

图 4-1-15　东翔彩虹城项目商业街景区透视图一

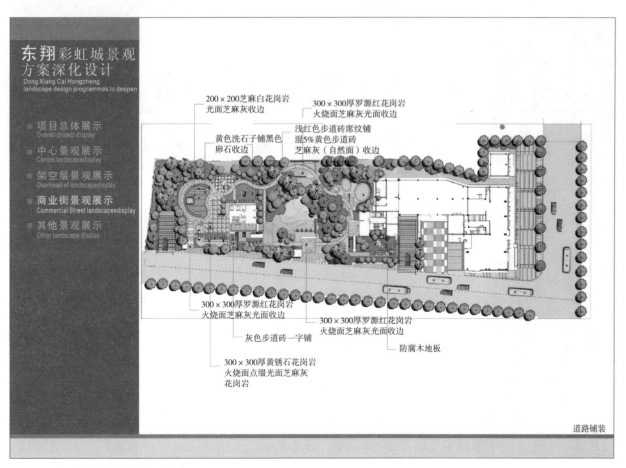

图 4-1-16　东翔彩虹城项目商业街景区透视图二

图 4-1-17 东翔彩虹城项目地下车库入口景区透视图

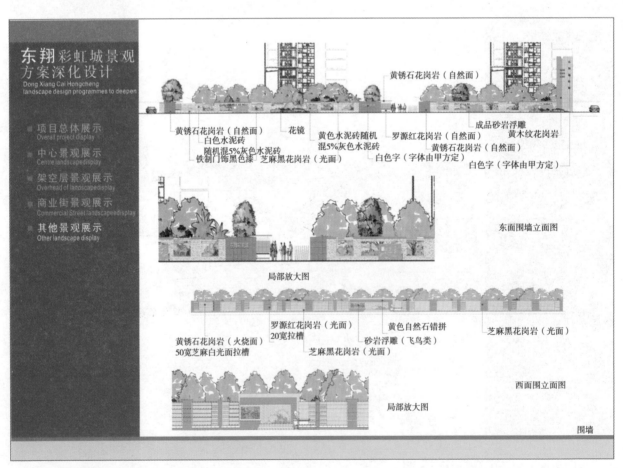

图 4-1-18 东翔彩虹城项目围墙立面图

图 4-1-19　东翔彩虹城项目景观小品

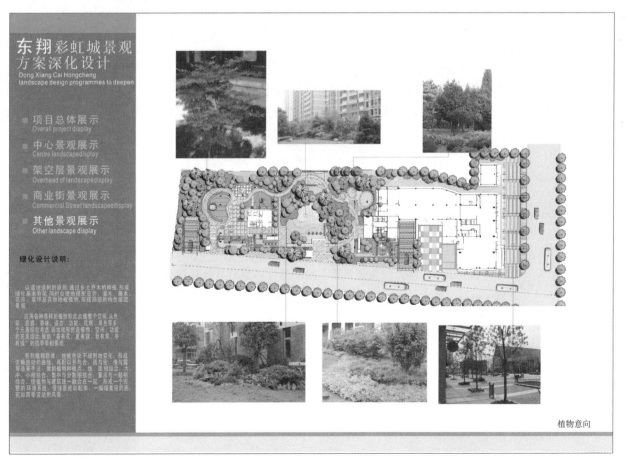

图 4-1-20　东翔彩虹城项目植物意向

4.2　滨水景观空间案例 ❶

4.2.1　项目概况

　　宝安·山水龙城位于武汉市盘龙城经济开发区，东面为具有 3500 年历史，号称"武汉市之根"的盘龙城遗址。宝安·山水龙城静守盘龙古城 3500 年地脉，与盘龙城经济开发区的繁华要地诗意共存。五期 600 亩，位于龙城以西，背倚露甲山，东临汤仁海，西临机场高速，依山傍水，自然条件优越。

4.2.2　设计理念

　　中国古典园林是充满自然意趣和文化意蕴的"写意园林景观"。项目在设计及施工指导的过程中，均紧紧把握住"中式写意"这根主线，植物造景时注重与建筑风格的密切配合，将"中式写意"的风格用现代造园手法充分表现出来。创造出具有诗情画意的景观，形成了"无声的诗，立体的画"。

　　组团内空间传承中国庭院式园林设计的传统风格，让它成为居民最方便的就近活动、游憩的场所，是具有安全感、归宿感的户外交流、活动空间。满足人们茶余饭后的休憩及交流的需要，创造幽静、安全、赏心悦目的环境。在园区中游赏，犹如在品诗，又如在赏画。使园区中的一山一水、一草一木均能产生出深远的意境，徜徉其中，可得到心灵的陶冶和美的享受。

　　赋有国学风情的节点命名，不但能反应每个节点的景观特性，而且暗喻了节点的景观特制，及其所具备的文化内涵，与基地的文脉特征相融合。以自由的曲线将一系列的景观小空间进行巧妙的连接。自然小溪沿主车行道蜿蜒，作为湖面向小区内的水体延伸。中式风格的小品与植物相互交融，或开或合，采用巧妙的古典造园手法来阐述现代的中式空间。

4.2.3　设计构思

　　由于该项目主要是对植物景观进行改造，在设计之初，设计师意在使用正确的植物设计方法，提倡自然设计，反对中国近些年出现的"模纹花坛"或者所谓"色块"的畸形设计方式。当然，作为居住区景观，植物景观不像公共景观那样强调大的空间转换和优美的群落组合，而是强调层次的多样和细腻的色彩组合。

4.2.4　滨水区景观规划设计方案展示

　　宝安·山水龙城滨水区景观规划设计方案如图 4-2-1～图 4-2-27 所示。

---

❶ 本案例由湖北博克景观艺术设计工程有限责任公司提供。

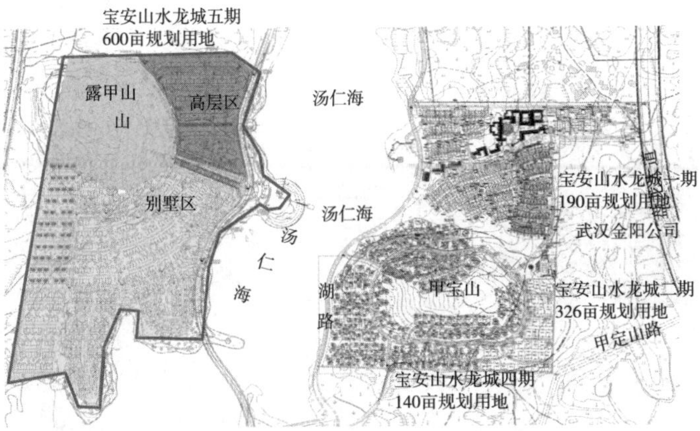

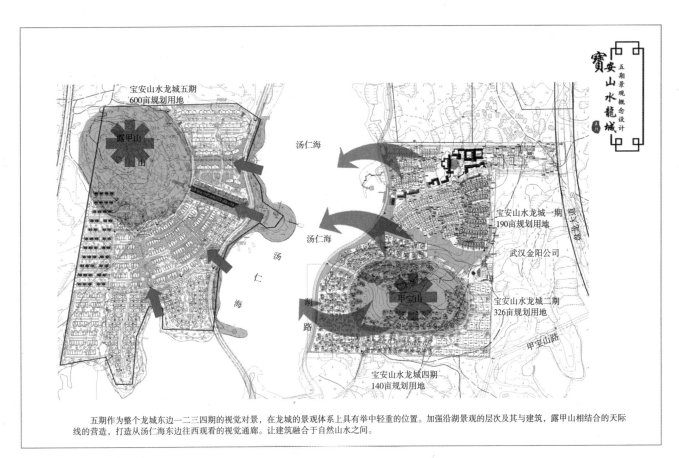

宝安·山水龙城五期
600亩规划用地

露甲山
山

高层区

汤仁海

别墅区

汤仁海

宝安山水龙城一期
190亩规划用地
武汉金阳公司

宝安山水龙城二期
326亩规划用地

汤
仁
海

湖
路
甲宝山

甲定山路

宝安山水龙城四期
140亩规划用地

五期用地范围

概况：

宝安·山水龙城位于武汉市盘龙城经济开发区，东面是具有3500年历史，号称"武汉市之根"的盘龙城遗址。宝安·山水龙城静守盘龙古城3500年地脉，与盘龙城经济开发区的繁华要地诗意共存。

五期600亩，位于龙城以西，背倚露甲山，东临汤仁海，西监机场高速。依山傍水，自然条件优越。建筑布局北高南低，北面以高层建筑为主。沿湖往南依次为联排别墅和独栋别墅。以山体为贺心，弧形排面。按一定次序留出从山体到水边的视觉通廊。西边山脚道路与沿湖道路高差为4m。建筑为现中式风格，以山托水，打造纯正的中式风情，营造中国的院子。

图 4-2-1　宝安·山水龙城项目概况之一

宝安·山水龙城五期
600亩规划用地

露甲山
山

汤仁海

宝安山水龙城一期
190亩规划用地

武汉金阳公司

汤仁海

宝安山水龙城二期
326亩规划用地

汤
仁
海

湖
路
甲宝山

甲宝山路

宝安山水龙城四期
140亩规划用地

五期作为整个龙城东边一二三四期的视觉对景，在龙城的景观体系上具有举中轻重的位置。加强沿湖景观的层次及其与建筑，露甲山相结合的天际线的营造，打造从汤仁海东边往西观看的视觉通廊。让建筑融合于自然山水之间。

图 4-2-2　宝安·山水龙城项目概况之二

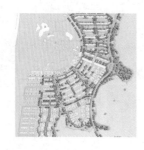

文化　　　　　　　　　　　　　　山水　　　　　　　　　　　　打造中国院子

景观设计原则

■ 人性

关注人的行为，景观设计主动寻求与人的行为
对接，满足人类的行为需求。

■ 艺术

丰富景观形态的艺术特征，运用多种艺术造园
手法，如框景、对景、借景等，增强艺术感染
力，营造高雅栖息场所。

■ 生态

动用植物模仿自然群落，让自然山林的触角延
伸入小区内，合理巧用高差，营造自然山水。

■ 文化

提炼龙城文化精华，打造现代中式园林风情。

景观特色

■ 关联

注重景观在时间、空间、文化等方面的整体性。建立场地
与人、建筑、生态环境以及历史文化、科技发展之间的联
系。追求人与场地文化的沟通途径。

■ 融合

造园手法上融合中国古典园林的各种手法，让建筑与景观
相得益彰。让五期与整个龙城相融合。

■ 升华

精细化处理，关注寻常景观元素细节处理，注得情景化营
造，在每一扇窗前，都是精心打造的景致。体现景观的高
端品质。

图 4-2-3　宝安·山水龙城项目设计分析之一

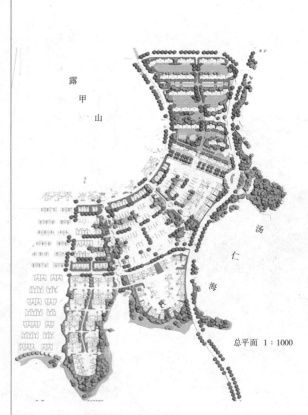

露甲山

汤仁海

总平面　1：1000

景观设计构思：

通过对有地的地理环境及周边环境条件的分析研究，使小区成为整
个龙城景观空间的延伸和发展。处理好内部空间环境与建筑功能及与露
甲山，汤仁海之间的景观关系，使之具有良好的空间环境文脉。寄情于
山水。由四条视线通廊对景观进行延伸。使住区绿化和沿湖以及山体景
观良好的融合在一起。丰富小区的空间层次，充分满足现代人居要求。

景观设计理念：

"融情自然山水"，采用大规划、大思路，一气呵成的现代中式造园
手法，精心打造现代简约的中式园林。自由、浪漫、包容而不失严谨。

景观设计目标：

对本案借鉴了过云所有完成的项目的经验，对场地创造性的加以利
用，能够为不同的户外休闲提供同意的环境。艺术是最佳的情感表达方
式，形成不但要满足功能的需求，而且要从艺术欣赏的高度云激发人们
的情感。方案的主旨在于不但能使人诗意的栖居，还要达到如下四个
目标：

人性化　　高品质　　统一性　　可持续

图 4-2-4　宝安·山水龙城项目设计分析之二

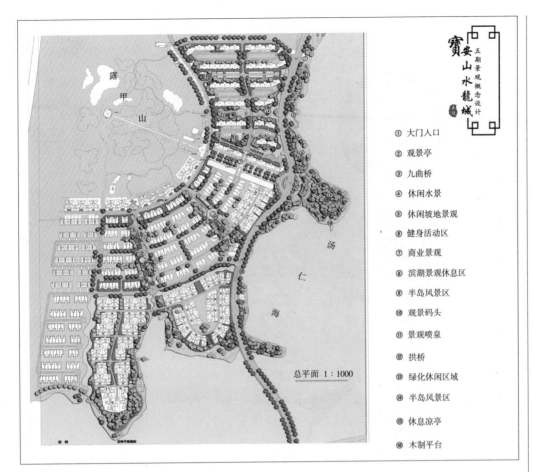

宝安山水龙城 五期景观概念设计 天骄

① 大门入口
② 观景亭
③ 九曲桥
④ 休闲水景
⑤ 休闲坡地景观
⑥ 健身活动区
⑦ 商业景观
⑧ 滨湖景观休息区
⑨ 半岛风景区
⑩ 观景码头
⑪ 景观喷泉
⑫ 拱桥
⑬ 绿化休闲区域
⑭ 半岛风景区
⑮ 休息凉亭
⑯ 木制平台

总平面 1∶1000

图 4-2-5 宝安·山水龙城项目总平面图

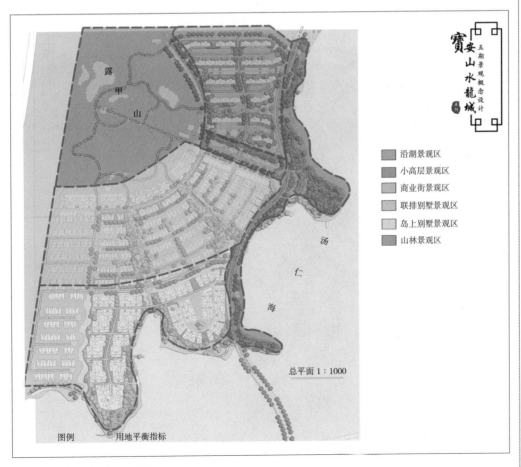

宝安山水龙城 五期景观概念设计 天骄

■ 沿湖景观区
■ 小高层景观区
□ 商业街景观区
□ 联排别墅景观区
□ 岛上别墅景观区
■ 山林景观区

总平面 1∶1000

图例 ── 用地平衡指标

图 4-2-6 宝安·山水龙城项目景观分析图

图 4-2-7 宝安·山水龙城项目视线分析图

赋有国学风情的节点命名，不但能反映每个节点的景观特性，而且暗喻了节点的景观特制及其所具备的文化内涵。与基地的文脉特征相融合。

图 4-2-8 宝安·山水龙城项目节点分析图

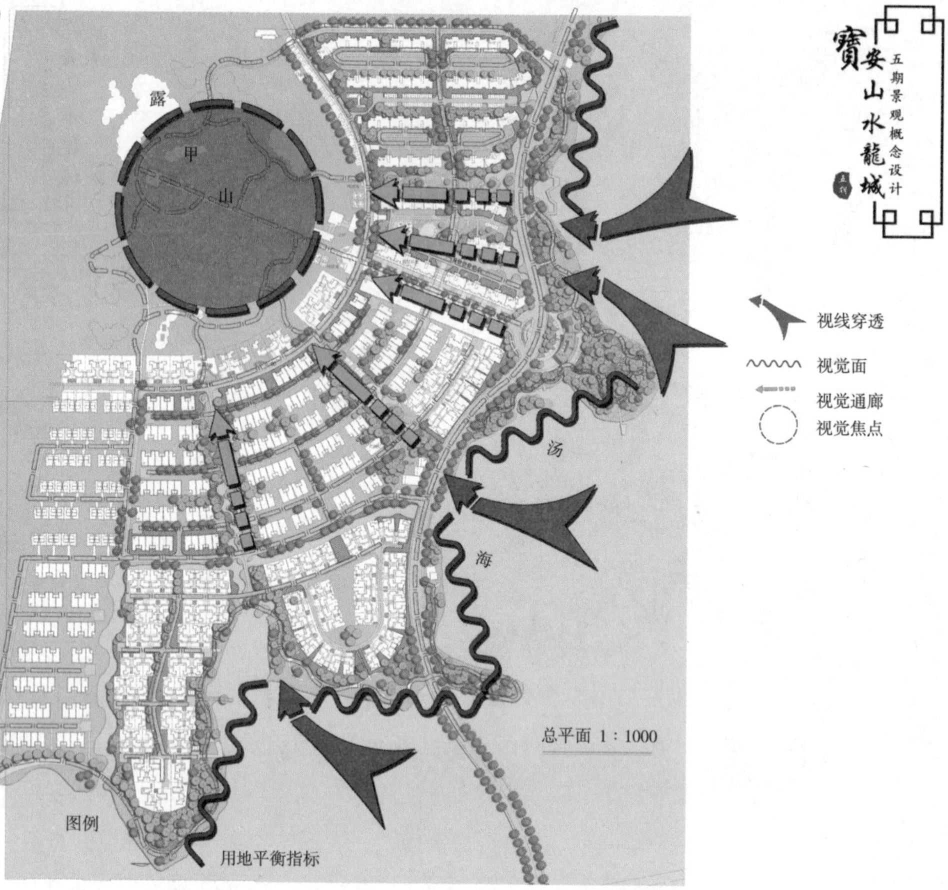

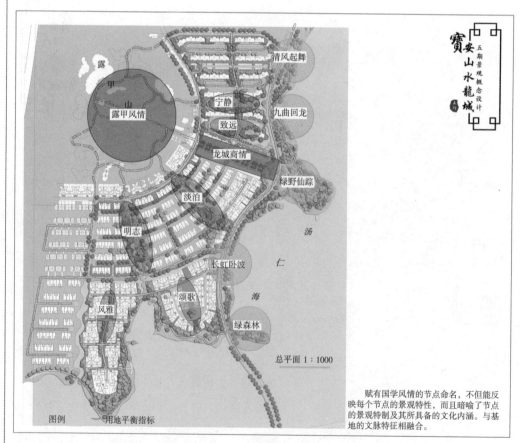

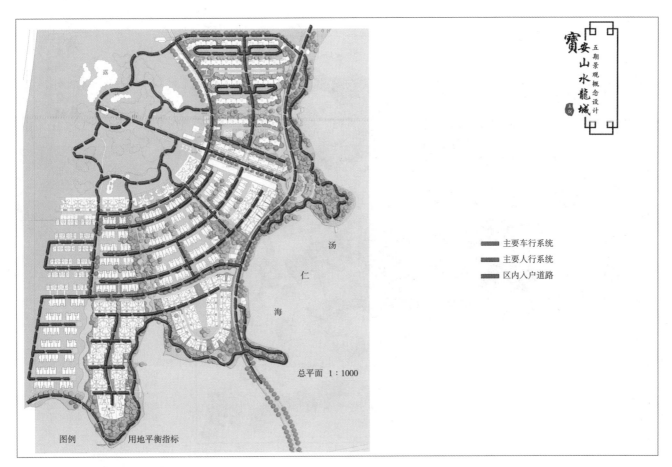

图 4-2-9 宝安·山水龙城项目交通分析图

图 4-2-10 宝安·山水龙城项目主入口透视图

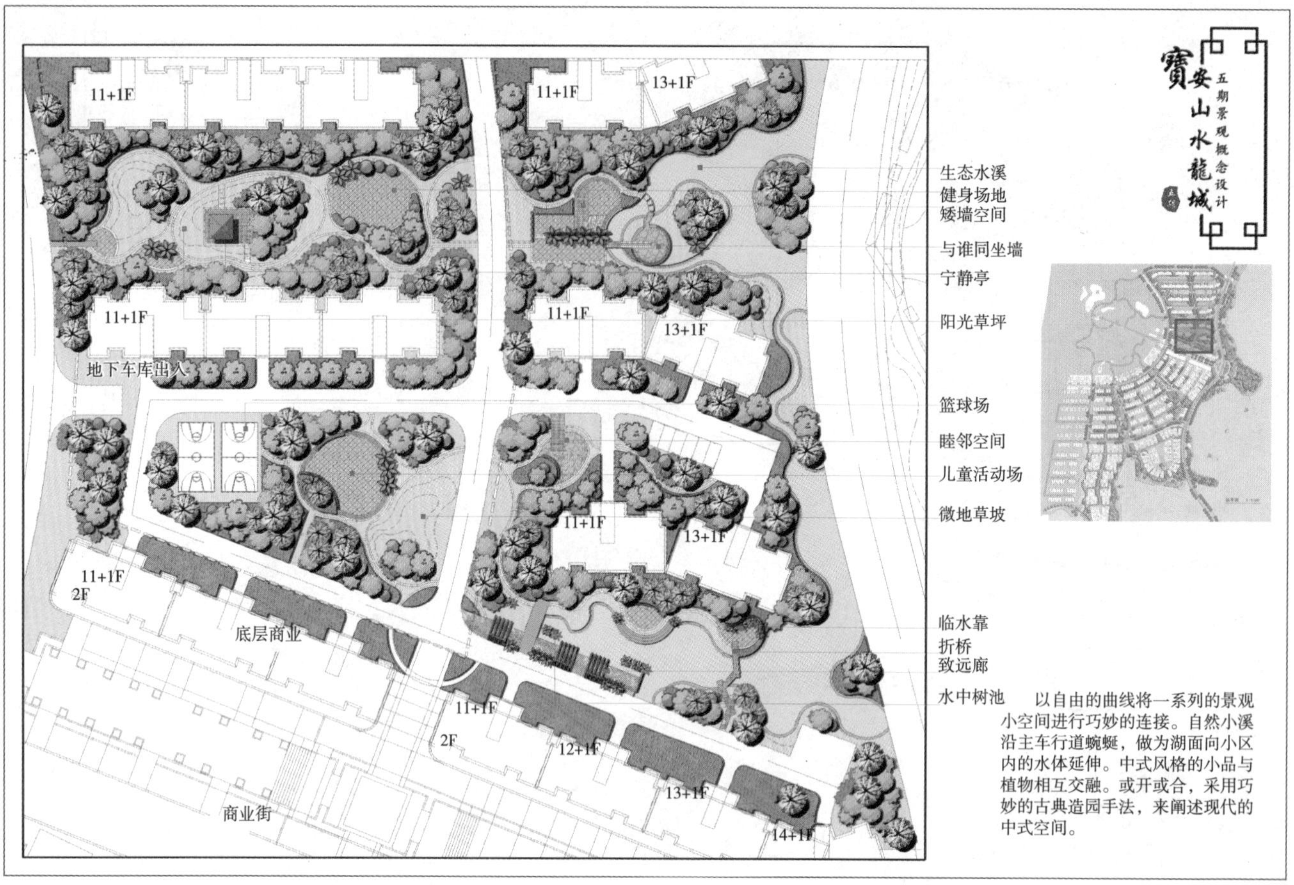

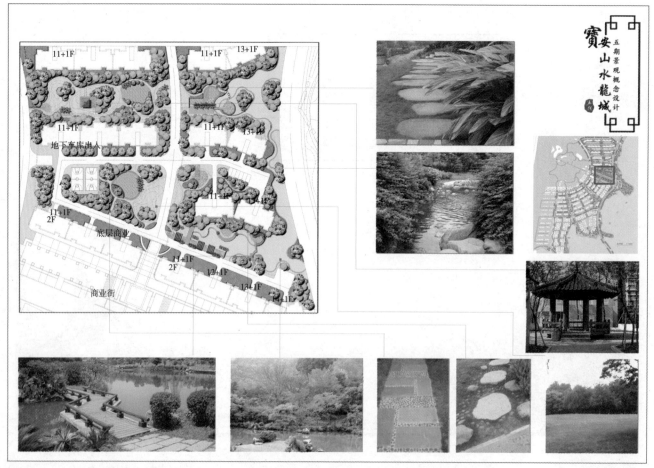

寶安山水龍城
五期景观概念设计
11+1F
13+1F
地下车库出入
2F
底层商业
12+1F
14+1F
商业街
生态水溪
健身场地
矮墙空间
与谁同坐墙
宁静亭
阳光草坪
篮球场
睦邻空间
儿童活动场
微地草坡
临水靠
折桥
致远廊
水中树池
以自由的曲线将一系列的景观小空间进行巧妙的连接。自然小溪沿主车行道蜿蜒，做为湖面向小区内的水体延伸。中式风格的小品与植物相互交融。或开或合，采用巧妙的古典造园手法，来阐述现代的中式空间。

图 4-2-11　宝安·山水龙城项目“宁静致远”组团平面图

寶安山水龍城
五期景观概念设计
11+1F
13+1F
地下车库出入
2F
底层商业
12+1F
14+1F
商业街

图 4-2-12　宝安·山水龙城项目“宁静致远”组团景观效果示意图

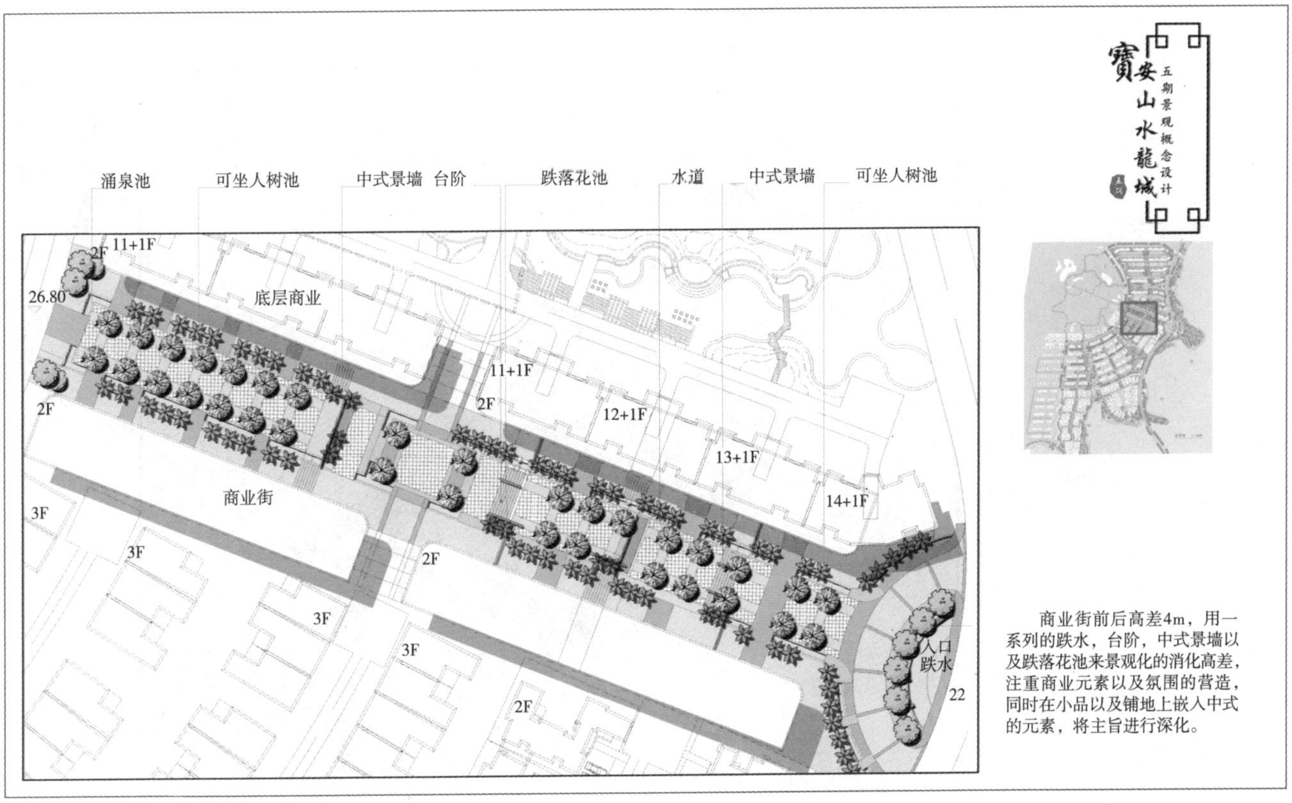

寶安山水龍城
五期景观概念设计
涌泉池
可坐人树池
中式景墙 台阶
跌落花池
水道
中式景墙
可坐人树池
11+1F
2F
26.80
底层商业
2F
11+1F
2F
12+1F
13+1F
14+1F
商业街
3F
3F
2F
3F
3F
2F
入口
跌水
22
商业街前后高差4m，用一系列的跌水，台阶，中式景墙以及跌落花池来景观化的消化高差，注重商业元素以及氛围的营造，同时在小品以及铺地上嵌入中式的元素，将主旨进行深化。

图 4-2-13 宝安·山水龙城项目“龙城商情”平面图

寶安山水龍城
五期景观概念设计
11+1F
2F
底层商业
11+1F
2F
12+1F
13+1F
14+1F
2F
商业街
3F
3F
2F
3F
3F
2F

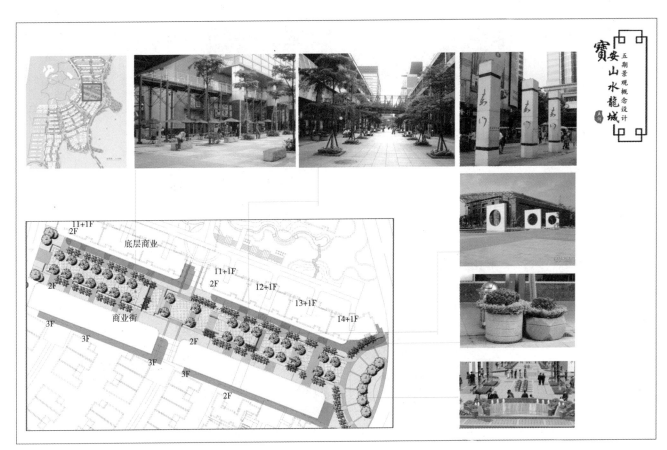

图 4-2-14 宝安·山水龙城项目“龙城商情”景观示意图

图 4-2-15 宝安·山水龙城项目"淡泊"组团平面图

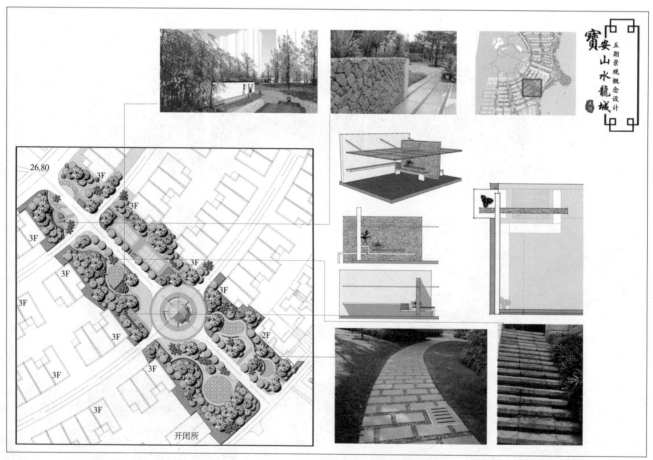

图 4-2-16 宝安·山水龙城项目"淡泊"组团景观示意图

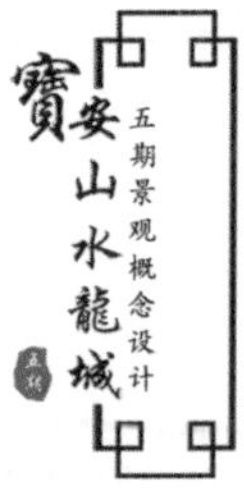

露甲飞舞

弧形花架
花架

明志湾

观水台
中式景墙

亲水台
景墙
明志亭

人工砂滩

水中树池

景墙

明志组团是用地范围内较大且重要的一个景观视觉长廊

溪流顺应地形高差而设，与岛边水体连为一体。植物，场地，小品顺应溪流走势组织成一个连续的景续列。作为中式元素的延续，此区域无论从水体的处理，中式亭和景墙的设立，都是将整个中式风格进行了又一次深刻的咏唱。空间婉转，利用植物进行视觉和露闭开合。

图 4-2-17 宝安·山水龙城项目"明志"组团平面图

图 4-2-18 宝安·山水龙城项目"明志"组团景观示意图

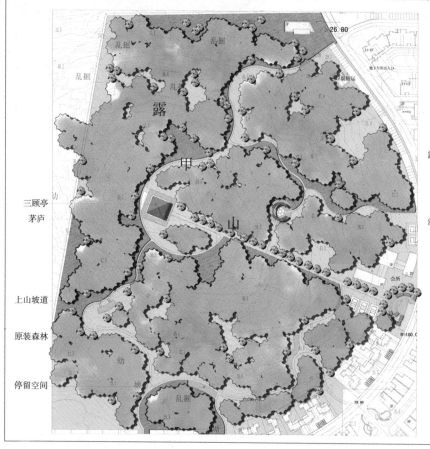

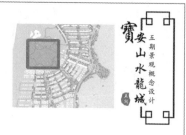

露甲风情区：

在尽量保持山体原状的情况下，合理的加入人的活动。设置一定数量的休闲空间和步道，使人能参与其中。

颂歌和风雅二区：

名源于诗经。二区四面环水，为龙城五期谋地之首。作为独栋和双拼别墅区域，在保证满足其基本功能的前提下，对细部和职务进行精细化的处理，引入少量有中国文化情趣的下品及景石，选择小青砖，小料石等符合整体文化情趣的硬质材料来进行装点，使此区域能成为基地文化的升华。

图 4-2-19　宝安·山水龙城项目露甲风情平面图

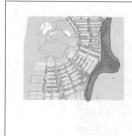

沿湖滨水带：

沿湖滨水带以植物造景为主，引入草坡地形，丰富竖向景观。沿湖游路设置四个节点景观，采用中式的小品元素，将景观序曲推向高潮。沿滨水区设置游路和适当的休息停留节点，使趋于人性化。

丰富植物层次，强调树林，小品建筑以及山体组合而成的天际线。使汤仁海东面的远观过来的视觉对景呈现自然生态之美。

清风起舞

九曲回龙

绿野仙踪

汤

长虹卧波
长虹卧波

仁

海

绿森林

图 4-2-20　宝安·山水龙城项目沿湖滨水带平面图

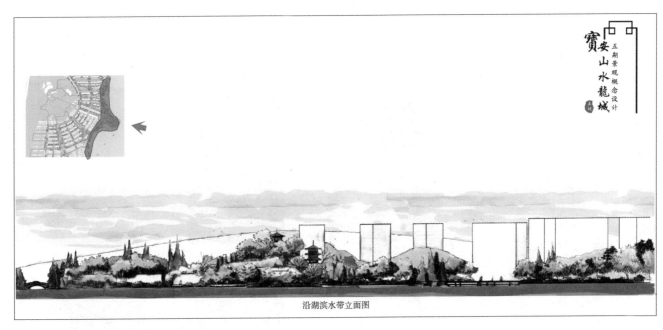

沿湖滨水带立面图

图 4-2-21　宝安·山水龙城项目沿湖滨水带立面图

春秋嘉实：

　　出自苏州拙政园的"嘉实园"，嘉实园广植枇杷，本意为"春秋多佳日，山水有清音"。表达了人们对优美自然山水的歌颂和自然山林孕育的硕果的欣赏和赞美之情。该区取此含义，使用大量的中国传统观赏果树，如枇杷、柑橘、柿子、李、梨（本地产沙梨）、苹果（使用本地产花红或西府海棠代替）、柚子、板栗、胡桃、石榴、葡萄、枣、木瓜、山楂、棘、皂荚、樱桃、贴梗海棠、石楠、花椒等，既可观果还可观花。适当的穿插近年在园林中推广种植的观果地被植物如平枝荀子、紫金牛'紫珠、小叶栀子、猬实、京红久忍冬等，以丰富地面的植物景观并覆盖地面。

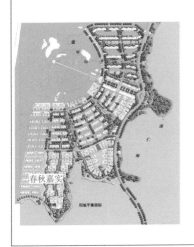

枇杷，是常绿的小型乔木，树形整齐，花开于冬天，果实在夏初成熟。

樱桃，是华中一带常见的果树，果实鲜艳夺目，花开于早春，但樱花，颜为美丽，是优美的庭院和园林绿化植物。

李，不仅是著名的果树，开花量大如雪白，是优秀的庭院观赏植物。可以与花期近似的紫荆并植在一起形成绚丽的春景。

柿树，著名的果树，秋天叶色也是紫红色，果实橙红色，经冬不落。

贴梗海棠，是传统名花，果实木瓜可以观赏。

沙梨，武汉地区常见栽培的梨类植物，果实褐色，早秋成熟。

石榴，不仅是果树，自汉代以来在我们广泛种植，是夏季著名的观花植物，在庭院中应用尤其较多。

自然呈丛的火棘篱笆秋天的效果。

自然无成型的火棘，春天开花的效果。比人工修剪的火棘球更加美丽。
　　中国古典园林不提倡修剪，植物和建筑、石头的搭配部力求自然。西方现代景观设计也反对修剪整形的植物，而到门下我国正在建设中的很多楼盘和社区都推崇修剪整形植物。这一作法是违反植物本身生长习性和生态学原理的。
　　建议然宝安山水龙城的建设中不要对植物进行大量的整形，尽量少使用需要整形的植物。植物的修剪管理工作应是主要剪去影响美观的少剪枝条或者病虫害枝条。这样既不仅自然舒展，而且会降低后期的物业管理费用。

图 4-2-22　宝安·山水龙城项目"春秋嘉实"景区植物意向图

枫叶荻花——滨水植物景观带：

取义于唐白居易《琵琶行》"浔阳江头夜送客，枫叶荻花秋瑟瑟"。建造一个滨水的秋叶林带，强调滨水景观带秋季的色彩变化，配置大量的秋色叶植物，如枫香、榉树、银杏、无患子、檫木、黄连木、复羽叶栾、马褂木、红枫等。其中有部分可生长在水边或水中的秋色植物，如丝绵木、乌桕、榔榆、重阳木、池杉等。同时强调的内容应包括：湖对岩看到的天际线变化和绿量，所以需考虑在湖滨使用尖削度较高的植物如池杉与形状较圆整的旱柳等植物组合变化；并在地形丰富的基础上使用植物强调地形。水岸边有湿地植物，其中有与荻相近的芒草。

水边的植物组合形式模仿西湖苏堤一代的配置，整体上强调轮廓线的变化，适当的结合隐约可见的亭廊。

檫木的叶片。

水边植物的色彩处理，可使用银杏、无患子的黄色与乌桕、重阳木、枫香的红色对比。

内港附近或者林中开阔地舒缓的草坡，是人们享受阳光和静思的好地方。

岸边冬天的意向，大量已落叶的秋色植物，有适当的常绿植物作为背景或者衬托。

湖边的挺水植物。

湖边或林下开花的鸢尾属植物，可在林下半阴处生长，也可长在浅水中。

普通人或许不太熟悉的檫木，是自然林地中优美的秋色叶植物，树形笔直高大，与黄连木一样可若不可以购买到，希望能大量运用。

白乐天笔下的荻花，是一种芒类的野生湿地植物，生长于长江中下游的湖泊或者河流沿沿，目前还未在实际设计中应用，在详细设计中可使用蒲苇、矮蒲苇、芒、芦竹等代替。既能保护岸边的土壤防止流失，也可以增加秋天的浪漫气息，是生态设计手法的体现。

此滨水区的设计建议运用景观生态学和群落生态学原理，运用较多的乡土植物，并在植物群落的结构上模仿当地的气候顶极，使沿湖景观带具有一定的廊道结构，不仅成为优美的滨湖林带，还能充分发挥其生态效益，而且能长期保持其景观特色不变。

图4-2-23 宝安·山水龙城项目"枫叶荻花"景区植物意向图

凤栖梧桐：

古语曰"梧桐一叶而天下知秋"。梧桐（青桐）为中国传统庭院植物，为历代文人所歌咏。俗语说"没有梧桐树，谁招凤凰来"，传说中凤凰只栖于梧桐之上，别树不栖。该分区以梧桐为主要庭荫植物，配以中国江南古典园林中其他传统植物如朴树、榉树、枫杨、紫藤、南天竹、玉簪、琼花、竹类（紫竹、阔叶箬竹、桂竹等）、海棠、山茶、银杏、合欢、国槐、无患子、爬山虎、丁香（紫丁香、白丁香）、梓树、楸树、栀子花、接骨木、芭蕉等。并适当在墙角处结合设置湖石，铺书带草。彰显古典气息和浓厚的中国古典文化韵味。

梧桐，又叫青桐，落叶大乔木，叶子大而开裂，秋季变为黄色。是著名的庭院植物

紫藤，古典园林和庭院中最常见的藤架植物。

榉树，江南园林中常见的园林植物。

楸树，是北方园林中常见的庭院植物。武汉地区常见野生，中山公园中较多大树。与楸树近似，但花较美丽。

朴树，与榉树一样，在古典园林中常用见，也是本地常见的庭院树种和野生植物。

木本绣球，与琼花近似，一样出名。古典园林常用，相传隋炀帝为下扬州看大运河就是为了看扬州琼花。

沿阶草，也叫书带草，细叶麦冬，是古典园林中最常见的植物之一。常与山石搭配在墙角或者左近中。中国古典园林对植物和石头的配置原则是"占边、把角、让心"，即将起到边隅作用的石头和植物放在边角的位置，将主要的空间让出来，显得起居园林中间比较完整，起到以小见大的作用。居住区庭院中的空间也比较有限，建议学习古典园林中的配置要点，在植物配置中处理好空间控制。

芭蕉，以其姿态优美，种于窗前，可听听雨打芭蕉而闻名于世，最爱文人喜爱。

合欢，常见的庭院植物，夏季开花，姿态婆娑，花如绒球。

图4-2-24 宝安·山水龙城项目"凤栖梧桐"景区植物意向图

花开四季：

　　该区的位置较为特殊，不同于其他区域的是此处是公共化的商业空间，较为规整。所以植物配置上采取较为特殊的做法就是强调色彩鲜艳，植物的花期较长。植物主要以行道树和花坛植物出现。建议使用的行道树有樟树、银杏、复羽叶栾。附近及两侧的灌木植物使用花期较长的木槿、紫薇等传统植物，花坛中种植宿根花卉弥补春季和秋季的花量不足问题，具体有鸢尾、萱草、黄金菊、荷兰菊等。树池中种植花期三季的钻石月季。为避免冬季过于萧瑟，在附近的绿地中种植腊梅、茶梅和冬红山茶。

银杏作行道树的效果。银杏原产中国，是世界五大行道树之一。

银杏秋季黄叶的效果。

木槿，花期长达整个夏季的庭院植物，应用广泛。

荷兰菊，秋季开花的宿根花卉，可弥补秋天植物开花较少的不足。

冬红山茶，与山茶不同的是其花期为冬季，且植株较为高大。

茶梅，是冬天开花的小灌木，可以从冬天最冷的时候开到第二年的盛春。

钻石月季，月季中花较小、高度较矮的品种，可以形成较为致密的花丛，花期很长，从春天到初冬。

黄金菊，花期很长的宿根花卉。

鸢尾，常见的宿根花卉，春天开冷色的花。非常受人欢迎。
在宝安山水龙城的整体景观规划中，建议整体上保持中国古典园林的植物造景手法，乔木和灌木植物使用传统园林植物尤其是本地常见且生长良好的，但为避免下层植物过于单调和花期过短，建议使用一些宿根植物。

图4-2-25　宝安·山水龙城项目"花开四季"景区植物意向图

踏雪寻梅——自然林地区：

　　这一区域为原有人工火炬松林地。林地的色彩单一，缺乏四季变化，并且火炬松为外来用材植物，不能保持自我更新，建议砍伐一部分已死亡或衰老的松树，开辟一部分区域种植梅花和毛竹。形成竹林和梅花岭，达到古典园林中"岁寒三友"的配置效果。同时适当种植枫香、蜡梅、栎类植物（小叶栎、栓皮栎、麻栎、白栎等），保留林地中原有的观赏价值较高野生植物如乌桕、拓树、野蔷薇、莞花、构树、白檀、吴茱萸、野花椒、湖北算盘子、铁线莲、蕨类、金银花、络石、菝葜、野山楂、胡颓子、竹叶椒等，并适当增加数量。适当种植在贝蒂自然林地中生长良好的花卉植物如金鸡菊、野芝麻、胡枝子、木兰等。

梅花适合种植在有绿色背景的前方作为前景，原有松林为此提供了良好的自然条件。

有地形变化的丘陵适合种植整片的梅林，能将美好的形态和色彩充分的变现出来。

踏雪寻梅的景点入口示意。

梅花盛开在早春，有时会为冰雪覆盖，在雪中踏歌而行，吟歌对酒，是多少文人梦寐的生活情趣。

林地中适宜种植一些高大的毛竹，可取得小片竹海的效果。

竹海雪中景色。

梅花林若想取得绚丽的效果，需要集中不同色彩的搭配，建议详细设计中对梅林的品种做出详细要求。

林地边原有野生的乌桕，是有得秋色植物，建议保留，并适当增加数量，以取得秋季色彩的文化。

山脚及林下大量野生的野蔷薇，春季是有得观赏植物，林地中还有大量的野生植物，都可以保留并适当组织应用，建议聘请优秀的种植设计师详查um并整理出原有漂亮的野生植物，在后面的山顶公园设计中应用，不但保护生态，并会减少后期的费用投入，还可以保持景观的可持续发展。

图4-2-26　宝安·山水龙城项目"踏雪寻梅"景区植物意向图

玉堂富贵：

　　来源于中国古典玉兰中常用的配置手法——玉堂春富贵，表达人们对美好生活的追求。这一双关词语一方面表示居于厅堂之中的人显赫富贵，一方面是表示建筑周围所使用的传统植物及其配置方式，即在建筑周边使用玉兰、海棠、迎春、牡丹（富贵花）、桂花。所以，该分区大量在建筑周边大量使用白玉兰、垂丝海棠、西府海棠、迎春、云南黄馨、桂花等，在庭院条件较好出适当使用牡丹和芍药。配以类似的植物加强变化如乐昌含笑、深山含笑、阔瓣含笑、二乔玉兰、紫玉兰、厚朴、女贞、金钟花等。适当使用引入植物浓香探春、广玉兰等。

宝安山水龙城
五期景观概念设计

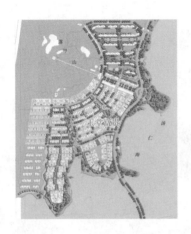

古人以"其色如玉，其香若兰"谓之白兰，也称白玉兰，因其洁白无瑕，比喻品格高洁的人，是传统名花。

玉兰与紫玉兰的杂交种，二乔玉兰，花色鲜艳，树形高大，可与玉兰适当搭配，延长花期，增加色彩变化。

传统名花、著名的庭院植物——垂丝海棠。中国古代诗人都已海棠花落为春天将逝的标志，如李清照"却道海棠依旧"。

迎春，花开于早春万物尚未复苏之时，迎春花开是春天将来的标志，因此受到人们的喜爱。

与连翘近似的金钟花，广艺应用。

与迎春近似的云南黄馨，与迎春搭配使用可延长花期，又因为冬季常绿，可丰富冬季的效果。

与玉兰有近似花朵，但是常绿的深山含笑，可与玉兰搭配丰富效果。

传统名花——桂花。因为花开秋季芳香而受到中国古代文人的喜爱。

牡丹石中国传统名花，是富贵繁荣的象征，在中国庭院和古典园林中广艺种植。但由于武汉地区土壤粘结，夏季高温，很难在武汉生长良好，所以需选择管理条件较好，小环境较凉爽，土壤肥沃透水性好的地方适当应用，不可大面积应用。如一株高大牡丹生长旺盛，拍于汉阳公园，位于一较高大建筑的北边，四周树木茂盛，较为凉爽，牡丹生长良好。也可以再辅某些庭院中用芍药代替之。

图 4-2-27　宝安·山水龙城项目"玉堂富贵"景区植物意向图

4.3　主题性景观空间案例 ❶

4.3.1　项目概况

（1）工程名称：宜昌金东方学校泰江校区。

（2）建设单位：宜昌金东方学校。

（3）项目规模：小学部 36 个班，初中部 40 个班。

（4）基地位置：宜昌市长江画廊二期（沿江大道边）。

（5）用地面积：约 4.9 万 m²（其中：小学 1.65 万 m²，初中 3.26 万 m²）。

4.3.2　设计依据

（1）建设单位提供的任务书及本项目的规划红线图。

（2）宜昌市城市规划管理技术规定。

（3）中小学校建筑设计规范（GBJ 99—1986）。

（4）城市普通中小学校校舍建设标准。

---

❶ 本案例由武汉职业技术学院艺术设计学院环境艺术设计工作室提供。

（5）国家及湖北省其他相关设计规范、规程。

4.3.3　基地分析

基地位于沿江大道与夷陵大道之间、长江画廊二期八一钢厂地块居住小区西端。用地分为小学部、初中部两块相对独立的地块。其中小学用地南临沿江大道，西临规划道路；初中用地南临沿江大道，东临规划道路，两地块之间及北侧为其他地块。

基地属城市改造地块，所以边界轮廓变化较多，形状很不规则，周边建筑情况也较为复杂，这是基地的一个突出特点，也是学校规划设计所要面对的挑战之一。

按照八一钢厂地块规划要点，沿江大道红线宽40m，规划要求多层后退道路红线不少于6m，高层后退道路红线不少于8m，公建后退道路红线不少于15m。对本项目来讲，校园建筑出入口均开向校园内部，与沿江大道没有直接交通联系，而且建筑为多层、低层，所以后退红线拟按8m控制。其他方向后退红线距离按《宜昌市城市规划管理技术规定》要求控制。

4.3.4　规划设计构思

按照寄宿制民办学校的要求，依据《城市普通中小学校校舍建设标准》、《中小学校建筑设计规范》（GBJ 99—1986）合理确定校舍建设规模，建设高标准学校。

遵循素质教育原则，塑造人文校园、景观校园，追求校舍建筑与校园广场、庭院空间、绿化环境的有机融合。体现环境育人的思想，为学生创造高品质成长环境，为高素质人才培养提供良好物质基础。

4.3.5　初中校区设计

1. 规模设置

初中部拟设36班，每班36人，共计1300人。考虑发展余地，普通教室按40间设置，每班可以容纳40人。食堂按1400人同时进餐设置，宿舍按1600人设置。中学的规模设置满足八一钢厂地块规划要求。

2. 总体布局

（1）功能布局。

1）整体功能分为教学区、生活区、体育活动区三个部分。

2）运动场地布置在地块南侧，校舍建筑布置在北侧，符合中小学校校园布局的规律，日照条件优良。而且从沿江大道方向来看，前面是开阔场地，后面是建筑，景观层次合理，空间效果生动。

3）教学区靠近外部道路布置，对外交通联系方便，也可以充分展示学校的良好形象，塑造优美城市街道景观。

4）两栋教学楼、两栋实验楼分别平行布置，形成四个独立的翼，教学与行政办公楼居中垂直布置，与廊道一起形成一条纵轴，将四栋教学、实验楼联系在一起，北侧连接食堂、合班教室、图书馆组成的综合楼。

5）生活区男女生宿舍分为两栋 L 形楼，布置在用地内侧，内向安静，私密性好。

6）体育馆布置在地块西南角部，与运动场联系紧密，分区合理，充分利用了土地，有变化的造型也会给沿江大道景观增添亮色。

（2）交通组织。

1）校园主入口设在东侧规划道路上，东北角部设后勤出入口，南侧体育馆处设人行入口（考虑与小学的人行联系，并作为紧急出入口）。

2）校园内部车行道路形成环路，可以通达各栋建筑，同时满足消防要求。

3）主入口处结合建筑布局形成校前广场，满足人员集散需要。

4）校园内部各个区域、院落之间，均有方便灵活的人行通路，形成完整的步行系统。

5）在校舍建筑之间设有完整的风雨联廊，为师生在校园内的学习生活创造全天候的舒适条件。

6）在用地的东北角部设有一块公共停车场，共 11 个车位，符合八一钢厂地块规划。

7）在后勤出入口附近设校内停车场，共 16 个车位。

（3）空间环境。

1）校前广场、庭院空间是校园整体环境的重要组成部分，本规划中，考虑在学校主入口处设校前广场，在满足交通要求的同时，也是学校形象的景观前奏，广场三面布置建筑，一面敞开，形成了有效围合，场所感强。

2）教学区内形成两个教学庭院，是学生户外读书学习的空间，也是师生课余交往的良好场所。

3）生活区两栋宿舍楼布置成 L 形，围合出两个生活庭院。

4）建筑底层设有若干架空空间，一方面是交通廊道，另一方面也保证了视线的通透，可以很好地展现空间景观的进深感和层次感。

3. 建筑设计

（1）平面设计。

1）两栋教学楼、两栋实验楼均为五层局部退台形式。

2）普通教室、实验室采取单面走道的条式布局，通风采光条件优越。

3）普通教室平面尺寸 8.7m×7.2m，实验室平面尺寸 10.2m×8.4m。

4）教室、实验室走道宽 2.7m，为师生课间交往活动提供了空间。

5）办公楼高五层，平面采用标准柱网，便于灵活分隔，具有根据功能变化的弹性。

6）食堂、合班教室、图书馆综合楼为局部四层形式，其中一、二层是食堂，三层是图书馆，四层是合班教室。

7）男女生宿舍楼分别设置，高六层，平面部分采用单面走道布置形式，部分采用内走道双面布房形式。寝室开间 3.5m，进深 5.3m+1.8m，按每间 8 人设置，每间寝室独立设置卫生间、盥洗设施。

（2）立面设计。

1）学校建筑采用现代人文主义风格，暖色面砖白色线条色彩对比鲜明，整体效果明快干净。

2）透空廊道与实体墙面虚实对比强烈。屋面挑檐造型飘逸。

3）立面尺度划分细腻，基座、主体墙身、顶部檐廊比例适度。

4）整体建筑形象亲切含蓄、典雅内敛，有浓厚的教育建筑氛围。

（3）剖面设计。

1）教学楼、实验楼高五层，教室、实验室一层层高 4.5m，局部架空，二至五层层高 3.9m。

2）办公楼高五层，一层架空，层高 4.5m，二至五层层高与教室统一，为 3.9m。

3）食堂、合班教室、图书馆综合楼高四层，各层层高均为 4.5m。

4）宿舍楼高六层，层高 3.5m。一层局部架空。

4. 主要技术经济指标

用地面积：32612m²；

总建筑面积：22628m²。

其中：

教学用房：9294m²；

普通教室：40 间，4154m²；

专用教室：19 间，4155m²；

公共教学用房（多功能教室，图书阅览室）：985m²；

办公用房：2168m²；

宿舍：199 间，6797m²；

食堂：1666m²；

体育馆：2703m²；

容积率：0.69；

建筑密度：15%；

绿化率：36.5%；

停车位：27 个。

其中：

公共停车位：11 个；

校内停车位：16 个。

4.3.6 小学校区设计

1. 规模设置

小学部拟设 36 班，每班 36 人，共计 1300 人。考虑发展余地，每间教室按容纳 40 人设置。食堂按 800 人同时进餐设置，宿舍按 600 人设置。小学的规模设置满足八一钢厂地块规划要求。

2. 总体布局

（1）功能布局。整体功能分为教学区、生活区、体育活动区三个部分。

根据地块特点，田径运动场布置在地块东北部相对独立的区域，校舍建筑布置在西南侧，这样既可保证校舍建筑有方便的对外联系，又不会影响北侧住宅的日照条件，对基地的利用也更充分合理。

两栋教学楼平行布置，教学与行政办公楼居中垂直布置，三者形成 H 形布局。

食堂、合班教室、图书馆组成一栋综合楼。布置在基地角部，圆形的形式将成为街道转角处一个生动的景观点。

生活区利用基地比较狭长的突出部分布置在用地南侧，同样提高了土地利用效率，符合节约土地的设计原则。男女生宿舍分为两栋楼一字形布置，均为南向，日照条件优越，利于寝室卫生条件的提升。宿舍临沿江大道阳台拟处理成封闭形式，可以满足城市景观要求。

在宿舍区与教学区之间布置两块球类活动场地，为学生活动创造方便条件。

（2）交通组织。校园主入口设在西侧规划道路上，校园内部车行道路形成环路，可以通达各栋建筑，同时满足消防要求。

主入口处结合建筑布局形成校前广场，满足人员集散需要。

在校舍建筑之间设有风雨联廊、建筑底层架空空间，组成完整的有顶步行系统，为师生在校园内的活动提供舒适条件。

在教学楼北侧与主入口相近的位置以及宿舍区分别设置校内停车场，共 24 个车位，并设有一个校车停车位。

（3）空间环境。方案考虑在学校主入口处设校前广场，在满足人员集散要求的同时，也是学校入口处的重要景观空间，广场布置成三面围合形式，空间尺度合宜。

教学区内形成一个教学庭院，为学生户外读书学习、交往活动提供空间。

建筑底层设有若干架空空间，一方面是交通廊道，另一方面也保证了视线的通透，可以很好地展现空间景观的进深感和层次感。

3. 建筑设计

（1）平面设计。两栋教学楼为四层局部退台形式，退台部分作为屋顶活动平台，给顶层学生课间活动创造条件。

普通教室、专用教室采取单面走道的条式布局，通风采光条件优越。

普通教室平面尺寸 8.0m×7.2m，专用教室平面尺寸 8.7m×7.2m。

普通教室、专用教室走道宽 2.7m，师生课间可以在此进行活动。

办公楼高五层，平面采用标准柱网，便于灵活分隔，具有根据功能变化的弹性。

食堂、合班教室、图书馆综合楼高四层，其中一、二层是食堂，三层是图书馆，四层合班教室。

男女生宿舍楼分别设置，高五层，采取内走道双面布房的条式布局，通风采光条件优越。寝室开间 3.5m，进深 5.4m+1.2m，按每间 8 人设置。卫生间每间单独设置、盥洗设施每层集中布置。

（2）立面设计。学校建筑采用现代人文主义风格，暖色面砖白色线条色彩对比鲜明，整体效果明快干净。

透空廊道与实体墙面虚实对比强烈。屋面挑檐造型飘逸。

立面尺度划分细腻，基座、主体墙身、顶部檐廊比例适度。

整体建筑形象亲切含蓄、典雅内敛，有浓厚的教育建筑氛围。

（3）剖面设计。教学楼高四层，一层层高 4.5m，局部架空，二至四层层高 3.6m。

办公楼高四层，一层架空，层高 4.5m，二至四层层高 3.6m。

食堂、合班教室、图书馆综合楼高 4 层，一层层高 4.5m，二、三层层高 4.0m，四层层高 4.5m。

宿舍楼高五层，层高 3.3m。一层局部架空。

4. 主要技术经济指标

用地面积：16487m²；

总建筑面积：11599m²。

其中：

教学用房：5261m²；

普通教室：36 间，4420m²；

专用教室：11 间，1411m²；

公共教学用房（多功能教室，图书阅览室）：430m²；

办公用房：761m²；

宿舍：123 间，4536m²；

食堂：1041m²；

容积率：0.70；

建筑密度：17%；

绿化率：36.5%；

停车位：24 个。

主要房间使用面积指标见表 4-3-1。

表 4-3-1　　　　　　　　主要房间使用面积指标

教室名称	小 学			中 学		
	面积（m²）	指标（m²/人）	应达到指标	面积（m²）	指标（m²/人）	应达到指标
普通教室	56.9	1.42	1.10	62.1	1.55	1.12
自然教室	63.2	1.58	1.57	—	—	—
美术教室	63.2	1.58	1.57	85.0	2.13	1.80
书法教室	63.2	1.58	1.57	85.0	2.13	1.50
音乐教室	90.8	2.27	1.57	85.0	2.13	1.50
微机室	63.2	1.58	1.57	85.0	2.13	1.80
微机室附属用房	41.8	1.05	0.75	41.7	1.04	0.87
合班教室	232.0（230 座）	1.00	1.00	430.0（400 座）	1.08	1.08
实验室	—	—	—	85.0	2.13	1.80
实验室附属用房	—	—	—	41.7	1.04	—

4.3.7　宜昌金东方学校泰江校区规划案例展示

宜昌金东方学校校区规划设计如图 4-3-1 ~ 图 4-3-17 所示。

初中地块现状

小学地块现状

宜昌金东方学校泰江校区
YICHANG JINDONGFANG SCHOOL TAIJIANG CAMPUS

现状照片

图 4-3-1 宜昌金东方学校泰江校区规划前期分析

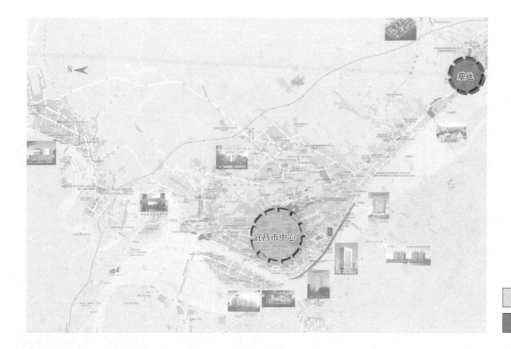

宜昌市中心

本案基地

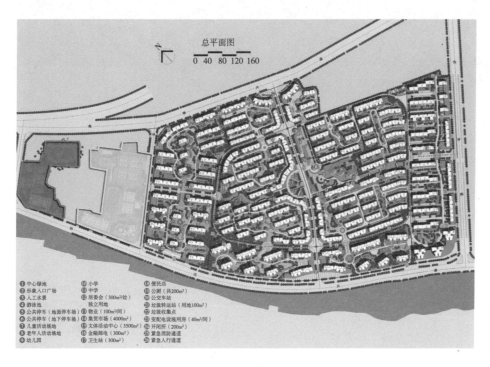

① 中心绿地
② 形象入口广场
③ 人工水景
④ 游泳池
⑤ 公共停车（地面停车场）
⑥ 公共停车（地下停车场）
⑦ 儿童活动场地
⑧ 老年人活动场地
⑨ 幼儿园

⑩ 小学
⑪ 中学
⑫ 居委会（300m²/处）
　 独立用地
⑬ 物业（100m²/间）
⑭ 集贸市场（4000m²）
⑮ 文体活动中心（3500m²）
⑯ 金融邮电（300m²）
⑰ 卫生站（300m²）

⑱ 便民店
⑲ 公厕（共200m²）
⑳ 公交车站
㉑ 垃圾转运站（用地100m²）
㉒ 垃圾收集点
㉓ 变配电设施用房（40m²/间）
㉔ 开闭所（200m²）
㉕ 紧急消防通道
㉖ 紧急人行通道

初中部

小学部

宜昌金东方学校泰江校区
YICHANG JINDONGFANG SCHOOL TAIJIANG CAMPUS

区位图

图4-3-2 宜昌金东方学校泰江校区规划区位图

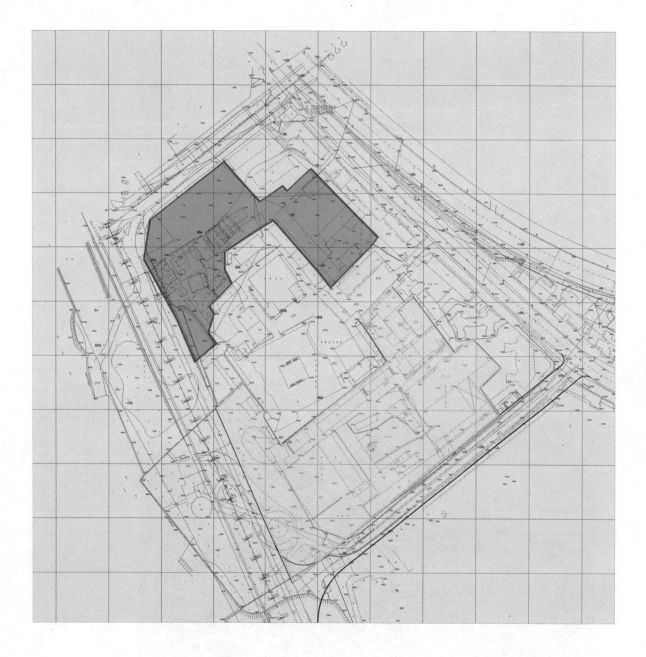

初中部

小学部

宜昌金东方学校泰江校区
YICHANG JINDONGFANG SCHOOL TAIJIANG CAMPUS

现状图

图 4-3-3 宜昌金东方学校泰江校区规划用地图

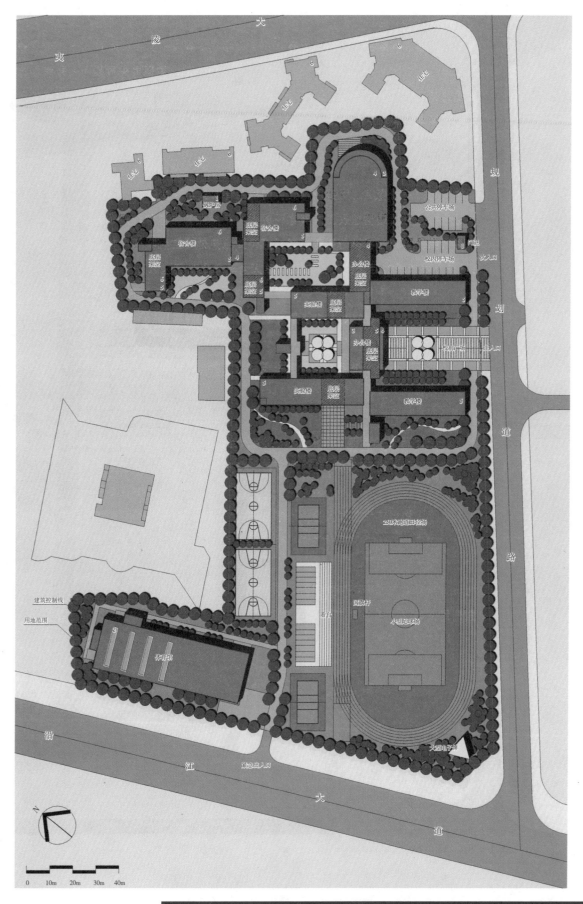

宜昌金东方学校泰江校区
YICHANG JINDONGFANG SCHOOL TAIJIANG CAMPUS

初中总平面图

图 4-3-4 宜昌金东方学校泰江校区初中部平面图

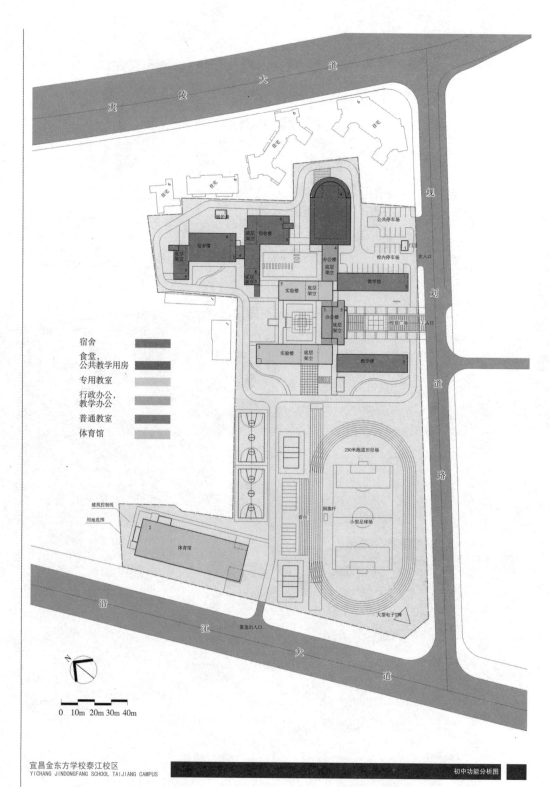

宿舍

食堂，
公共教学用房

专用教室

行政办公，
教学办公

普通教室

体育馆

宜昌金东方学校泰江校区
YICHANG JINDONGFANG SCHOOL TAIJIANG CAMPUS

初中功能分析图

图 4-3-5　宜昌金东方学校泰江校区初中部功能分析图

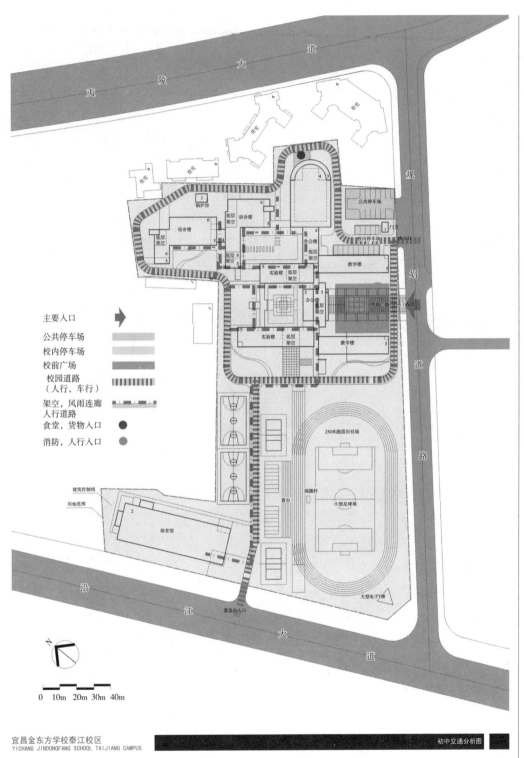

图4-3-6 宜昌金东方学校泰江校区初中部交通分析图

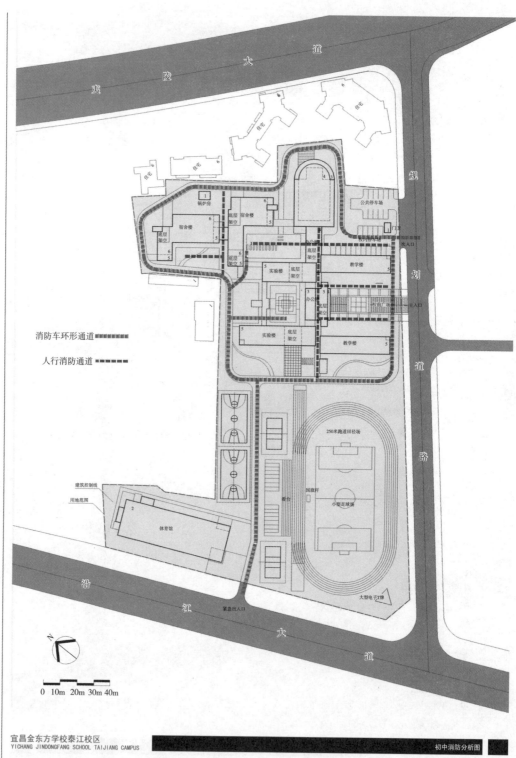

消防车环形通道 ▬▬▬▬
人行消防通道 ▬ ▬ ▬ ▬

建筑控制线
用地范围

宜昌金东方学校泰江校区
YICHANG JINDONGFANG SCHOOL TAIJIANG CAMPUS

初中消防分析图

图 4-3-7 宜昌金东方学校泰江校区初中部消防分析图

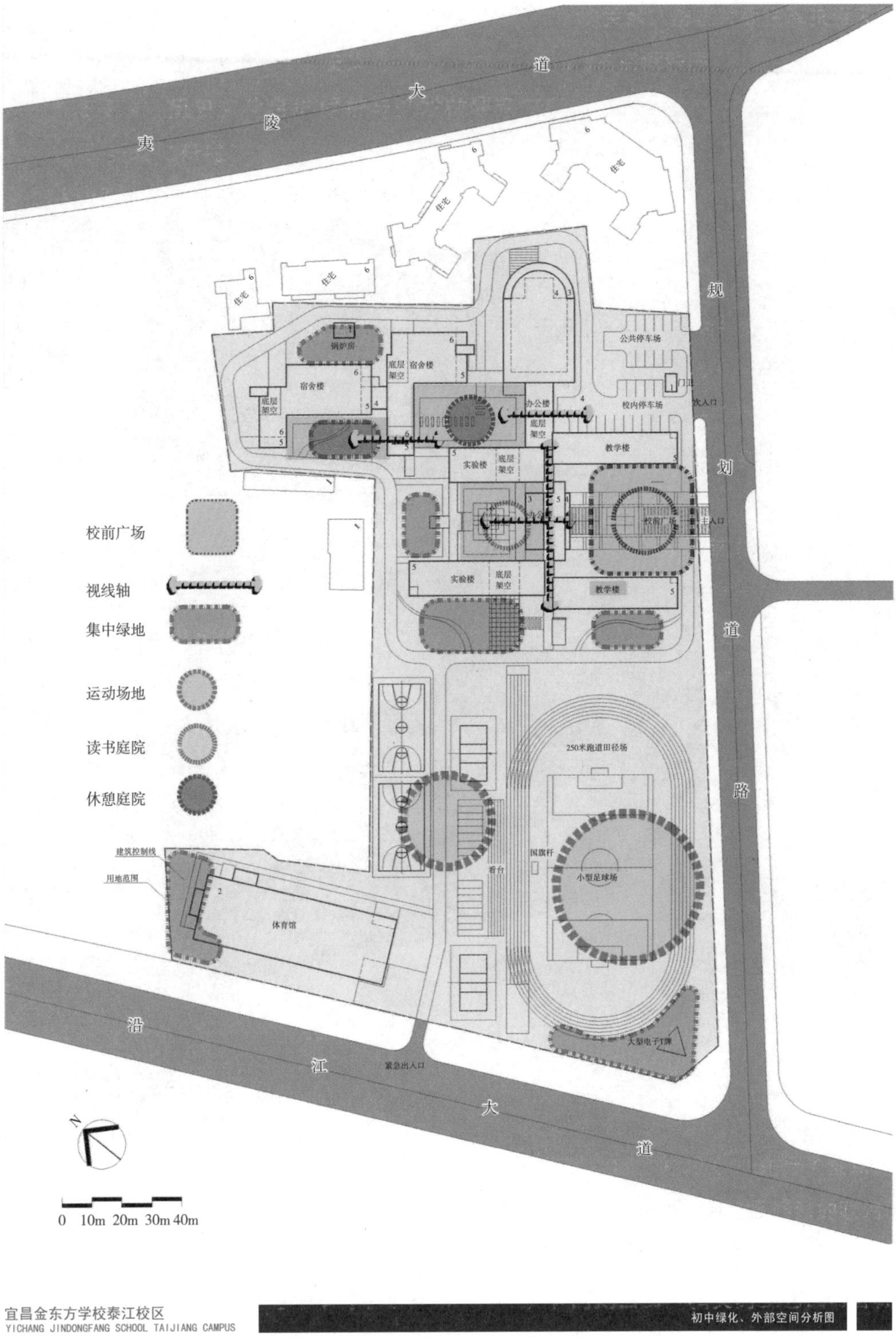

图 4-3-8 宜昌金东方学校泰江校区初中部外部空间分析图

宜昌金东方学校泰江校区
YICHANG JINDONGFANG SCHOOL TAIJIANG CAMPUS

小学总平面图

图4-3-9 宜昌金东方学校泰江校区小学部总平面图

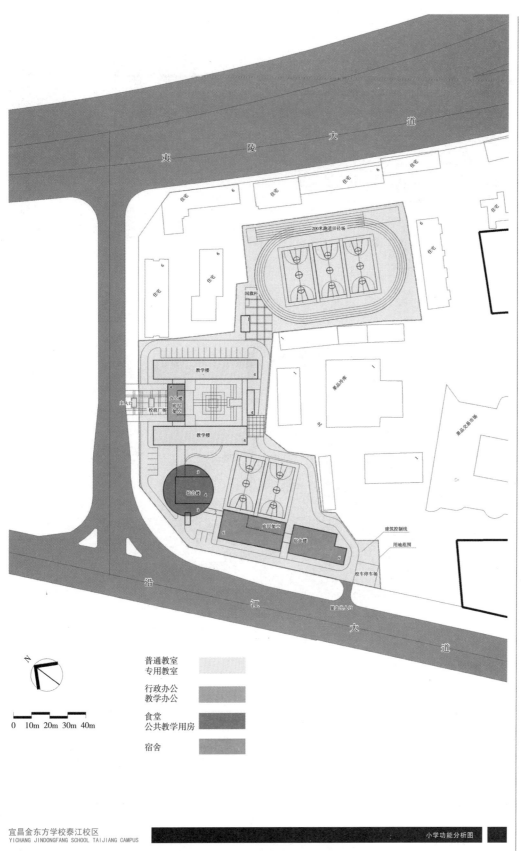

图4-3-10　宜昌金东方学校泰江校区小学部功能分析图

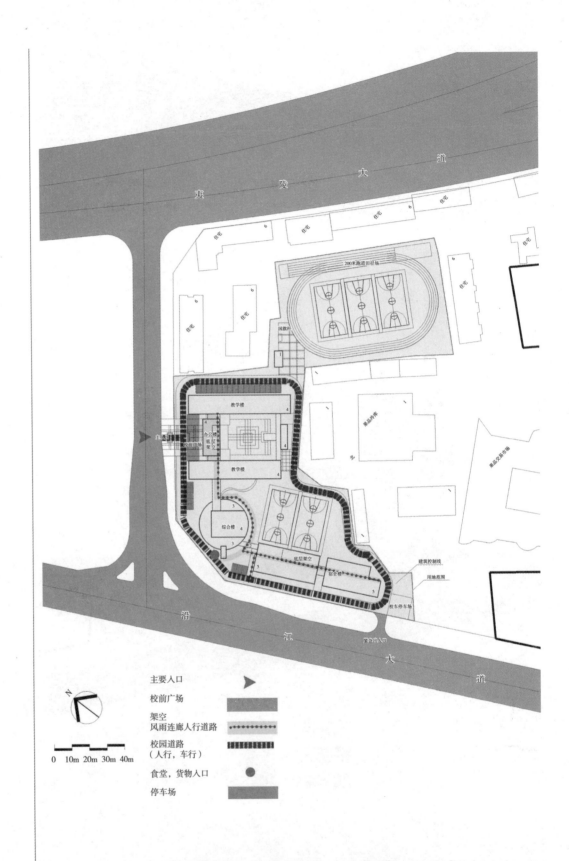

图 4-3-11　宜昌金东方学校泰江校区小学部交通分析图

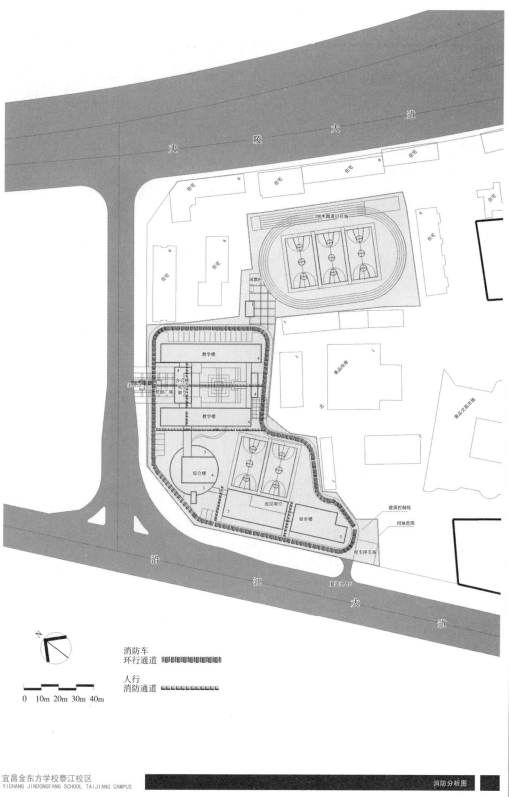

图4-3-12 宜昌金东方学校泰江校区小学部消防分析图

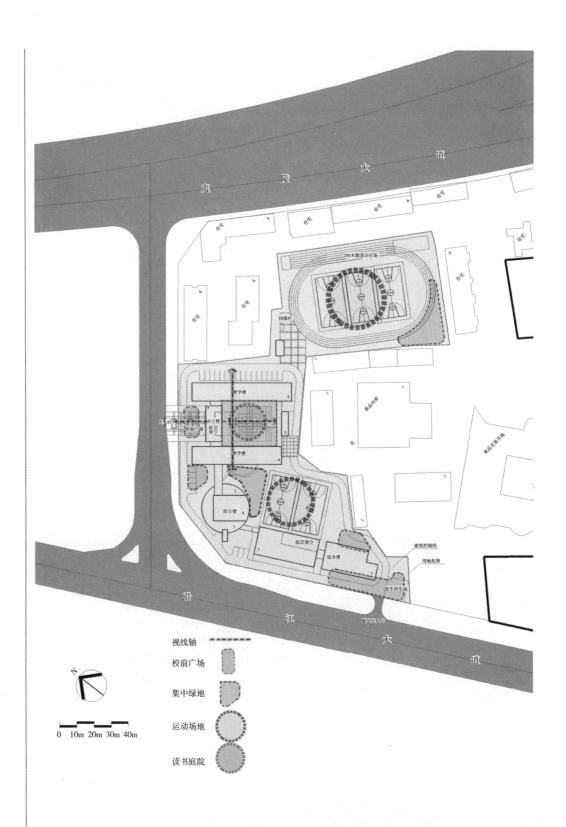

视线轴 - - - - - - - -

校前广场

集中绿地

运动场地

读书庭院

N

0 10m 20m 30m 40m

宜昌金东方学校泰江校区
YICHANG JINDONGFANG SCHOOL TAIJIANG CAMPUS

小学绿化、外部空间分析图

图 4-3-13　宜昌金东方学校泰江校区小学部外部空间分析图

宜昌金东方学校泰江校区
YICHANG JINDONGFANG SCHOOL TAIJIANG CAMPUS

初中模型照片

图 4-3-14　宜昌金东方学校泰江校区初中部模型图之一

宜昌金东方学校泰江校区
YICHANG JINDONGFANG SCHOOL TAIJIANG CAMPUS

初中模型照片

图 4-3-15　宜昌金东方学校泰江校区初中部模型图之二

宜昌金东方学校泰江校区
YICHANG JINDONGFANG SCHOOL TAIJIANG CAMPUS

小学模型照片

图4-3-16 宜昌金东方学校泰江校区小学部模型图之一

宜昌金东方学校泰江校区
YICHANG JINDONGFANG SCHOOL TAIJIANG CAMPUS

小学模型照片

图 4-3-17　宜昌金东方学校泰江校区小学部模型图之二

4.4　工业废弃地景观规划设计案例

4.4.1　概况介绍

岐江公园位于中山市的中心地带，原来就是中山粤中造船厂的旧址，一个工业化的遗址。岐江公园建成于 2001 年 10 月，占地 11hm²。

4.4.2 场地分析

作为中山社会主义工业化发展的象征，它始于 20 世纪 50 年代初，终于 90 年代后期，几十年间，历经了新中国工业化进程艰辛而富有意义的历史沧桑。特定历史背景下，几代人艰苦的创业历程在这里沉淀为真实而弥足珍贵的城市记忆。为此，设计师保留了那些刻写着真诚和壮美，但是早已被岁月侵蚀得面目全非的旧厂房和机器设备，并且用崇敬和珍惜将他们重新幻化成富有生命的音符。

4.4.3 详细设计

1. 保留——尊重没有设计师的设计

凯文·林奇认为，"设计是想象地创造某种可能的形式，来满足人类的某种目的，包括社会的、经济的、审美的或技术的"。所以，设计是通过物质、能源和土地利用方式的选择，连接文化与自然的纽带。从这个意义上讲，受过职业教育和具有较高文化修养的建筑师、景观设计师、城市规划师等都是设计师，同样农民、工人及广大的劳动者也是设计师，因为他们也都或多或少从事着塑造与改变我们日常体验的物质环境，以满足生产与生活，甚至包括审美的欲望。不仅农业时代或土著文化的景观如此，文丘里以及杰克逊告诉我们，拉斯维加斯及美国到处可见的商业及日常生活景观同样值得职业设计师去学习。良好的景观不是职业设计师的凭空创造，它们历经时间发展，随着历史与人的活动积淀而成熟。所以，"一种良好的环境是它们的使用者的直接产物，或者是最懂得使用者需求和价值专业的设计师的作品"。

从这些意义上讲，创造良好而富有含意的环境的上策是保留过去的遗留。作为一个有近半个世纪历史的旧船厂遗址，过去留下的东西很多。从自然元素上讲，场地上有水体，有许多古榕树和发育良好的地带性植物群落，以及与之互相适应的生境和土壤条件；从人文元素上讲，场地上有多个不同时代船坞、厂房、水塔、烟囱、龙门吊、铁轨、变压器及各种机器，甚至水边的护岸，厂房墙壁上的"抓革命，促生产"的语录。正是这些"东西"渲染了场所的氛围。

公园设计组对所有这些"东西"，以及整个场地，都逐一进行测量、编号和拍摄，研究其保留的可能性。

（1）自然系统和元素的保留。水体和部分驳岸都基本保留原来形式，全部古树都保留在场地中。为了保留江边十多株古榕，同时要满足水利防洪对过水断面的要求，而开设支渠，形成榕树岛。

（2）构筑物的保留。两个分别反映不同时代的钢结构和水泥框架船坞被原地保留（图 4-4-1）。一个红砖烟囱和两个水塔也就地保留，并结合在场地设计之中。

（3）机器的保留。大型的龙门吊和变压器等许多机器被结合在场地设计之中，成为丰富场所体验的重要景观元素。

2. 改变——增与减的设计

原有场地的"设计"毕竟只反映过去人的工作和生活，以及当时的审美和价值取向，从艺术性来讲，还需加以提炼，与现代人的欲望和功能需求有一定距离。所以，有必要对原有形式和场地进行改变或修饰。通过增与减的设计，在原有"设计"基础上产生新的形式，其目的是能更艺术化地再现原址的生活和工作情景，更戏剧化地讲述场地的故事，和更诗化地揭示场所的精神，同时，更充分地满足现代人的需求和欲望。岐江公园中几个典型的加法和减法设计包括：

（1）加法的设计之一——琥珀水塔。想象着数十万年前的一只昆虫停歇于树枝之上，其貌不扬，不经意间从头顶落下一滴汁液，便永恒地将其凝固，而成为琥珀，成为贵妇们的珍藏。一座拥有 50～60 年历史的水塔，再普通不过，无论从历史和美学角度都不值得珍惜，但当它被罩进一个泛着现代科技灵光的玻璃盒后，却有了别样的价值。时间被凝固，历史有了凭据，故事从此衍生。同时，岛上的灯光水塔，又起到引航的功能。因此，经过加法设计的水塔，有了新的功能。仔细的造访者还会注意到这一琥珀塔的生态与环境意义，其顶部的发光体利用太阳能，将地下的冷风抽出，以降低玻璃盒内的温度，而空气的流动又带动了两侧时钟的运动。

（2）加法设计之二——烟囱与龙门吊。一组超现实的脚手架和挥汗如雨的工人雕塑被结合到保留的烟囱场景之中（图 4-4-2），戏剧化再现当时发生的故事，龙门吊的场景处理也与此相同。富有意义的是，脚手架与工人的雕塑也正是公园建设过程场景的凝固。

（3）加法设计之三——船坞。与琥珀水塔的外加现代结构相反，在保留的钢架船坞中抽屉式插入了游船码头和公共服务设施，使旧结构作为荫棚和历史纪念物而存在。新旧结构同时存在，承担各自不同的功能，形式的对比是过去与现代的对白。

图 4-4-1 保留的船坞框架（拍摄：朱凯）

图 4-4-2 保留的脚手架和工人雕塑（拍摄：朱凯）

（4）减法设计之一——骨骼水塔。不同于琥珀水塔的加法，场地中的另一个水塔则采用了减法设计：剥去其水泥的外衣，展示给人们的是曾经彻底改变城市景观的基本结构——线性的钢筋和将其固定的结点，它告诉人们，无论工业化的城市多么丑陋抑或多么美丽动人，其基本结构是一样的。正如世界上的男人、女人，高贵者和低贱者一样，最终归于一副白骨。这一设计是对工业建筑的戏剧化再现，从而试图更强烈地传达关于本场所的体验。

（5）减法设计之二——机器肢体。除了大量机器经艺术和工艺修饰而被完整地保留外，大部分机器都选取部分机体保留，并结合在一定的场景之中。一方面是为了儿童的安全考虑，另一方面则试图使其更具有经提炼和抽象后的艺术效果（图4-4-3）。

3. 再现——全新的设计

为了能更强烈地表达设计者关于场所精神的体验，以及更诗化地讲述关于场地的故事，同时能满足现代人的使用功能，设计师需要创造新的、现代的语言和新的形式。在本项目中，设计师审慎地作了一些尝试，包括白色柱阵、锈钢铺地、方石雾泉，除此之外，还有以下几种形式。

（1）直线路网。这种新的形式彻底抛弃了传统中国园林的形式章法以及西方形式美的原则，表达了对大工业，特别是发生在这块土地上的大工业的理解：无情的切割、简单的两点之间最近原理、普遍的牛顿力学、不折不扣的流水线和最基本的经济学原理。同时，这一经济与力学原理作用下的直线路网却满足了现代人的高效和快捷的需求和愿望，使新的形式有了新的功能，同时传达了场地上旧有的精神（图4-4-4）。

图4-4-3 保留的部分机体（拍摄：朱凯）

图4-4-4 平面与空间上的直线运用（拍摄：朱凯）

（2）红色记忆（装置）。用什么形式能装下这块场地上、那段时间里曾经发生的故事？又能用什么形式来传达设计者在这块土地上的感受？一个红色的盒子，含着一潭清水，用它的一角正对着入口，任两条笔直的道路直插而过，如锋利的刀剪，无情地将一个完整的盒子剪破。其中一条指向"琥珀水塔"，另一条指向"骨骼水塔"。盒子外配植白茅——当地最野的草，渲染着洪荒与历史的气氛，两株高大的英雄树——木棉，则高唱着英雄主义的赞歌（图4-4-5）。

（3）绿房子。模数化的工业产品和设计，被用于户外房子的设计时，却产生了新的功能，绿房子是一些由树篱组成的5m×5m模数化的方格网，它们与直线的路网相穿插，树篱高近3m，与当时的普通职工宿舍房子相仿。围合的树篱，加上头顶的蓝天和脚下的绿茵，为一对对寻求私密空间的人们提供了不被人看到的场所。但由于一些直线非交通性路网的穿越，又使巡视者可以一目了然，从而避免不安全的隐蔽空间。这些方格绿网在切割直线道路后，增强了空间的进深感，与中国传统园林的障景法异曲同工（图4-4-6）。

（4）铁栅涌泉、湖心亭及栏杆之类。公园中的一些必要的景观、休息场所、桥、户外灯具、栏杆甚至铺地等都试图用新的语言来设计新的形式，其语言都更多地来源于对原场地的体验和感悟，目的都是在传达场所精神的同时满足现代功能的需要。

岐江公园利用基地原生的历史元素作主题，通过对原环境要素中的构件进行移植、重组、再叠加，衍生出兼具景观、生态及文化意义的"新街区主义环境的刺激下，演化为一个可发展、可持续的平台"，也留给我们深深的思考和学习空间。

图4-4-5　中山岐江公园内的红色记忆

图4-4-6　方格的绿网（拍摄：朱凯）

参考文献

［1］ 舒湘鄂.景观设计［M］.南京：东南大学出版社，2006.

［2］ 李砚祖.环境艺术设计的新视界［M］.北京：中国人民大学出版社，2002.

［3］ 杨文会.环境艺术教育［M］.北京：人民出版社，2003.

［4］ Francisco Asensio Cerver.建筑与环境设计［M］.盛梅，译.天津：天津大学出版社，
2003.

［5］ 王向荣，林菁.西方现代景观设计的理论与实践［M］.北京：中国建筑工业出版社，
2001.

［6］ 梁芳.我国后工业公园设计探讨［D］.哈尔滨：东北林业大学，2007（6）.

［7］ 俞孔坚，庞伟.理解设计：中山岐江公园工业旧址再利用［J］.建筑学报，2002（8）.

［8］ 刘辉.历史文化名城的环境规划与保护研究［D］.武汉：武汉理工大学，2006（6）.

［9］ 陈颖.城市近郊风景名胜区规划设计基本理论与应用研究［D］.雅安：四川农业大学，
2007（6）.

［10］ 周年兴，俞孔坚.风景区的城市化及其对策研究［J］.城市规划汇刊，2002（1）.

［11］ 张国强，贾建中.风景规划——风景名胜区规划规范实施手册［M］.北京：中国建筑工
业出版社，2003.

［12］ 李彬.材料·艺术·设计［D］.重庆：重庆大学，2003.

［13］ 解勇.浅谈装饰艺术中的材料工艺［J］.视觉前沿，2004（6）.

［14］ 杨文会.浅析建筑材料在景观中的应用［D］.北京：北京林业大学，2005.

［15］ 马眷荣.建筑材料辞典［M］.北京：化学工业出版社，2003.

［16］ 刘福志，等.风景园林建筑设计指导［M］.北京：机械工业出版社，2007.

［17］ 尼古拉·加莫里.景观建筑师实务指南［M］.北京：中国建筑工业出版社，2005.

［18］ 尼尔·科克伍德.景观建筑细部艺术［M］.北京：中国建筑工业出版社，2005.

［19］ 罗布·W.素温斯基.砖砌的景观［M］.北京：中国建筑工业出版社，2005.

［20］ 许浩.城市景观规划设计理论与技法［M］.北京：中国建筑工业出版社，2006.

［21］ 齐康.风景环境与建筑［M］.南京：东南大学出版社，1989.

［22］ 冯钟平.中国园林建筑［M］.北京：清华大学出版社，1989.

［23］ 顾小玲.景观设计艺术［M］南京：东南大学出版社，2004.

［24］ 尚金凯，张大为，李捷.景观环境设计［M］.北京：化学工业出版社，2007.

［25］ 张美利，黄文暄.景观设计［M］.合肥：合肥工业大学出版社，2007.

［26］ 孙筱祥.风景园林（Landscape Architecture）：从造园术、造园艺术、风景造园到风景
园林、地球表层规划［J］.中国园林，2002（4）：7-13.

［27］ 刘滨谊.现代景观规划设计［M］.南京：东南大学出版社，2005.

［28］ 俞孔坚.论景观概念及其研究的发展［J］.北京林业大学学报，1987（4）.

［29］ 俞孔坚.自然风景景观评价方法［J］.中国园林，1986（3）：38－40.

［30］ 李道增.环境行为学概论［M］.北京：清华大学出版社，1999：115-123.

［31］ 洪亮平.城市设计的历程［M］.北京：中国建筑工业出版社，2002.

［32］ 陈育霞.诺伯格·舒尔茨的"场所和场所精神"理论及其批判［J］.长安大学学报，2003（4）：33.

［33］ 诺伯格·舒尔茨.场所精神——关于建筑的现象的现象学［M］.汗坦，译.北京：中国建筑工业出版社，1990.

［34］ 周霞.社会发展与城市形态演进——城市形态理论研究发展综述［EB10L］.中国经济史论坛 http：//economy.guoxue.com/article.php/7722.

［35］ 佩里·霍华德.以全球角度创造未来的景观设计学［J］.城市环境设计，2007（3）.

［36］ 刘绍强.我国现代城市景观规划管理探析［EB10L］.景观中国，http：//paper.Landscape.cn.

［37］ 夏晋.文脉——城市记忆的延续［J］.包装工程.2003（4）：20-22.

［38］ 盖尔.交往与空间［M］.何人可，译.北京：中国建筑工业出版社，1992.

［39］ 林跃中.休闲社区——现代居住环境景观设计手法探讨［J］.中国园林，2003.

［40］ 建设部住宅产业化促进中心.居住区环境景观设计导则（试行稿），2004.

［41］ 刘滨谊.现代景观规划设计理论与方法［M］.南京：东南大学出版社，2004.

［42］ 俞孔坚，李迪华，刘海龙."反规划"途径［M］.北京：北京大学出版社，2005.

［43］ 俞孔坚.理想景观探源——风水的文化意义［M］.北京：商务印书馆出版社,2000.

［44］ 俞孔坚.景观：文化、生态与感知［M］.北京：北京科学技术出版社,1998.

［45］ 刘敦桢.苏州古典园林［M］.北京：中国建筑工业出版社,2005.

［46］ 顾姚双，姚坚，虞金龙.住宅绿地空间设计［M］.北京：中国林业出版社，2003.

［47］ 赵锡惟，梅慧敏，江南鹤.花园设计［M］.杭州：浙江科学技术出版社，2001.

［48］ 罗宾·威廉姆斯.庭园设计与建造［M］.乔爱民，译.贵阳：贵州科技出版社，2001.

［49］ 川口洋子.宁静庭园［M］.梁瑞清，赵君，译.北京：北京科学技术出版社，2002.

［50］ 白德懋.居住区规划与环境设计［M］.北京：中国建筑工业出版社，2000：3-7.

［51］ 白德懋.城市空间环境设计［M］.北京：中国建筑工业出版社，2002.

［52］ 李德华.城市规划原理［M］.北京：中国建筑工业出版社，2001.

［53］ 杨赉丽.城市园林绿地规划［M］.北京：中国林业出版社，1995.

［54］ 裴洪平，汪勇.我国环境规划发展趋势探析［J］.2003：15-19.

［55］ 李丽萍.城市人居环境［M］.北京：中国轻工业出版社2001.

［56］ 王立红.绿色住宅［M］.北京：中国环境科学出版社，2003.

［57］ 杨向杰.居住区绿化存在的问题及解决对策［J］.住宅科技，1997（6）：27-29.

［58］ 张鲁山.居住区环境设计［J］.住宅科技，1998（10）：5-7.

［59］ 黄伙南.对居住区绿化建设中几个问题的思考［J］.建筑知识，2003（1）：2-7.

［60］ 李汉飞.环境为先巧在立意——浅谈居住区环境景观设计［J］.中国园林，2002（2）：11-12.

［61］ 富英俊. 浅谈园林植物配置［J］. 中国园林，.2001（5）: 19-20.

［62］ Casey E. The Fate of Place［M］. Berkley : University of California press，1998.

［63］ Cosgrove D E. Social Formation and Symbolic Landscape［M］. Madison : The University of Wisconsin Press，1998.

［64］ Forman R T T. Land Mosaics : The Ecology of Landscapes and Regions［M］. Cambridge : Cambridge University Press，1995.

［65］ Heidegger M.Building Dwelling Thinking : Poetry, Language, and Thought（Trans. by A. Hofstadter）［M］. New York : Harper & Row，1971.

［66］ Jackson B. Discovering the Vernacular Landscape［M］.New Haven : Yale University Press，1984.

［67］ Lovelock J. Gaia : A New Look at Life on Earth［M］. Oxford : Oxford University Press，1979.

［68］ Lynch C，Hack G. Site Planning（3rd edition）［M］. The MIT Press，1998.

［69］ Meinig D W. The beholding eye : Ten versions of the same scene［J］. Landscape Architecture，1976（1）: 47-53.